建筑工程细部节点做法与施工工艺图解丛书

砌体工程细部节点做法与施工工艺图解

丛书主编：毛志兵
本书主编：张太清

中国建筑工业出版社

图书在版编目（CIP）数据

砌体工程细部节点做法与施工工艺图解/张太清主编. —北京：中国建筑工业出版社，2018.7（2022.10重印）
（建筑工程细部节点做法与施工工艺图解丛书/丛书主编：毛志兵）
ISBN 978-7-112-22257-5

Ⅰ.①砌… Ⅱ.①张… Ⅲ.①砌体结构-细部设计-图解②砌体结构-工程施工-图解 Ⅳ.①TU754-64

中国版本图书馆 CIP 数据核字（2018）第 106589 号

本书以通俗、易懂、简单、经济、使用为出发点，从节点图、实体照片、工艺说明三个方面解读工程节点做法。本书分为砖砌体、混凝土小型空心砌块、配筋砌体、填充墙砌体、石砌体、隔墙板共6章。提供了276个常用细部节点做法，能够对项目基层管理岗位及操作层的实体操作及质量控制有所启发和帮助。

本书是一本实用性图书，可以作为监理单位、施工企业、一线管理人员及劳务操作层的培训教材。

责任编辑：张　磊　曾　威
责任校对：姜小莲

建筑工程细部节点做法与施工工艺图解丛书
砌体工程细部节点做法与施工工艺图解
丛书主编：毛志兵
本书主编：张太清
*
中国建筑工业出版社出版、发行（北京海淀三里河路9号）
各地新华书店、建筑书店经销
霸州市顺浩图文科技发展有限公司制版
北京中科印刷有限公司印刷
*
开本：850×1168毫米　1/32　印张：10　字数：269千字
2018年8月第一版　2022年10月第七次印刷
定价：**36.00**元
ISBN 978-7-112-22257-5
（32116）

审定人员分工

《地基基础工程细部节点做法与施工工艺图解》

中国建筑第六工程局有限公司顾问总工程师：王存贵

上海建工集团股份有限公司副总工程师：王美华

《钢筋混凝土结构工程细部节点做法与施工工艺图解》

中国建筑股份有限公司科技部原总经理：孙振声

中国建筑股份有限公司技术中心总工程师：李景芳

中国建筑一局集团建设发展有限公司副总经理：冯世伟

南京建工集团有限公司总工程师：鲁开明

《钢结构工程细部节点做法与施工工艺图解》

中国建筑第三工程局有限公司总工程师：张琨

中国建筑第八工程局有限公司原总工程师：马荣全

中铁建工集团有限公司总工程师：杨煜

浙江中南建设集团有限公司总工程师：姚金满

《砌体工程细部节点做法与施工工艺图解》

原北京市人民政府顾问：杨嗣信

山西建设投资集团有限公司顾问总工程师：高本礼

陕西建工集团有限公司原总工程师：薛永武

《防水、保温及屋面工程细部节点做法与施工工艺图解》

中国建筑业协会建筑防水分会专家委员会主任：曲慧

吉林建工集团有限公司总工程师：王伟

《装饰装修工程细部节点做法与施工工艺图解》

中国建筑装饰集团有限公司总工程师：张涛

温州建设集团有限公司总工程师：胡正华

《安全文明、绿色施工细部节点做法与施工工艺图解》

中国新兴建设集团有限公司原总工程师：汪道金

中国华西企业有限公司原总工程师：刘新玉

《建筑电气工程细部节点做法与施工工艺图解》

中国建筑一局（集团）有限公司原总工程师：吴月华

《建筑智能化工程细部节点做法与施工工艺图解》

《给水排水工程细部节点做法与施工工艺图解》

《通风空调工程细部节点做法与施工工艺图解》

中国安装协会科委会顾问：王清训

本书编委会

主编单位： 山西建设投资集团有限公司

参编单位： 山西二建集团有限公司

山西三建集团有限公司

山西四建集团有限公司

山西五建集团有限公司

山西建设投资集团总承包部

主　　编： 张太清

副 主 编： 闫永茂　吴晓兵

编写人员： 徐　震　许园林　王美丽　王荣香　白艳琴

祁立柱　党向荣　刘　晖　弓晓丽　王茂盛

肖云飞　杨　芳

丛书前言

过去的30年，是我国建筑业高速发展的30年，也是从业人员数量井喷的30年，不可避免的出现专业素质参差不齐，管理和建造水平亟待提高的问题。

随着国家经济形势与发展方向的变化，一方面建筑业从粗放发展模式向精细化发展模式转变，过去以数量增长为主的方式不能提供行业发展的动力，需要朝品质提升、精益建造方向迈进，对从业人员的专业水准提出更高的要求；另一方面，建筑业也正由施工总承包向工程总承包转变，不仅施工技术人员，整个产业链上的工程设计、建设监理、运营维护等项目管理人员均需要夯实专业基础和提高技术水平。

特别是近几年，施工技术得到了突飞猛进的发展，完成了一批“高、大、精、尖”项目，新结构、新材料、新工艺、新技术不断涌现，但不同地域、不同企业间发展不均衡的矛盾仍然比较突出。

为了促进全行业施工技术发展及施工操作水平的整体提升，我们组织业界有代表性的大型建筑集团的相关专家学者共同编写了《建筑工程细部节点做法与施工工艺图解丛书》，梳理经过业界检验的通用标准和细部节点，使过去的成功经验得到传承与发扬；同时收录相关部委推广与推荐的创优做法，以引领和提高行业的整体水平。在形式上，以通俗易懂、经济实用为出发点，从节点构造、实体照片（BIM模拟）、工艺要点等几个方面，解读工程节点做法与施工工艺。最后，邀请业界顶尖专家审稿，确保本丛书在专业上的严谨性、技术上的科学性和内容上的先进性。使本丛书可供广大一线施工操作人员学习研究、设计监理人员作业的参考、项目管理人员工作的借鉴。

本丛书作为一本实用性的工具书，按不同专业提供了业界实践后常用的细部节点做法，可以作为设计单位、监理单位、施工企业、一线管理人员及劳务操作层的培训教材，希望对项目各参建方的操作实践及品质控制有所启发和帮助。

本丛书虽经过长时间准备、多次研讨与审查、修改，仍难免存在疏漏与不足之处。恳请广大读者提出宝贵意见，以便进一步修改完善。

丛书主编：毛志兵

本册前言

本分册根据《建筑工程细部节点做法与施工工艺图解丛书》编委会的要求，由山西建设投资集团有限公司会同山西二建集团、山西三建集团、山西四建集团、山西五建集团、山西建投集团总承包部共同编制。

在编写过程中，编写组认真研究了《砌体结构工程施工规范》GB 50924—2014、《砌体结构工程施工质量验收规范》GB 50203—2011，并参照《墙体材料术语》GB/T 18958—2003、《蒸压粉煤灰多孔砖》GB 26541—2011、《蒸压粉煤灰砖》JC/T 239—2014、《砌体填充墙结构》12G614-1 等有关资料和图集，结合编制组在砌体工程施工经验进行编制，并组织山西建设投资集团内、外专家进行审查后定稿。

本分册主要内容有：砖砌体工程、混凝土小型空心砌块、配筋砌体工程、填充墙砌体、石砌体工程、隔墙板安装六章 276 个节点，每个节点包括实景或 BIM 图片及工艺说明两部分，力求做到图文并茂、通俗易懂。

原北京市人民政府顾问杨嗣信、山西建设投资集团有限公司顾问总工程师高本礼、陕西建工集团有限公司原总工程师薛永武几位专家对本书内容进行了审核。本分册编制过程中，得到了郝玉柱、梁福中、哈成德、霍瑞琴等专家的支持和帮助，参考了众多专著书刊，在此一并表示感谢。

由于时间仓促，经验不足，书中难免存在缺点和错漏，恳请广大读者指正。

目　　录

第一章　砖砌体工程

第一节　砌筑形式

用普通粘土砖砌筑的砖墙，按其墙面组砌形式、砖墙的厚度不同，可采用一顺一丁、三顺一丁、梅花丁、二平一侧、全顺、全丁的砌筑形式。

010101　一顺一丁

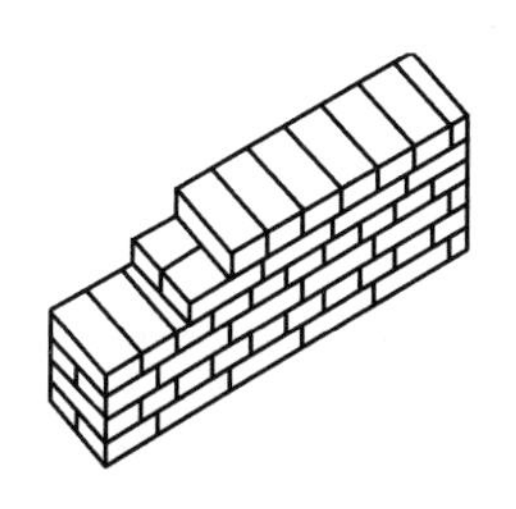

十字缝砌法

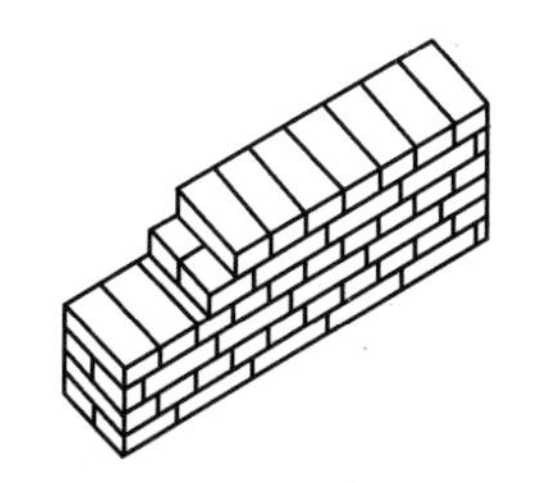

骑马缝砌法

一顺一丁式

工艺说明：一顺一丁砌法是一皮中全部顺砖与一皮中全部丁砖相互间隔砌筑而成，上下皮间的竖缝都相互错开1/4砖长。

010102　三顺一丁

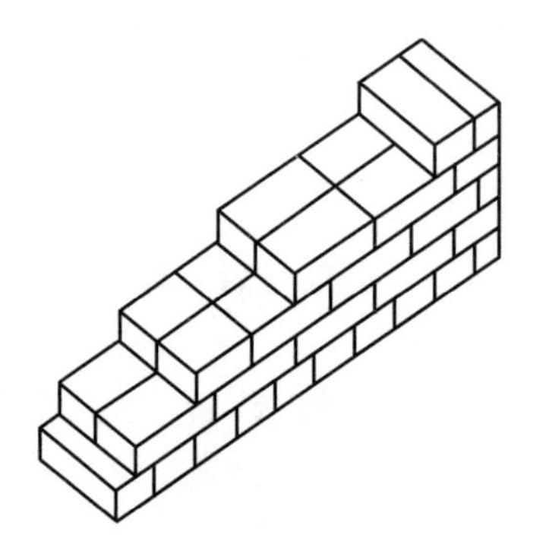

三顺一丁式

工艺说明：三顺一丁砌法是三皮中全部顺砖与一皮中全部丁砖间隔组砌而成，上下皮顺砖与丁砖间竖缝错开1/4砖长，上下皮顺砖间竖缝错开1/2砖长。

010103　梅花丁式

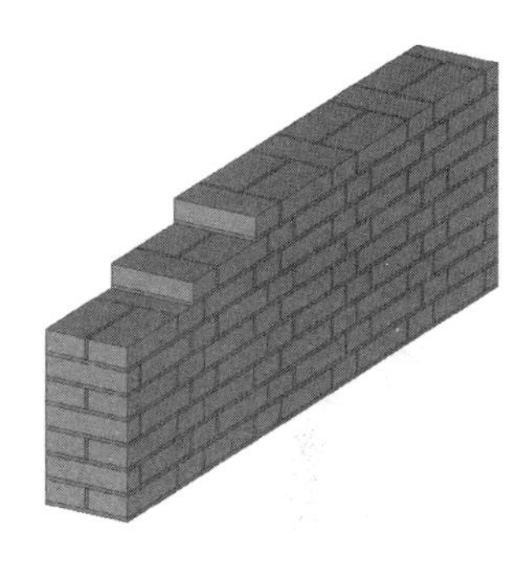

梅花丁式

工艺说明：梅花丁砌法是每皮中顺砖与丁砖间隔相砌，上皮丁砖坐中于下皮顺砖，上下皮砖的竖缝相互错开1/4砖长。

010104　二平一侧

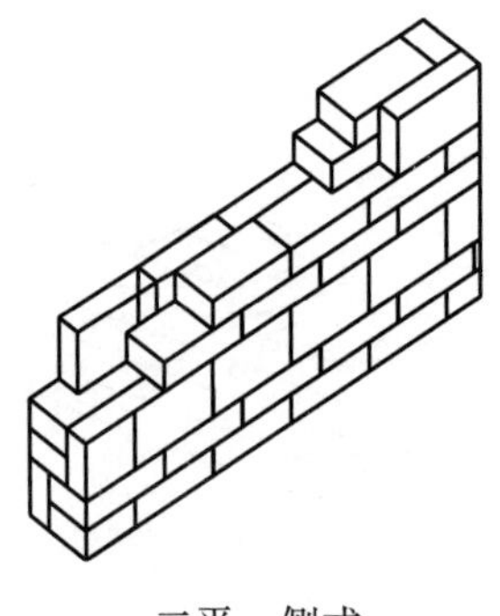

二平一侧式

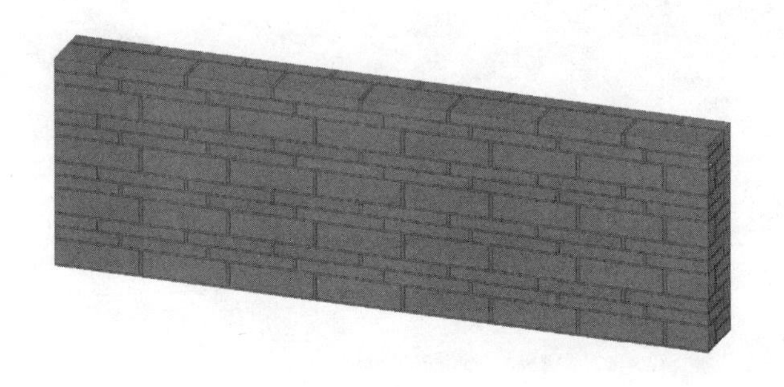

工艺说明：二平一侧是两皮砖平砌与一皮砖侧砌的顺砖相隔砌成，当墙厚为 180mm 时，平砌层均为顺砖，上下皮竖缝相互错开 1/2 砖长，平砌层与侧砌层之间的竖缝也错开 1/2 砖长；当墙厚为 300mm 时，平砌层为一顺一丁砌法，上下皮竖缝错开 1/4 砖长，顺砌层与侧砌层之间竖缝错开 1/2 砖长，丁砖层与侧砌层之间竖缝错开 1/4 砖长。

010105　全顺法

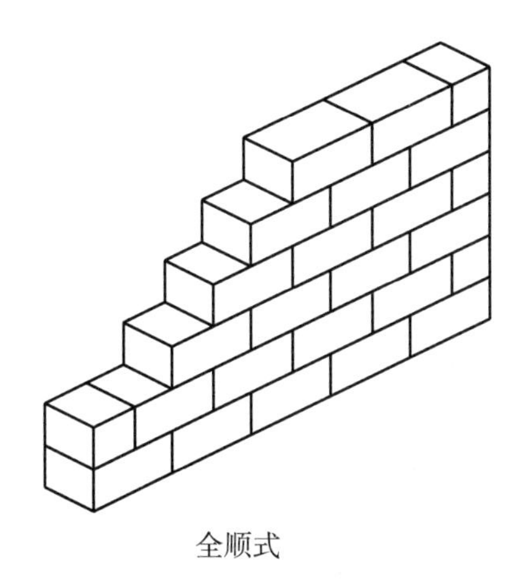

全顺式

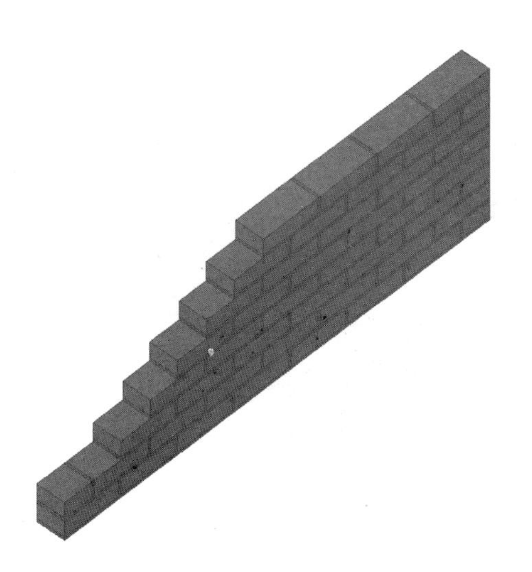

工艺说明：全顺砌法是各皮砖均顺砌，上下皮垂直灰缝相互错开 1/2 砖长，这种砌法仅用于砌半砖（原 115mm）墙。

010106　全丁法

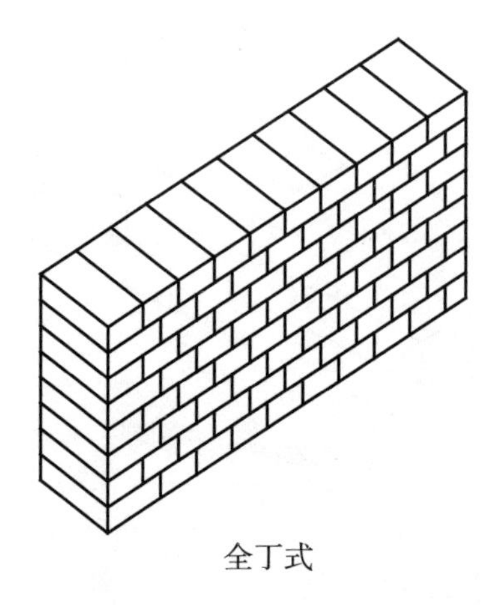

全丁式

工艺说明：全丁砌法是各皮砖均丁砌，上下皮垂直灰缝相互错开1/4砖长，适合砌一砖厚（240mm）墙。

第二节　砌筑构造节点

010201　砖基础构造节点

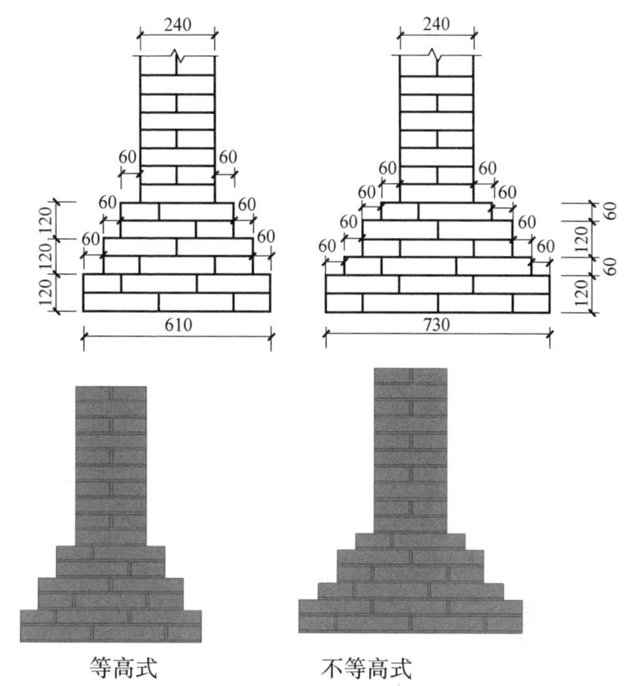

等高式　　　　不等高式

工艺说明：砖基础下部扩大部分面积为大放脚，上部为基础墙。基础大放脚形式应符合设计要求，当设计无规定时，可采用等高式和不等高式两种。等高式大放脚是两皮一收，两边各收进 1/4 砖长；不等高式大放脚是两皮一收和一皮一收相间隔，两边各收进 1/4 砖长。砖基础的转角与交接部位，为错缝需要加砌配砖（3/4 砖、半砖、1/4 砖）。在这些交接处，纵横墙要隔皮砌通；大放脚的最下一皮及每层的最上一皮应以丁砌为主。

010202 砖墙砌筑构造节点

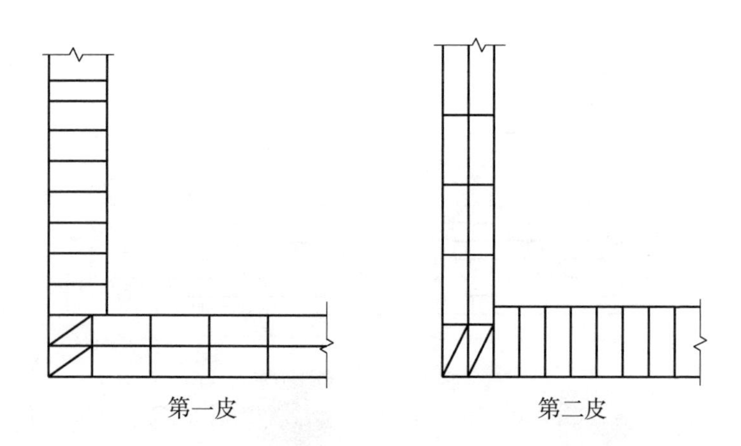

一砖墙一顺一丁转角处分皮砌法

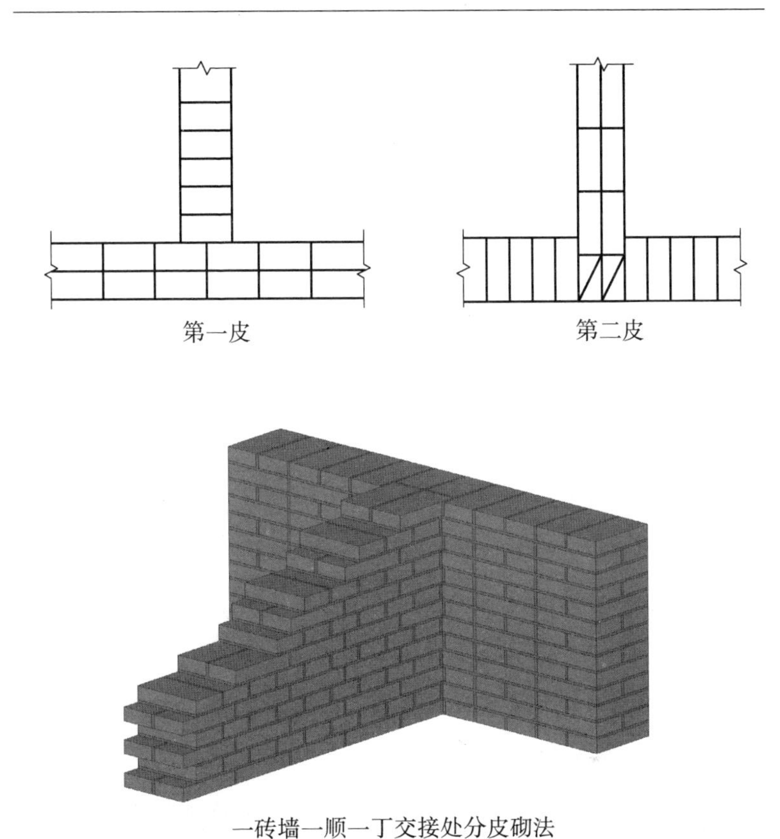

一砖墙一顺一丁交接处分皮砌法

工艺说明：砌砖宜采用“三一”砌砖法满铺满挤，并做到“上跟线，下对棱，左右相邻要对齐”。砖砌体组砌方法应保证上下错缝、横平竖直、内外搭接、砂浆饱满保证砌体的整体性，同时组砌要有规律，少砍砖，以提高砌筑效率，节约材料。当采用一顺一丁组砌时，七分头的顺面方向依次砌顺砖，丁面方向依次砌丁砖；砖墙的丁字接头处应分皮相互砌通，内角相交处的竖缝应错开 1/4 砖长，并在横墙端头处加砌七分头砖。

010203　砖柱砌筑构造节点

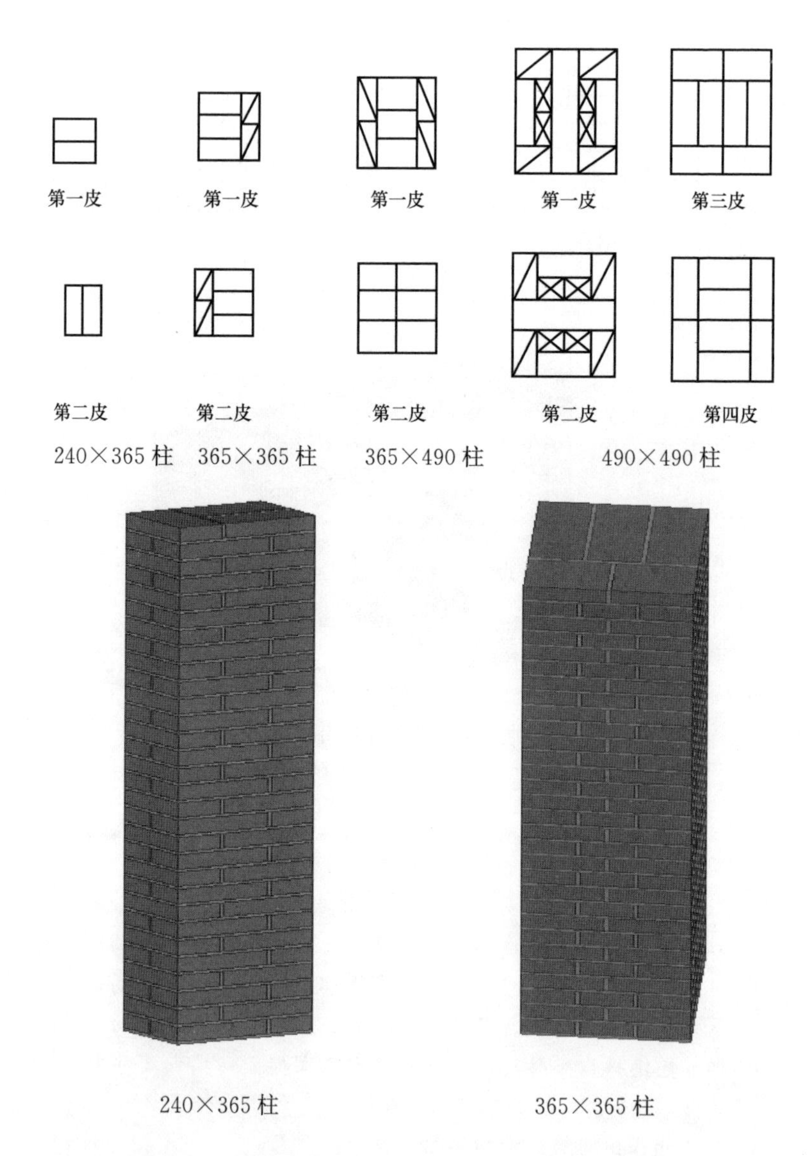

240×365 柱　　365×365 柱

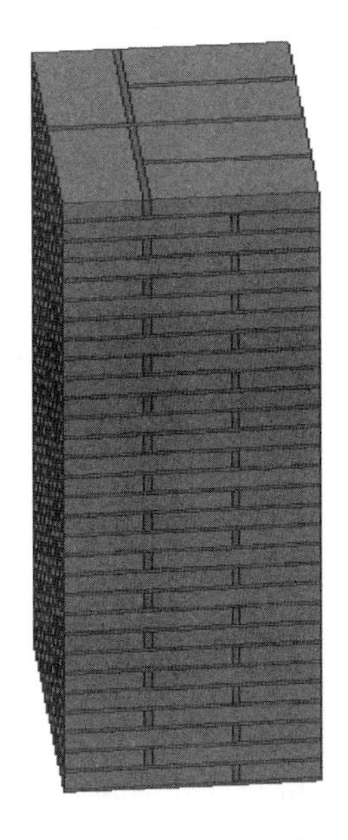

365×490 柱

490×490 柱

工艺说明：砖柱砌筑应保证砖柱外表面上下皮垂直灰缝相互错开 1/4 砖长，砖柱内部少通缝，为错缝需要应加砌配砖，不得采用包心砌法。砖柱中不得留脚手眼。砖柱每日砌筑高度不得超过 1.8m。

010204 构造柱砌筑构造节点

构造柱节点图

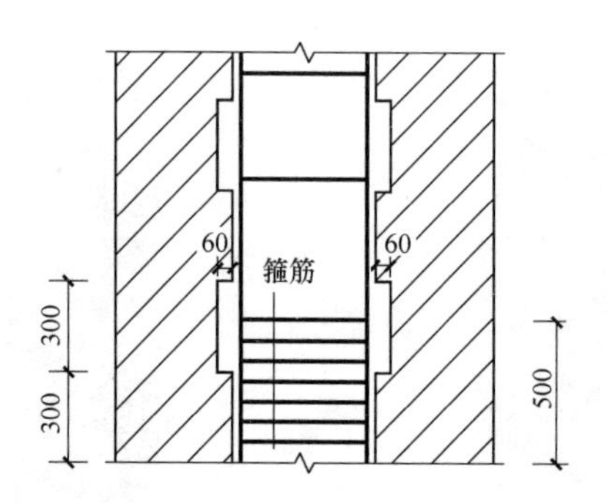

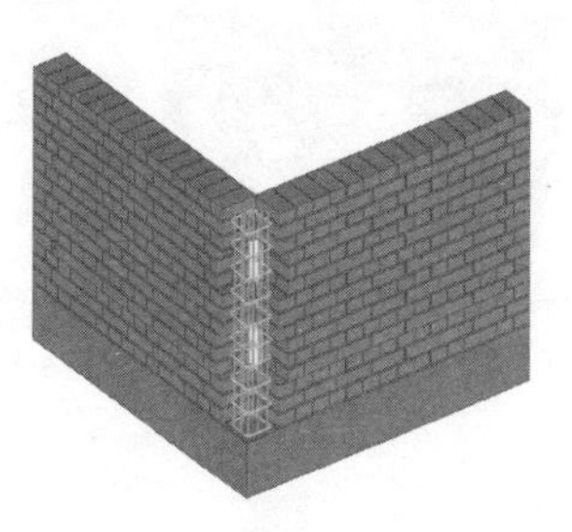

工艺说明：与构造柱连接处砖墙应砌成先退后进马牙槎，每个马牙槎沿高度方向的尺寸不宜超过300mm。当设计无要求时，沿墙高每500mm设置2Φ6拉结筋，每边伸入墙内不应小于600mm（非抗震区）和1000mm（抗震区）。构造柱处马牙槎砌砖宜砍角。

010205　砖平拱砌筑构造节点

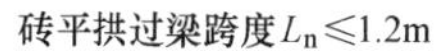

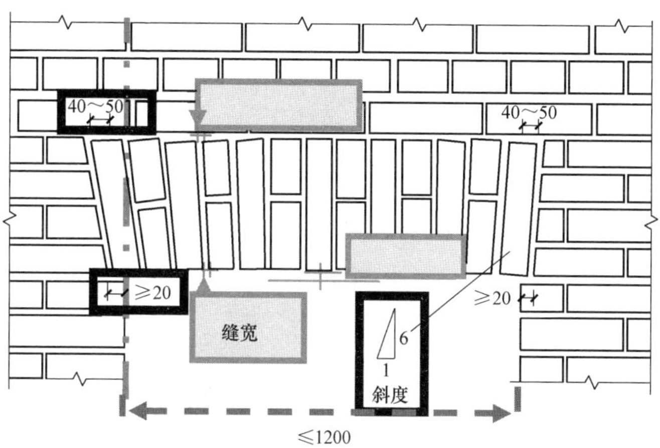

工艺说明：砖平拱应用整砖侧砌，平拱高度不小于砖长（240mm），拱脚下面应伸入墙内不小于20mm，砖平拱砌筑时应在其底部支设模板，模板中央应有1%的起拱。砖平拱的砖数应为单数。砌筑时应从平拱两端同时向中间进行。砖平拱的灰缝应砌成楔形。灰缝宽度在平拱的底面不应小于5mm，顶面不应大于15mm。

010206 钢筋砖过梁砌筑构造节点

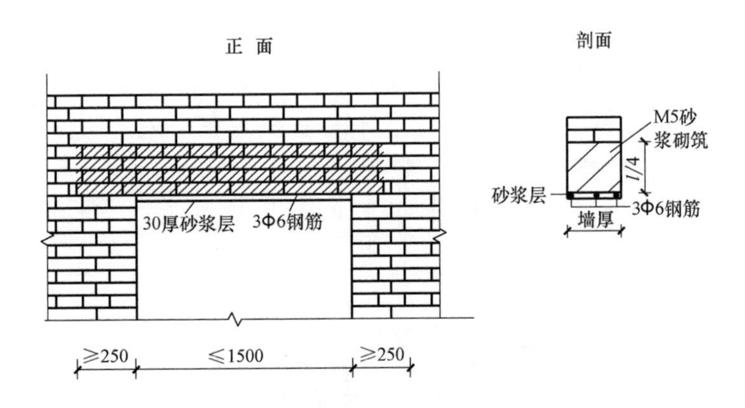

钢筋砖过梁节点图

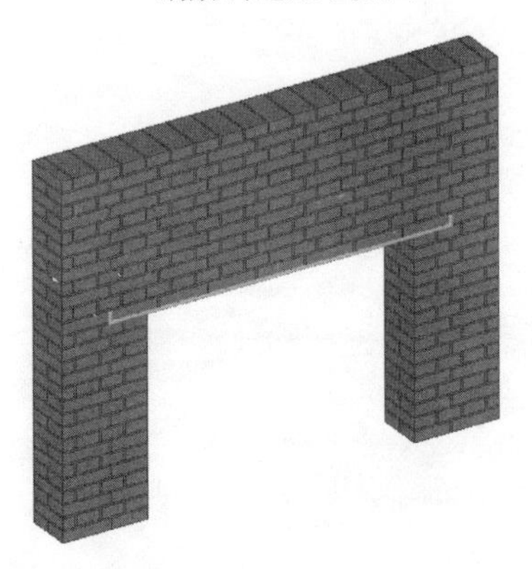

工艺说明：钢筋砖过梁的底面为砂浆层，砂浆层厚度不宜小于30mm。砂浆层中配置钢筋，钢筋直径不应小于5mm，间距不宜大于120mm，钢筋两端伸入墙体内的长度不宜小于250mm，并有向上的直角弯钩。钢筋砖过梁砌筑前先支设模板，模板中央应略有起拱。砌筑时先铺设砂浆层，然后摆放钢筋，使钢筋位于砂浆层中间。

010207　砖墙端头（门窗侧壁）砌筑构造节点

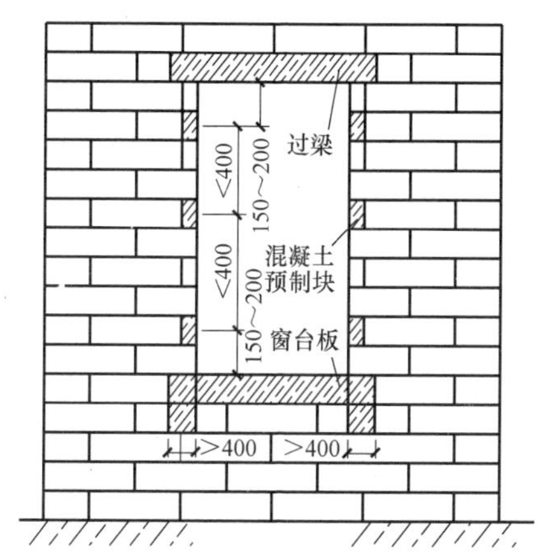

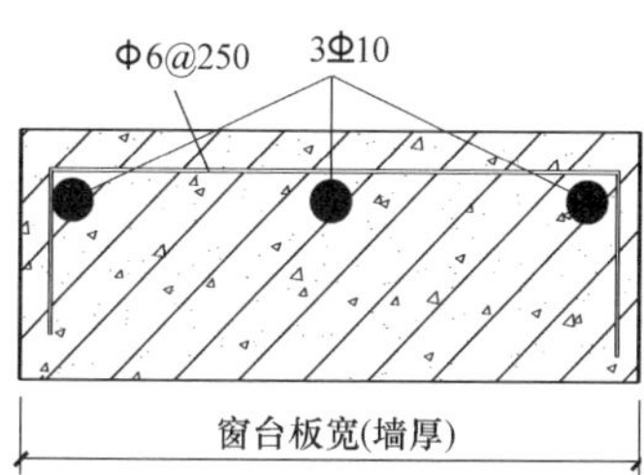

外墙门窗洞口构造图

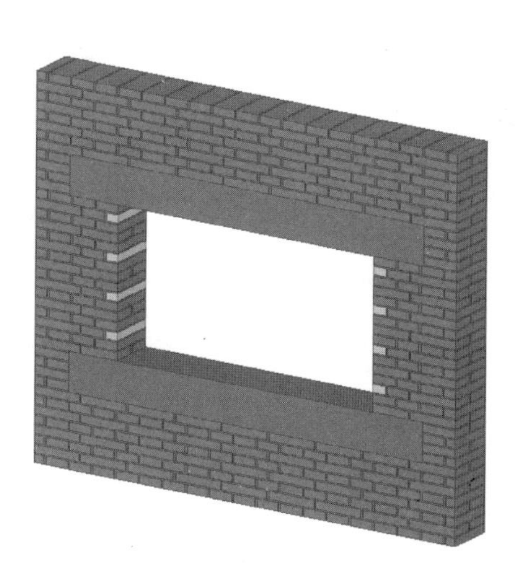

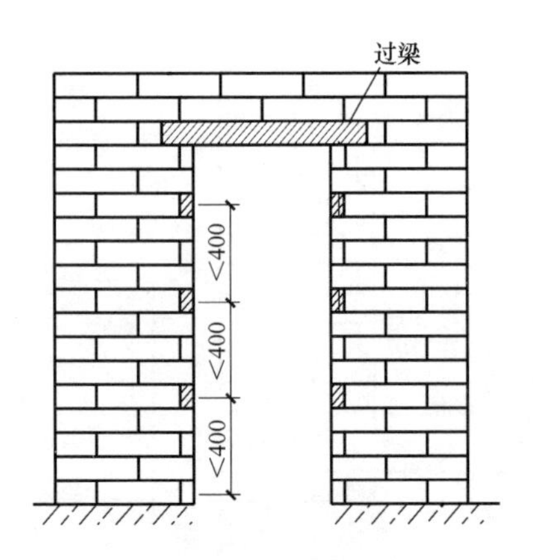

内墙门窗洞口构造图

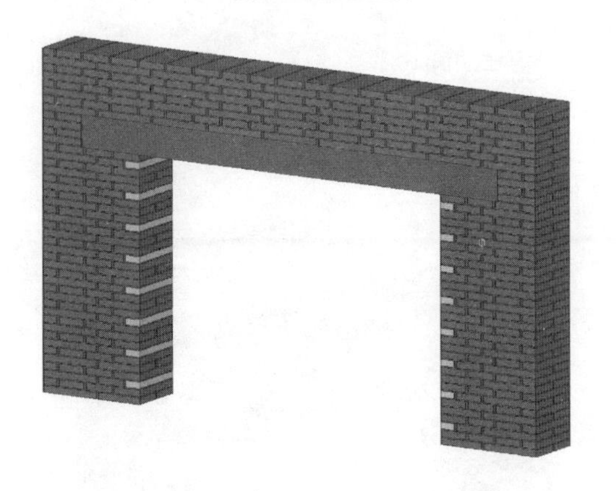

工艺说明：砖墙端头（门窗侧壁）砌筑时，先按照事先所弹的控制线砌砖，砌到标高处安置过梁、木砖等，并严格控制洞口处的洞口尺寸、垂直度。

010208　砖砌体转角、交接处砌筑构造节点

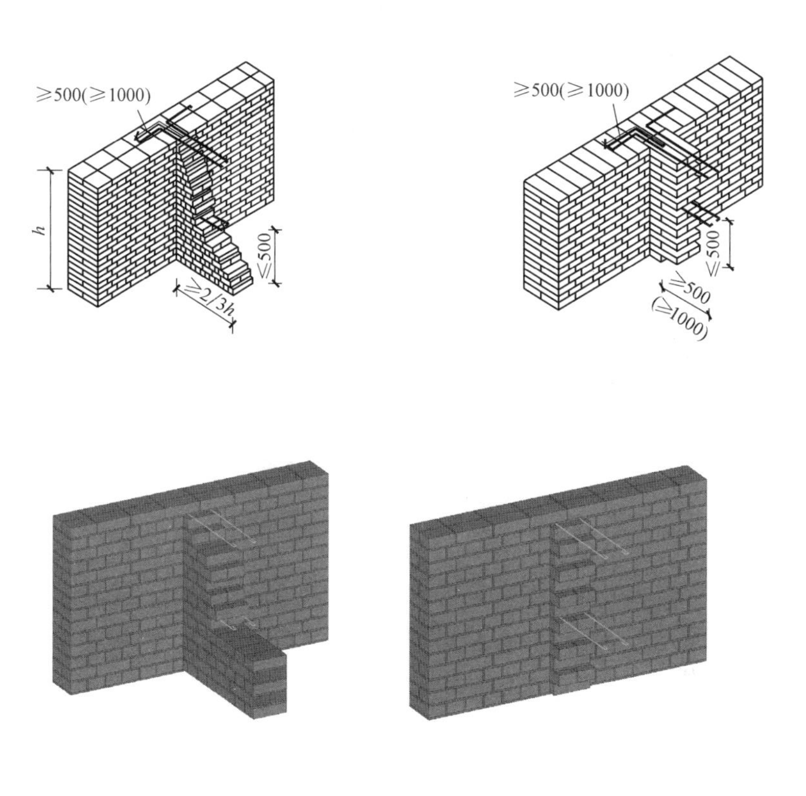

工艺说明：砖墙转角处和交接处应同时砌筑，严禁无可靠措施的内外墙分砌施工，若不能同时砌筑又必须留置的临时间断处应砌成斜槎，斜槎水平投影长度不应小于高度的2/3。隔墙与承重墙或柱不能同时砌筑，留置凸槎。

010209 砖砌体墙上留置临时洞口构造节点

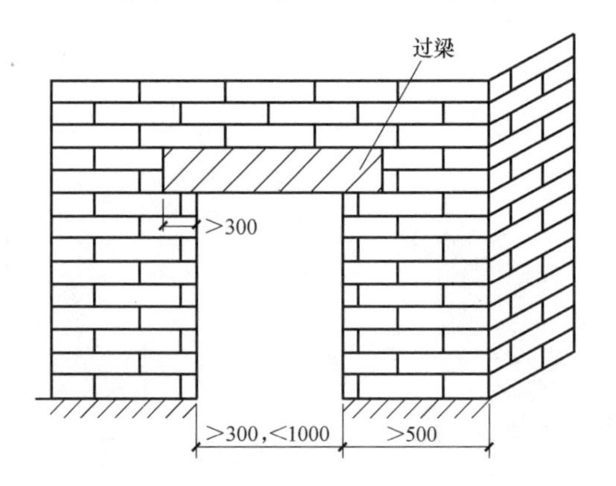

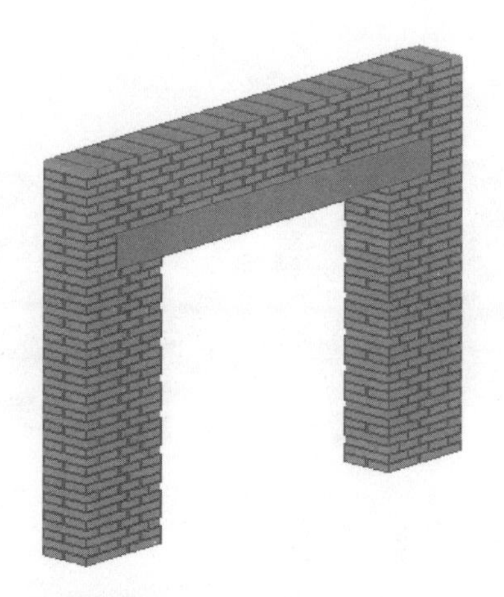

砖砌体墙预留洞口节点图

工艺说明：砖砌墙体留置临时洞口时，应按拉结筋留置要求预埋拉结筋，预留洞口宽度超过 300mm 的洞口，上部应加设预制钢筋混凝土过梁。洞口净宽不应大于 1000mm，其侧边离交接处墙面不应小于 500mm。

010210　砖砌体墙上留置施工脚手架眼构造节点

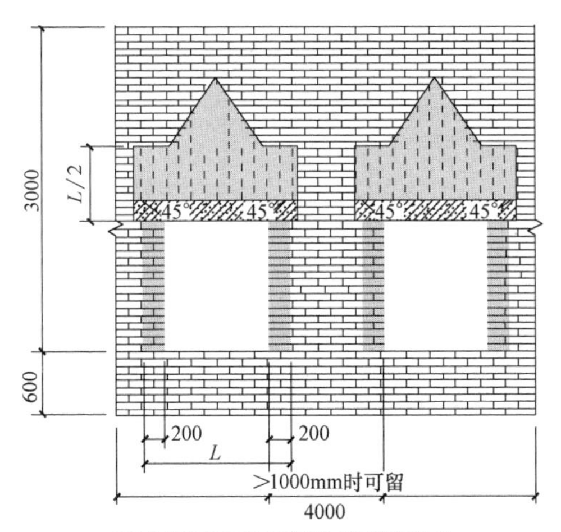

图中阴影区域不得留设脚手眼

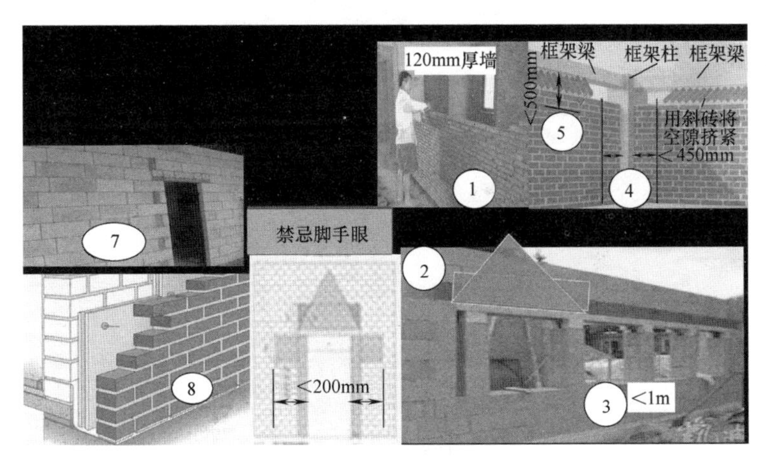

砌体墙脚手眼留置节点图

工艺说明：砖砌体需要按照规范要求留置脚手架眼。脚手架眼留置时不得剔凿、打洞。脚手架眼补砌时，灰缝应填满砂浆，不得用干砖填塞。

010211 砖砌体墙体防裂构造节点

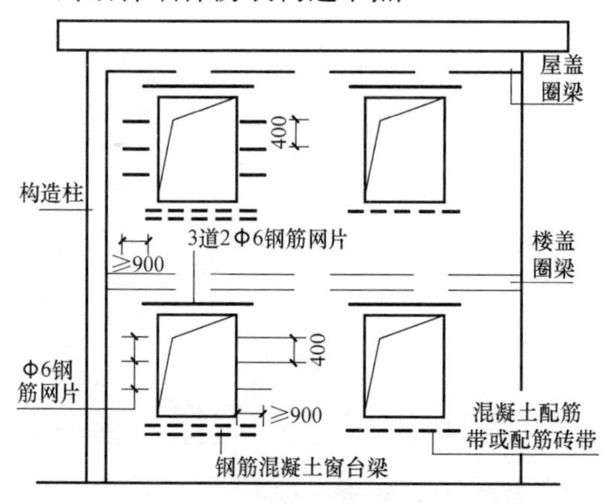

砖砌体防裂构造节点图

工艺说明：砖砌体墙体应在转角处、交接处、门洞口以及墙体端部设置构造柱。墙体砌筑时，应保证连续砌筑，需要留置斜槎时，应按规定设置拉结筋。确保砂浆饱满度，严格控制日砌筑高度。

010212　砖砌体墙体拉结节点

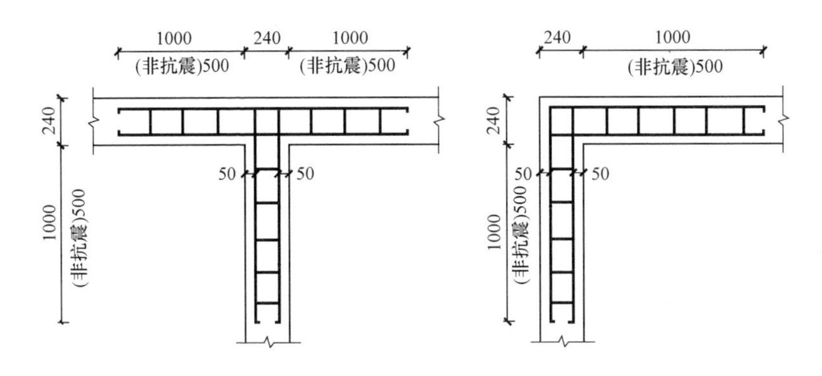

砖砌体墙体拉结节点图

工艺说明：墙体留槎、转角、交接部位加设拉结钢筋，每120mm墙厚设置1Φ6拉结钢筋，120mm厚墙应放置2Φ6拉结钢筋。埋入长度从留槎处算起每边均不应小于500mm，对抗震设防烈度6度、7度的地区，不应小于1000mm。钢筋末端有90°弯钩。

010213　砖砌体女儿墙构造节点

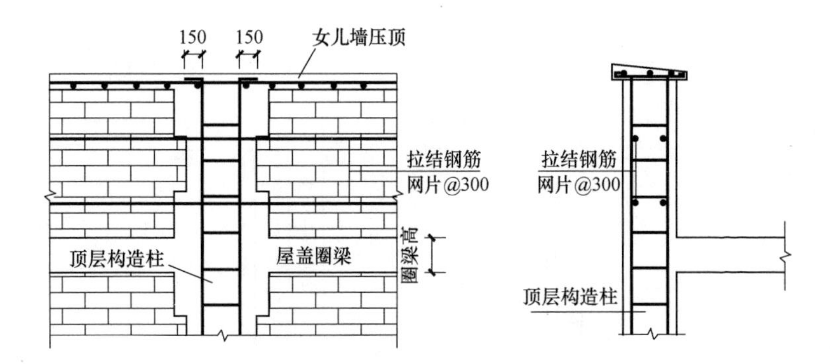

女儿墙构造节点

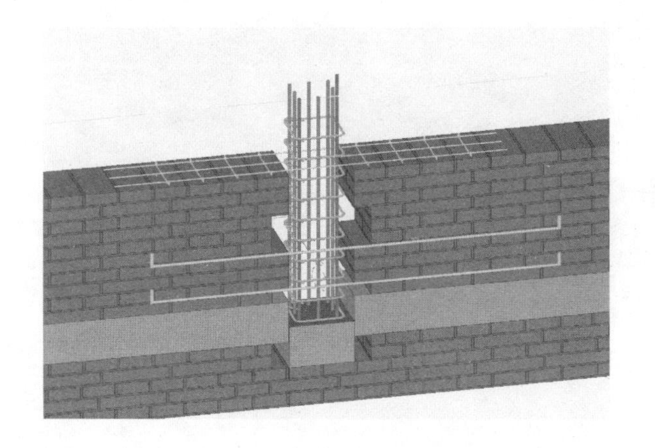

工艺说明：砖砌体女儿墙砌筑时，构造柱部位砌体应砌成马牙槎形状。构造柱应伸至女儿墙顶并与现浇钢筋混凝土压顶整浇在一起。沿女儿墙构造柱全高每隔 300mm 设通常拉结筋。

010214　夹心墙构造节点

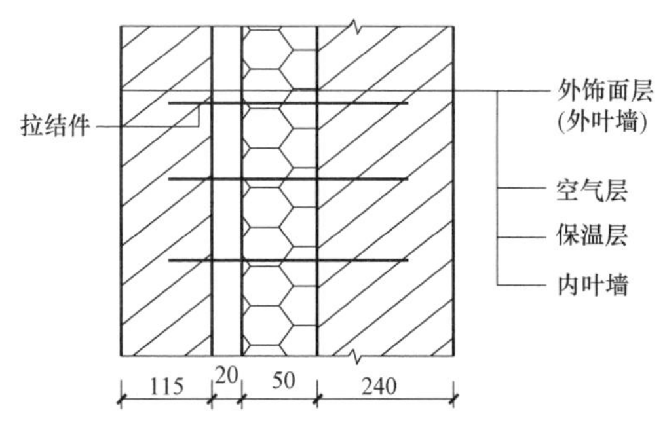

夹心墙构造示意图

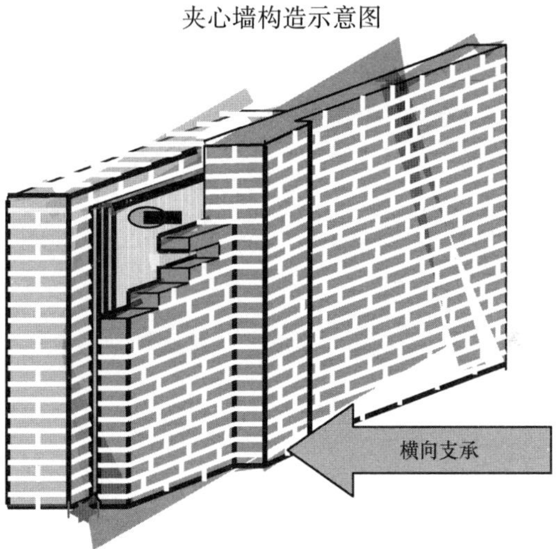

工艺说明：内叶墙采用主规格混凝土小型砌块，外叶墙采用辅助规格混凝土小型砌块，拉结件采用环形、Z 形拉结件或钢筋网片。拉结件应沿竖向梅花形布置，拉结件在叶墙上的搁置长度，不应小于墙厚 2/3，并不小于 60mm。

第三节　构造柱与圈梁构造节点

010301　构造柱与基础连接节点

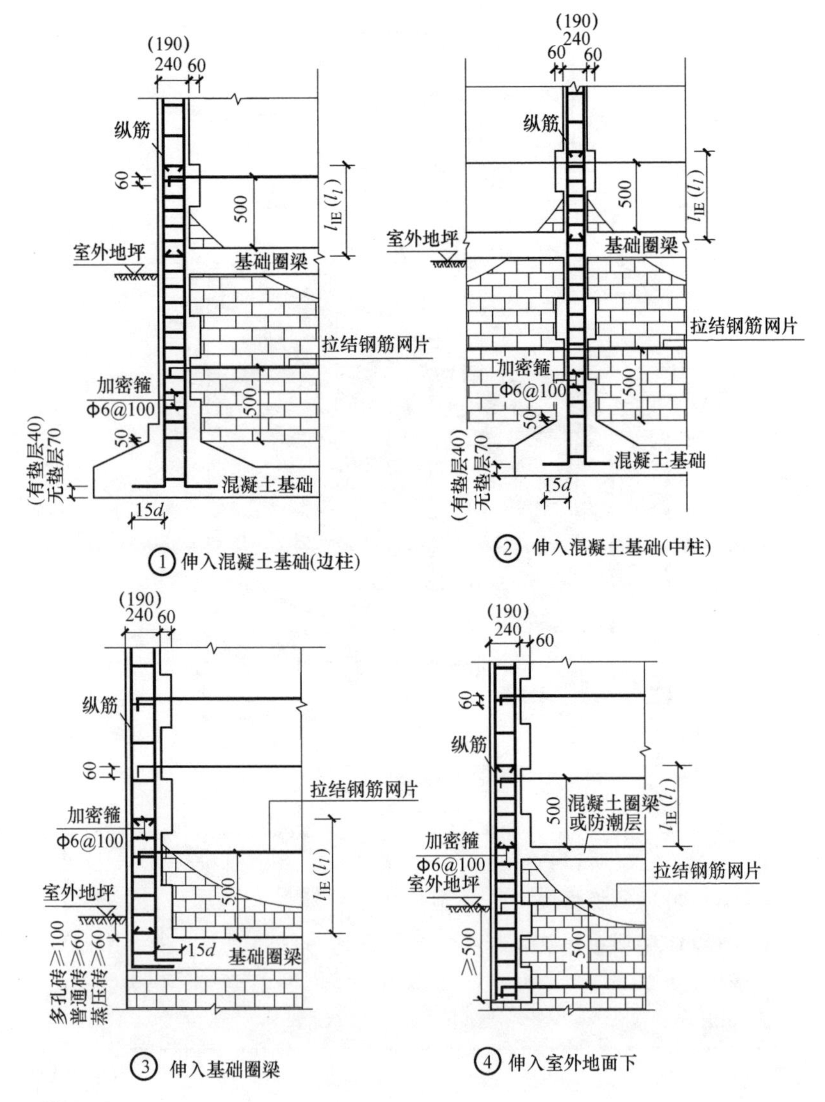

① 伸入混凝土基础(边柱)

② 伸入混凝土基础(中柱)

③ 伸入基础圈梁

④ 伸入室外地面下

工艺说明：

1. 构造柱与基础连接时，构造柱可不单独设置基础，应伸入混凝土基础中，无混凝土基础伸入室外地面下≥500mm，或锚入浅于500mm的基础圈梁内。构造柱的竖向受力钢筋伸入混凝土基础时应根据设计及规范要求，并应符合受拉钢筋锚固长度 L_{ae}（L_a）要求，且末端应弯折90°，平段长15d，弯钩向外侧拐向。

2. 对于构造柱的纵向钢筋的搭接长度和箍筋加密要求如立面示意图在柱头、柱脚钢筋搭接区是≥500mm及1/6层高，≥L_{lE}(L_l)。搭接区段为相应的箍筋加密区，伸入基础的箍筋且不少于两道定位箍筋，当设计有明确要求的应按设计要求执行。

3. 无地圈梁的，构造柱底标高应低于室外地面以下≥500mm。构造柱箍筋从伸入砖基础到搭接区做加密处理。砌砖基础先退后进。

4. 在砌砖墙大马牙槎时，沿墙高每隔500mm通长埋设水平拉结钢筋网片，钢筋网片采用2Φ6水平筋与Φ4@250的分布短平面内点焊而成的钢筋网片或Φ4点焊钢筋网片与构造柱钢筋绑扎连接。

010302 构造柱与现浇梁连接节点

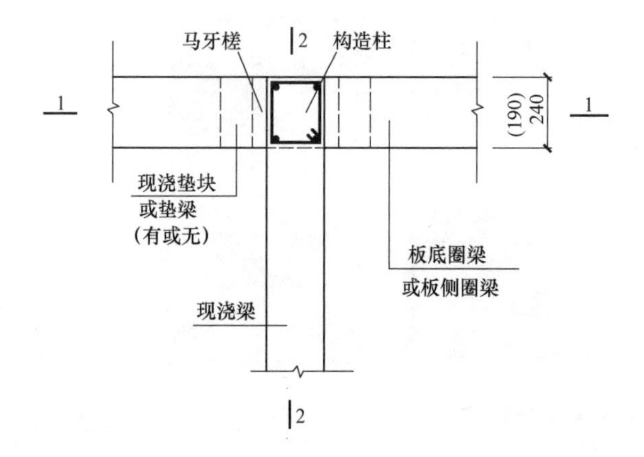

构造柱与现浇梁节点

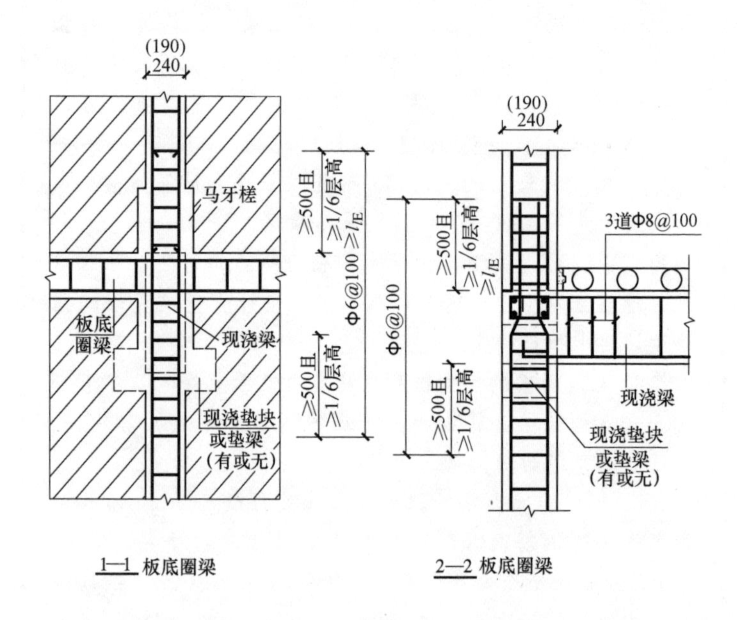

1—1 板底圈梁　　2—2 板底圈梁

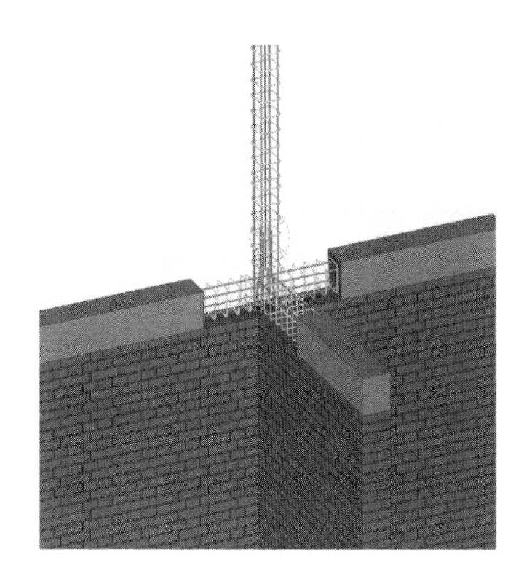

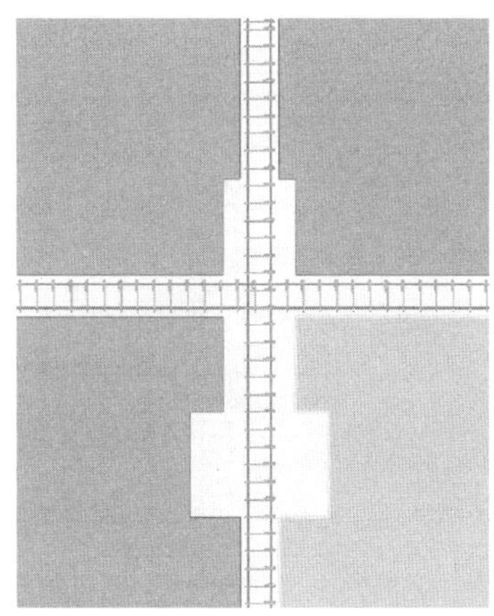

工艺说明：

1. 现浇梁纵筋伸入构造柱应符合设计及施工规范中锚固长度 L_{ae}（L_a）的要求，现浇梁上部纵筋遇板底圈梁时应从圈梁纵筋外侧插入。现浇梁上部纵筋遇板侧圈梁时应从圈梁纵筋内侧插入，并且在纵向受力钢筋锚固长度范围内应配置不少于两道箍筋，在其直径不小于 $d/4$。梁端也必须设置 3 道Φ8@100 的加密箍筋。

2. 对于构造柱的纵向钢筋的搭接长度和箍筋加密要求如立面示意图，在柱顶、柱脚钢筋搭接区是≥500mm 及 1/6 层高，≥L_{lE}（L_l）。搭接区段，构件连接区段以及柱顶 1/6 层高范围内相应地采用箍筋Φ6@100 进行加密。

010303　组合砖柱与现浇梁连接节点

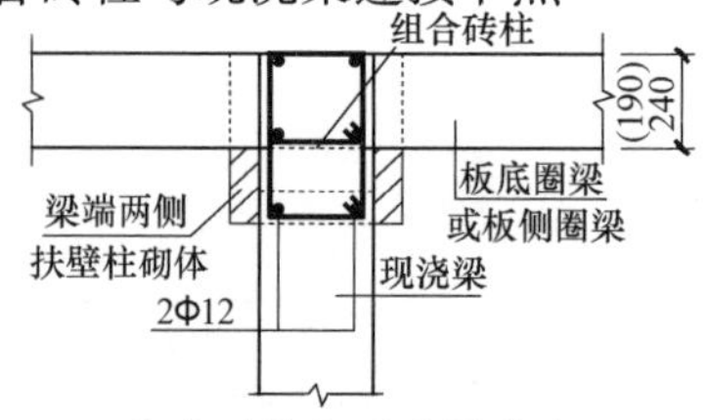

组合砖柱与现浇梁节点

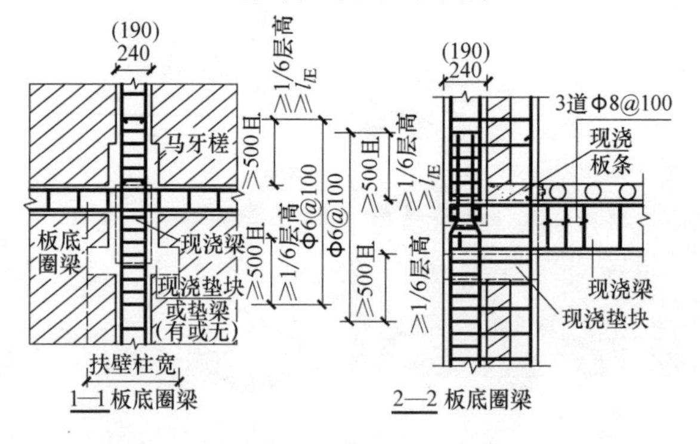

工艺说明：

1. 现浇梁纵筋伸入组合砖柱应符合设计及施工规范中锚固长度 L_{ae}（L_a）的要求，现浇梁上部纵筋遇板底圈梁时应从圈梁纵筋外侧插入。现浇梁上部纵筋遇板侧圈梁时应从圈梁纵筋内侧插入，并且在纵向受力钢筋锚固长度范围内应配置不少于两道箍筋，在其直径不小于 $d/4$。梁端也必须设置 3 道Φ8@100 的加密箍筋。

2. 对于组合砖柱的纵向钢筋的搭接长度和箍筋加密要求如立面示意图在柱顶、柱脚钢筋搭接区是≥500mm 且 1/6 层高，≥L_{lE}(L_l)。对于组合砖柱的箍筋应按正常设计Φ6@200 设置。组合砖柱中构造柱的箍筋在搭接区段，构件连接区段以及柱顶 1/6 层高范围内相应地采用箍筋Φ6@100 进行加密。

3. 组合砖柱中构造柱纵向受力钢筋应伸入圈梁受力筋内侧进行绑扎。梁端两侧扶壁柱砌体中设置墙拉结筋与构造柱、圈梁连接。

010304 构造柱与预制梁连接节点

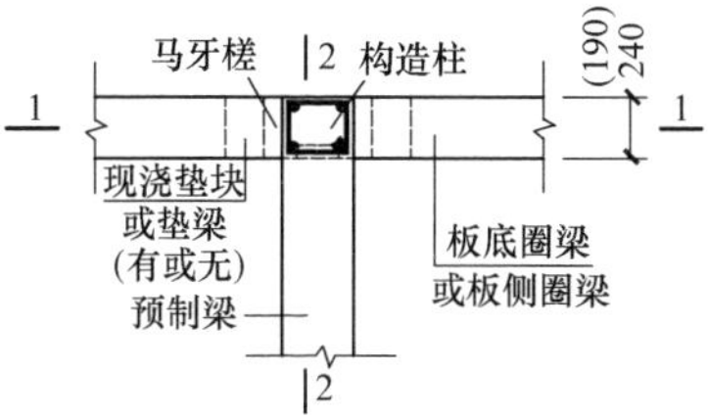

构造柱与预制梁节点

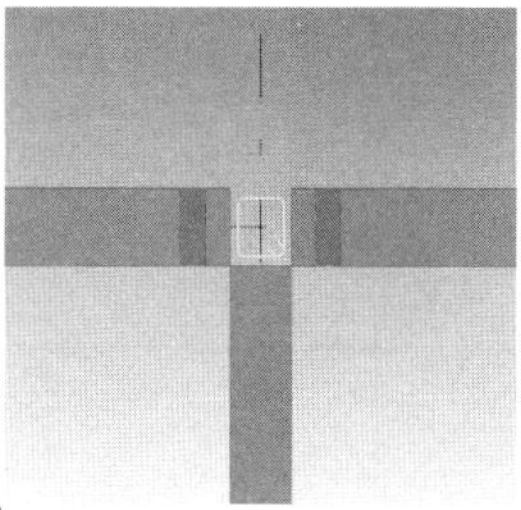

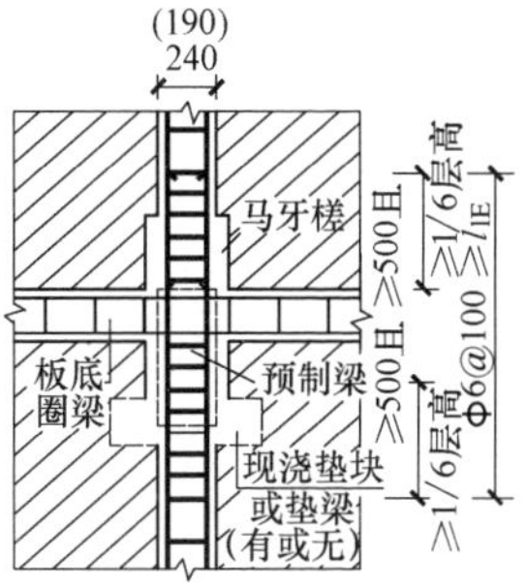

1—1 板底圈梁

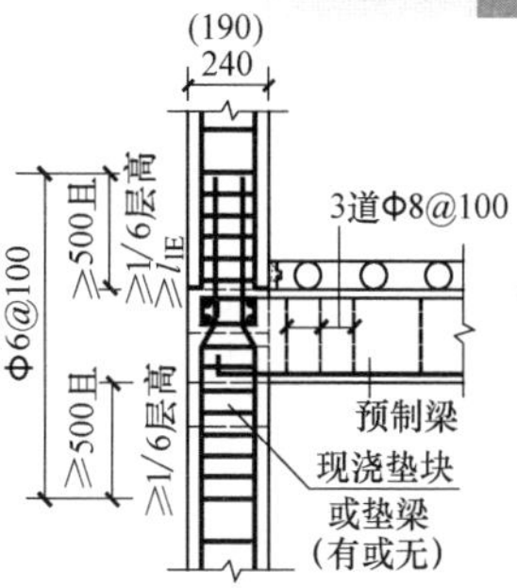

2—2 板底圈梁

工艺说明：

1. 在预制梁制作前应把预制梁预留纵筋长度，符合设计及施工规范中锚固长度 L_{ae}（L_a）的要求，预制梁上部纵筋遇板底圈梁时应从圈梁纵筋外侧插入。预制梁上部纵筋遇板侧圈梁时应从圈梁纵筋内侧插入，并且在纵向受力钢筋锚固长度范围内应配置不少于两道箍筋，在其直径不小于 $d/4$。预制梁端制作前也必须在端部设置 3 道Φ8@100 的加密箍筋。

2. 对于构造柱的纵向钢筋的搭接长度和箍筋加密要求如立面示意图在柱顶、柱脚钢筋搭接区是≥500mm 及 1/6 层高，≥L_{lE}（L_l）。构造柱的箍筋在搭接区段，构件连接区段以及柱顶 1/6 层高范围内相应地采用箍筋Φ6@100 进行加密。

3. 构造柱纵向受力钢筋应伸入圈梁受力筋内侧进行绑扎。

010305 组合砖柱与预制梁连接节点

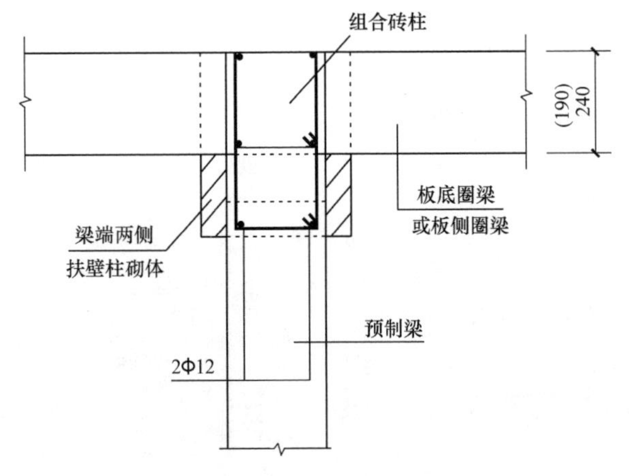

组合砖柱与预制梁节点

工艺说明：组合砖柱纵向钢筋上端应锚固混凝土圈梁内，锚固区域应加设大于等于500mm或层高的1/6加密区，组合砖柱与预制梁连接时预制梁梁端部应插入组合砖柱及圈梁；连接牢固后进行混凝土浇筑。组合砖柱与预制梁梁端锚固准确性、连接可靠性。构件位移偏差：安装前构件应标明型号和使用部位，复核放线尺寸后进行安装，防止放线误差造成构件偏移。不同气候变化调整量具误差。操作时认真负责，细心校正，使构件位置、标高、垂直度符合要求。组合砖柱与预制梁连接就位锚固；轴线位置、标高、坐浆及节点构造作法、柱及梁端锚固。

010306　圈梁构造节点

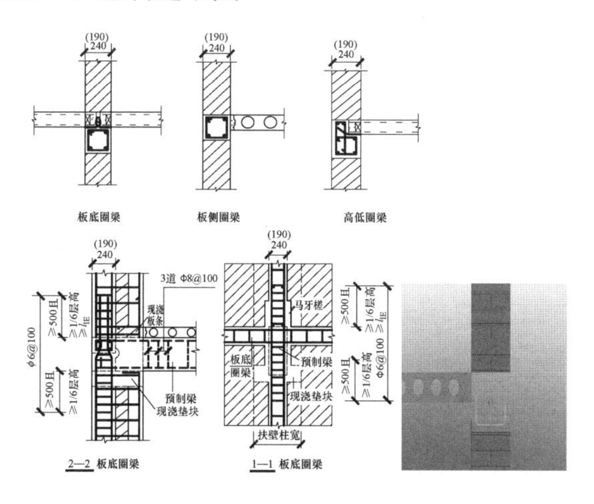

工艺说明：圈梁构造节点在建筑工程过程中起着重要作用。圈梁构造节点增强房屋整体性和空间刚度，防止由于地基不均匀沉降或较大振动荷载等对房屋引起的不利影响。设置在基础顶面部位和檐口部位对抵抗不均匀沉降作用最为有效。当房屋中部两端沉降较大时，位于基础顶面部位的圈梁构造节点作用较大；当房屋两端沉降较大时，檐口部位的圈梁构造节点作用较大。在圈梁构造节点加密范围一般均不小于500mm或层高的1/6，箍筋间距不宜大于100mm。在圈梁构造节点钢筋交叉处，圈梁构造节点要放在受力筋外侧；应相互交圈，形成闭合回路。圈梁构造节点在丁字墙、十字墙、拐角墙等处设置接头，并设八字斜筋加固。圈梁节点钢筋变形。一般采用十字扣或套扣绑扎，确保骨架节点牢固，不变形。构造柱伸出圈梁节点及板面钢筋时，构造柱应与圈梁节点绑扎牢固外，还应在伸出钢筋处绑两道定位筋，在浇完混凝土后立即进行修复。如圈梁节点钢筋采用预制骨架，应用垫木垫平、码放整齐，防止变形。严禁在已绑好的圈梁钢筋上走动或踩踏。

010307　预制空心板支承构造节点

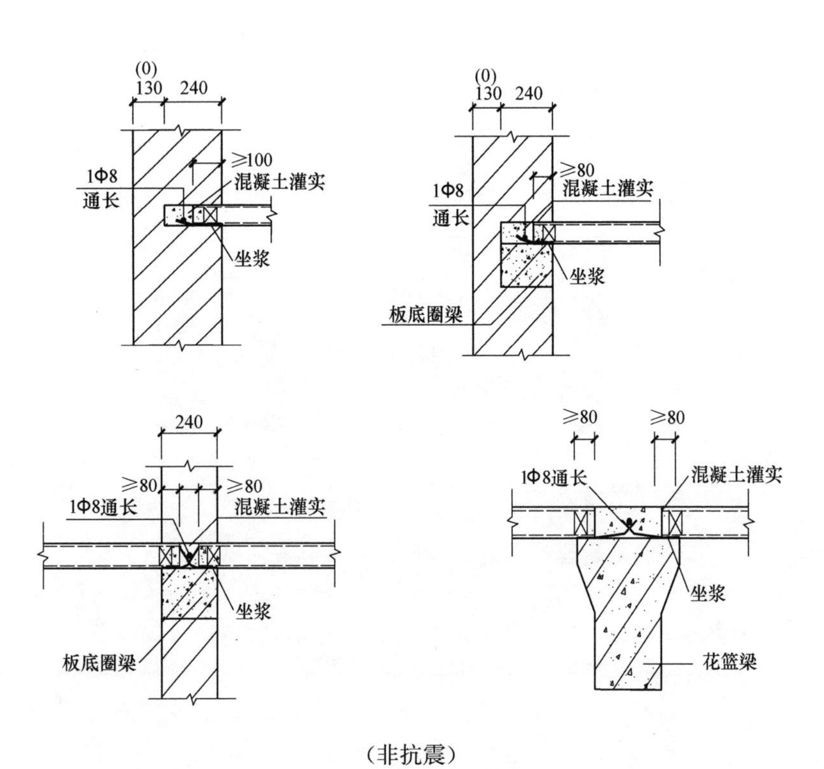

（非抗震）

抗震设防烈度	板支承于内墙时	板支承于外墙时	备　注
小于 6 度	板端胡子筋伸出长度不小于 70mm	板支承于外墙时不小于 100mm	预制空心板板端用 C25 细石混凝土灌实
大于等于 6 度	板端胡子筋伸出长度不小于 120mm	板支承于外墙时不小于 150mm	预制板板面设置厚度不小于 50mm 的 C25 细石混凝土现浇面层，配 Φ6@250 双向钢筋网片

010308　现浇板与墙连接节点

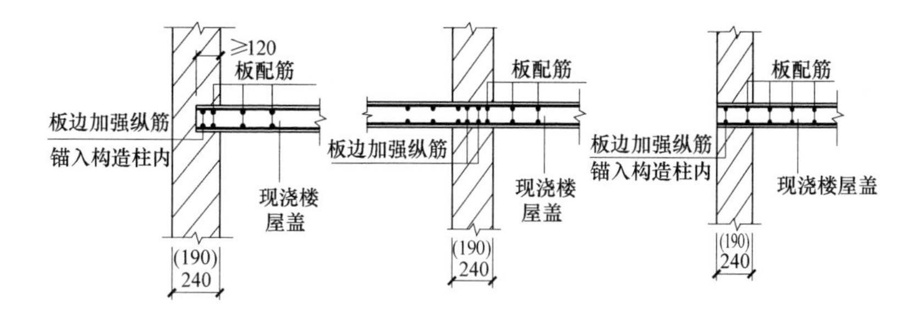

板边加强纵筋

抗震设防烈度	外墙纵筋	每边内墙纵筋	备注
非抗震	2Φ10	4Φ10	遇端部构造柱时，板边加强筋锚入构造柱内 $L_{aE}(L_a)$
6 度～8 度	2Φ12	4Φ12	
8 度乙类	2Φ14	4Φ14	

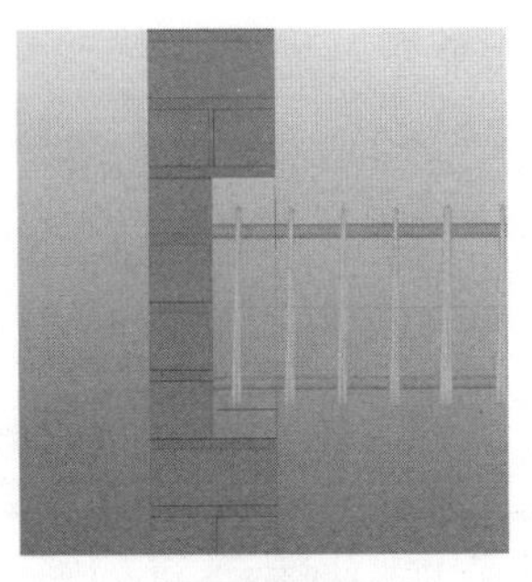

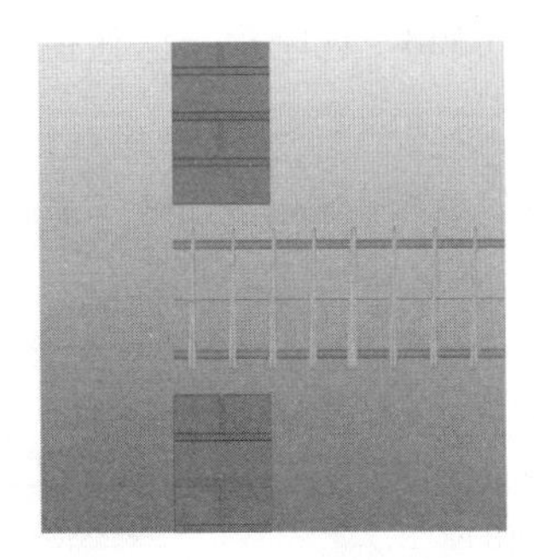

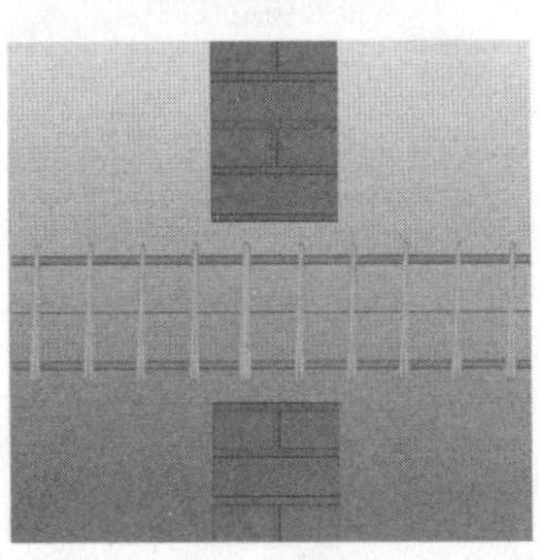

工艺说明：当现浇板与墙连接时，板边加强纵筋锚入构造柱内应大于等于120mm，与构造柱钢筋连接牢固。板下不设圈梁时，现浇楼板沿墙体周边均应加强配筋并应与相应构造柱可靠连接。现浇板的下部钢筋短跨在下、长跨在上。上部钢筋短跨在上、长跨在下。接头位置上部钢筋在跨中1/3处，也可以搭接。下部钢筋下支座处1/3，下部钢筋也可以锚固入梁内并满足锚固长度，焊接接头位置要保证50%的截面比例。如果100%的搭接比例，搭接长度要乘以1.4。板筋的起步筋位置取板受力钢筋间距的一半，从墙外侧筋外侧开始算起，一般做法就是取墙侧模外50mm。现浇板短跨大于等于3600mm时，上表面素混凝土采用Φ6@200的钢筋网片。钢筋网片与板上部钢筋搭接长度为300mm，钢筋网布置在板上皮钢筋内侧。

010309　现浇板与圈梁连接

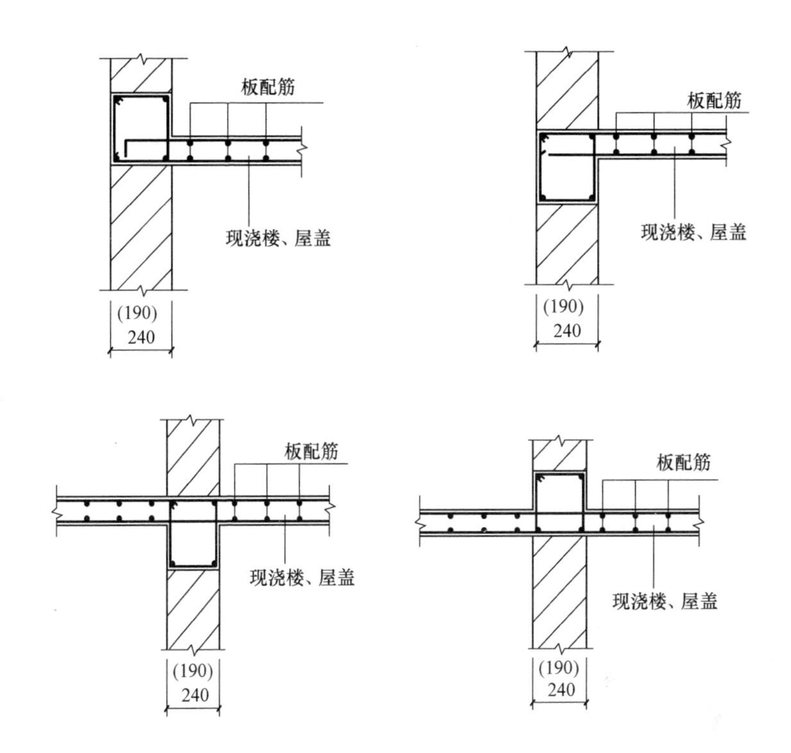

圈梁、构造柱及砌体水平配筋带钢筋锚固长度

钢筋种类	混凝土强度等级			
	C20	C25	C30	C35
	$d\leqslant25$	$d\leqslant25$	$d\leqslant25$	$d\leqslant25$
HPB300 热轧光圆钢筋	$39d$	$34d$	$30d$	$28d$
HRB335 热轧带肋钢筋	$38d$	$33d$	$29d$	$27d$
HRB400 热轧带肋钢筋	—	$40d$	$35d$	$32d$

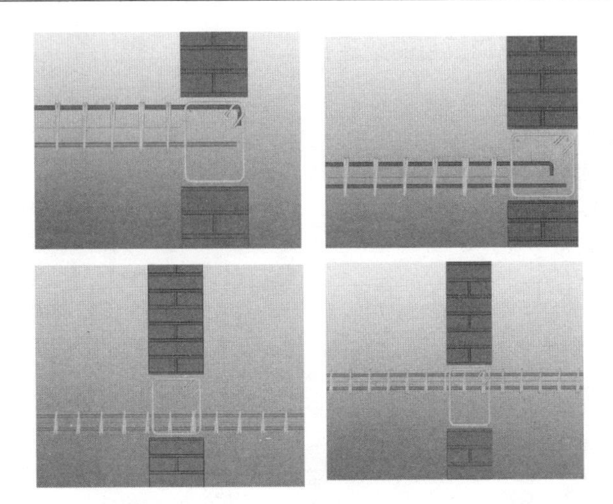

工艺说明：

1. 先绑圈梁钢筋，后绑板筋。圈梁截面高度不应小于120mm，圈梁纵向钢筋采用绑扎接头时，纵筋可在同一截面搭接，搭接长度 l_{lE} 可取 $1.2l_a$，且不应小于300mm。圈梁（过梁）、板应同时浇筑。

2、板下不设圈梁时，现浇楼板应沿墙体周边加强配筋并与相应构造柱可靠连接。现浇板纵向受力钢筋在中间支座圈梁处可通长布置，锚入端部圈梁时，其锚固长度 l_{aE}（l_a）且不小于200mm。除细部节点特殊标明的，构造柱、圈梁内纵筋及墙体水平配筋带钢筋锚固长度 $l_{aE}=l_a$。

3. 圈梁在《建筑抗震设计规范》7.3.3条要求的间距内无横墙时，应利用梁或板缝中配筋替代圈梁。

4. 采用现浇混凝土楼（层）盖的多层砌体结构房屋，当层数超过5层时，除应在檐口标高处设置一道圈梁外，可隔层设置圈梁，并应与楼（屋）面板一起浇筑。未设置圈梁的楼面板嵌入墙内的长度不应小于120mm，并应沿墙长设置不少于2根直径为10mm的纵向钢筋。

010310　构造柱与墙体拉结节点

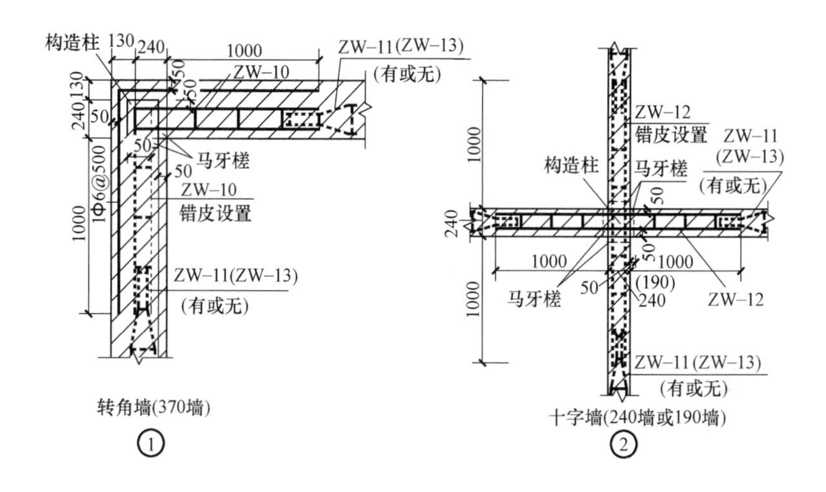

砖砌体墙水平拉结钢筋网片设置要求见下表：

类别设置要求	非抗震全部楼层	6 度、7 度底部 1/3 楼层	8 度底部 1/2	8 度乙类全部楼层	除上述以外楼层
竖向间距	500mm				
水平长度	700mm	通长			1000mm（1400mm）

注：顶层和突出屋顶的楼梯、电梯间，长度大于 7.2m 的大房间及 8 度和 9 度时外墙转角和内外墙交接处应沿墙体通长设置，水平拉筋距墙面边距离为 50mm。

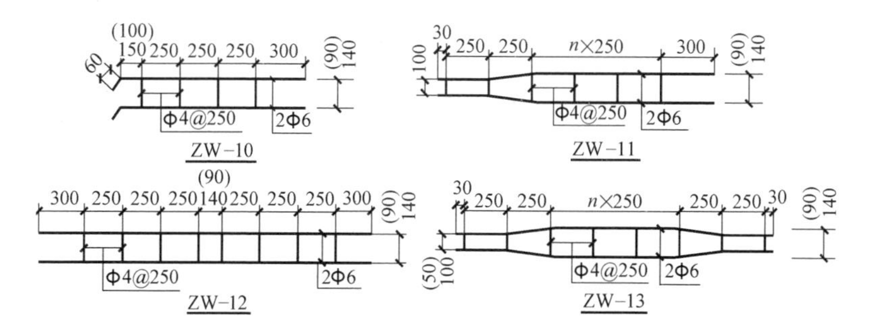

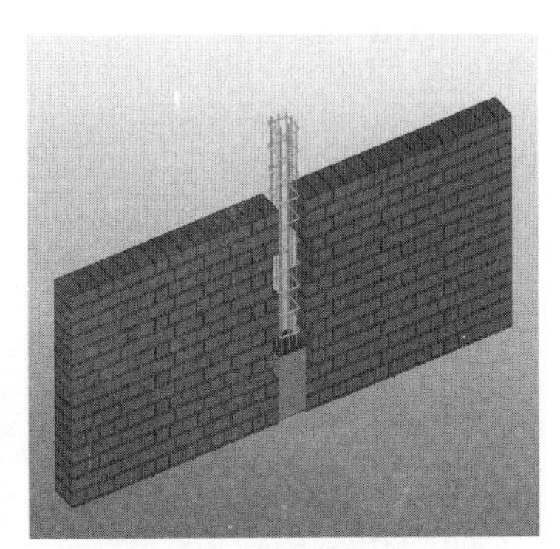
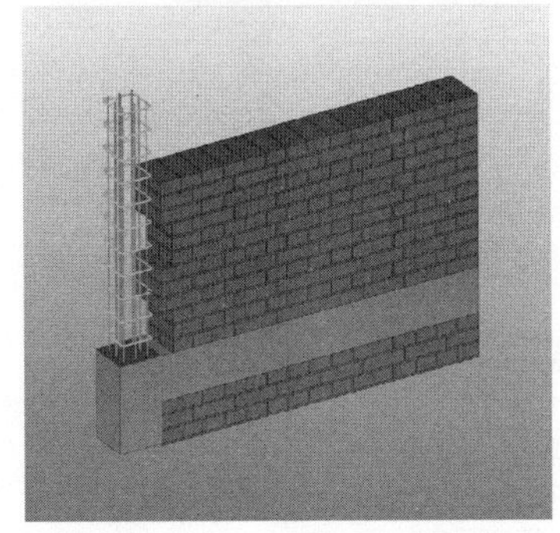

工艺说明：应先绑扎构造柱钢筋，然后砌砖墙，构造柱与墙体连接处应砌成马牙槎，马牙槎高度多孔砖不大于300mm，普通砖不大于250mm。构造柱与墙体连接可采用2Φ6水平筋和Φ4分布短筋点焊组成钢筋网片或Φ4点焊钢筋网片，每边伸入墙内不小于1m（多孔砖水平拉结筋伸入墙体内长度应乘以1.4倍）。当砖砌体墙为370mm厚时，拉结网片的水平钢筋也可根据设计要求和当地习惯做法采用3Φ6钢筋，墙体水平拉筋可通长穿过构造柱内，水平拉筋弯入构造柱内的，其锚固长度不小于$25d$且不小于200mm。除细部节点特殊标明的，构造柱、圈梁内纵筋及墙体水平配筋带钢筋锚固长度$l_{aE}=l_a$。

010311　构造柱与圈梁连接节点

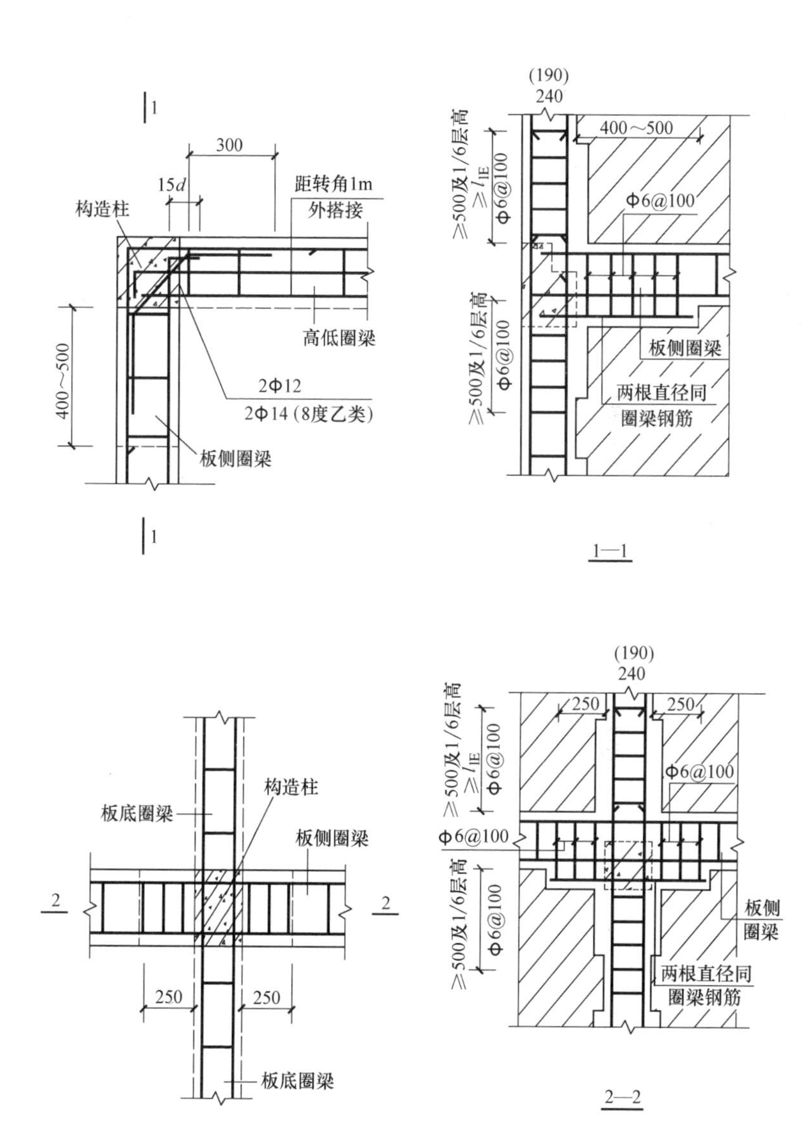

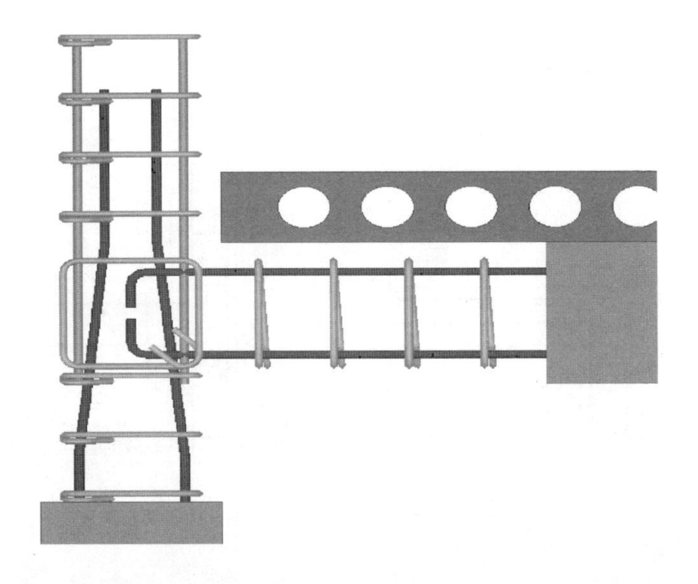

工艺说明：

1. 构造柱与圈梁连接处、构造柱的纵筋应在圈梁纵筋内侧穿过，保证构造柱纵筋上下贯通。构造柱纵筋可在同一截面搭接，搭接长度 l_{lE} 可取 $1.2l_a$，隔层设置圈梁的房屋，应在无圈梁的楼层设置配筋砖带。

2. 构造柱钢筋必须与各层纵横墙的圈梁钢筋绑扎连接，形成封闭框架。

3. 圈梁与构造柱连接处应对构造柱上下 1/6 层高且≥500mm 处，及板侧圈梁进行箍筋加密。转角墙与丁字墙圈梁纵向钢筋应做成不小于 $15d$ 弯钩收头，并锚入构造柱内，保证锚固长度 l_{aE}（l_a）且不小于 200mm。除细部节点特殊标明的，构造柱、圈梁内纵筋及墙体水平配筋带钢筋锚固长度 $l_{aE}=l_a$。转角墙圈梁纵横向交叉处，应在转角处加设 2Φ12 或 2Φ14（8 度乙类）转角钢筋，保证构件整体性，分散转移荷载，防止墙体开裂。

第四节　砌筑方法

010401　“三一”砌砖法

工艺说明：“三一”砌砖法即一块砖、一铲灰、一揉压（简称“三一”），并随手用大铲尖将挤出墙面的灰浆刮掉，放入墙中缝或灰桶中的砌筑方法。

这种砌法的优点：灰缝容易饱满，粘结性好，墙面清洁。因此，是目前应用最广的砌砖方法之一，特别是实心砖墙或抗震设防烈度8度以上地震设防区的砌砖工程，更宜采用这种方法。

010402 “二三八一”砌砖法

工艺说明：“二三八一”砌砖法即由二种步法（丁字步和并列步）、三种身法（丁字步与并列步的侧身弯腰、丁字步的正弯腰和并列步的正弯腰）、八种铺灰手法（砌条砖用的甩、扣、泼、溜和砌丁砖时的扣、溜、泼，一带二）和一种挤浆动作（砌砖时利用手掌揉动，使落在灰浆上的砖产生轻微颤抖，砂浆受振以后液化，砂浆中的水泥浆颗粒充分进入到砖的表面，产生良好的吸附粘结作用）所组成的一套符合人体正常活动规律的先进砌筑工艺。

010403　挤浆法

工艺说明：挤浆法即是指砌砖时用灰勺、大铲或小灰桶将砂浆倒在墙面上，随即用大铲或推尺铺灰器将砂浆铺平，然后用单手或双手拿砖并将砖挤入砂浆层一定深度和所要求的位置的砌筑方法。挤浆法要求把砖放平并达到上限线（所拉的通线）、下齐边，横平竖直。采用挤浆法时，也可采用加浆挤砖的方法，即左手拿砖，右手用瓦刀从灰桶中铲适量灰浆放在顶头的立缝中（这种方法称“带头灰”），随即挤砌在要求的位置上。

使用挤浆法时，每次铺设灰浆的长度不应大于750mm，当气温高于30℃时，一次铺灰长度不应大于500mm。

挤浆法的优点：一次铺灰后，可连续挤砌二到三排顺砖，减少了多次铺灰的重复动作，砌筑效率高；采用平推平挤砌砖或加浆挤砖均可使灰缝饱满，有利于保证砌筑质量；所以挤浆法也是应用最广的砌筑方法之一。

010404 刮浆法

工艺说明：刮浆法主要用于多孔砖和空心砖。对于多孔砖和空心砖来说，由于砖的规格或厚度较大，竖缝较高，用“三一”法或挤浆法砌筑时，竖缝砂浆很难挤满，因此先在竖缝的墙面上刮一层砂浆后再砌筑，这种方法称作刮浆法。

010405 满口灰法

工艺说明：满口灰法主要用于砌筑空斗墙。砌筑空斗墙时，不能采用“三一”法或挤浆法，而应使用瓦刀铲适量稠度和粘结力较大的砂浆，并将其抹在左手拿着的普通砖需要粘结的位置上，随后将砖粘结在墙顶上，这种方法就称为满口灰法。

第五节 砌体留槎

010501 斜槎留置构造节点

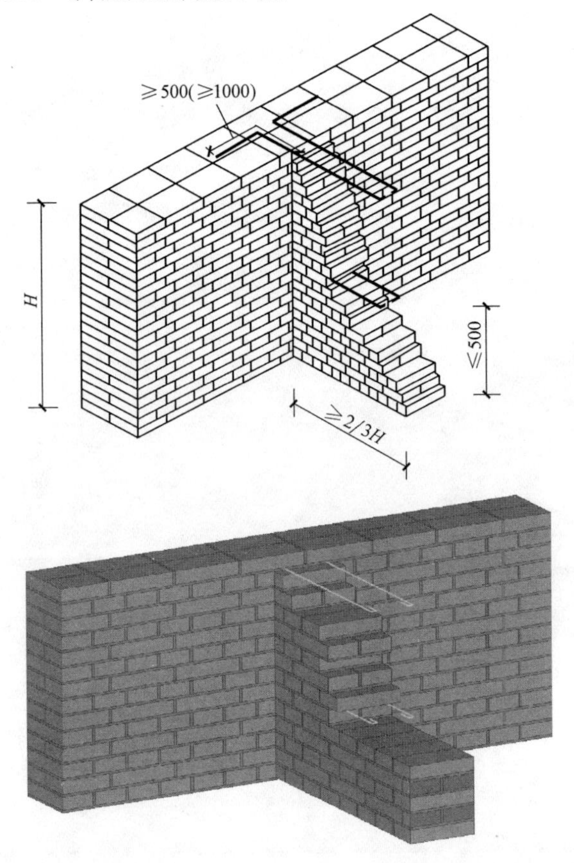

工艺说明：砖砌体的转角处和交接处应同时砌筑，严禁无可靠措施的内外墙分砌施工，对不能同时砌筑而又必须留置的临时间断处应砌成斜槎，斜槎水平投影长度不应小于高度的2/3。

010502　直槎留置构造节点

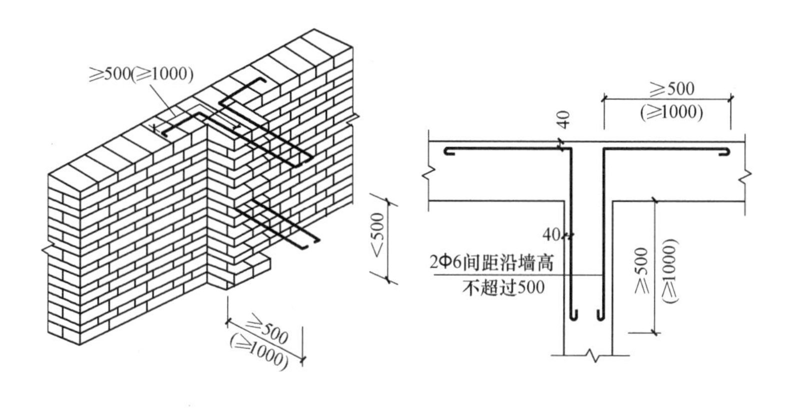

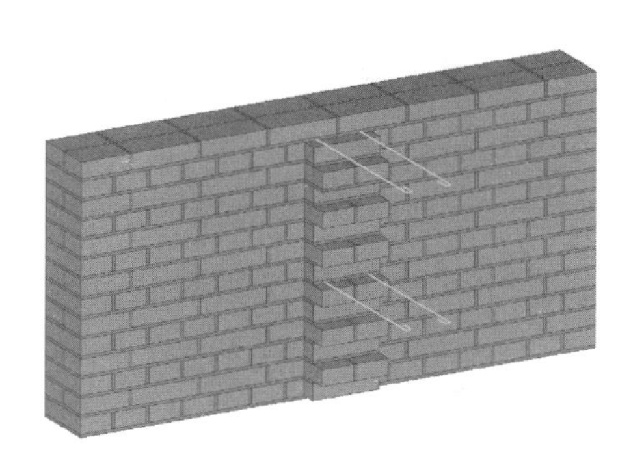

工艺说明：非抗震设防及抗震设防烈度为 6 度、7 度地区的临时间断处，当不能留斜槎时，除转角处外，可留直槎，但直槎必须做成凸槎。留直槎处应加设拉结钢筋，拉结钢筋的数量为每 120mm 墙厚放置 1Φ6 拉结钢筋（但 120mm 厚墙放置 2Φ6 拉结钢筋），间距沿墙高不应超过 500mm；埋入长度从留槎处算起每边均不应小于 500mm。对抗震设防烈度为 6 度、7 度的地区，不应小于 1000mm，末端应有 90°弯钩。

第二章 混凝土小型空心砌块

第一节 砌筑材料

020101 砌筑砂浆

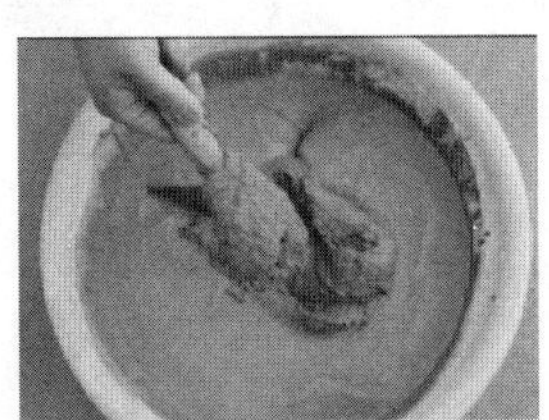

工艺说明：砂浆的种类很多，常见的有水泥砂浆、混合砂浆、专用砂浆等，施工中所采用的砂浆种类及型号应根据设计要求进行选择；砌筑砂浆应具有良好的保水性，其保水率不得小于88%。砌筑普通小砌块砌体的砂浆黏度宜为50～70mm；轻骨料小砌块的砌筑砂浆黏度宜为60～90mm。砌筑砂浆应随拌随用，并应在3h内使用完毕；当施工期间温度超过30℃时，应在2h内使用完毕。砂浆出现泌水现象时，应在砌筑前再次拌合。

020102　砌块

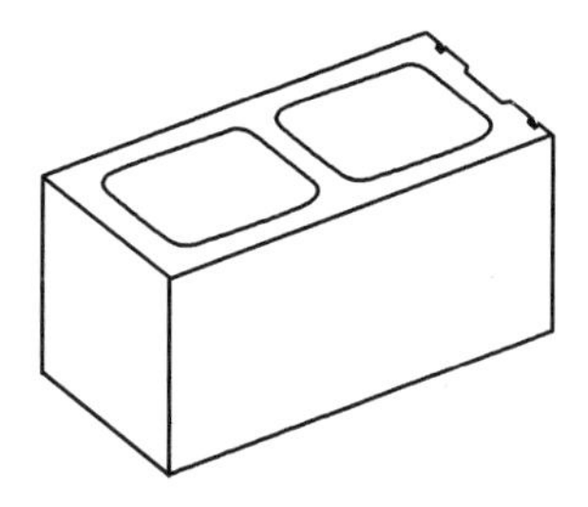

工艺说明：混凝土小型空心砌块是普通混凝土小型空心砌块和轻骨料混凝土小型空心砌块的总称，简称小砌块（或砌块）。砌块有多种规格，其规格系列主要考虑块型系列相互配合使用的要求，确定砌块的外形尺寸。砌块高度的主规格尺寸为190mm，辅助尺寸为90mm，其公称尺寸为200mm和100mm，砌块的高度应满足建筑房屋竖向模数的要求；长度的主规格为390mm，辅助规格为290mm和190mm，极少数辅助规格有90mm，其公称尺寸为400mm、300mm、200mm和100mm，砌块的长度主要依据砌块的组砌要求和建筑平面模数网格确定；厚度的规格尺寸因材料、功能要求不同，有90mm、190mm、240mm、290mm等，通用的为90mm和190mm，二者配合使用能同时满足砌体搭砌、咬砌要求。其余砌块厚度需对节点处的块型尺寸进行调整。

第二节 墙体排块

020201 转角墙设芯柱排块

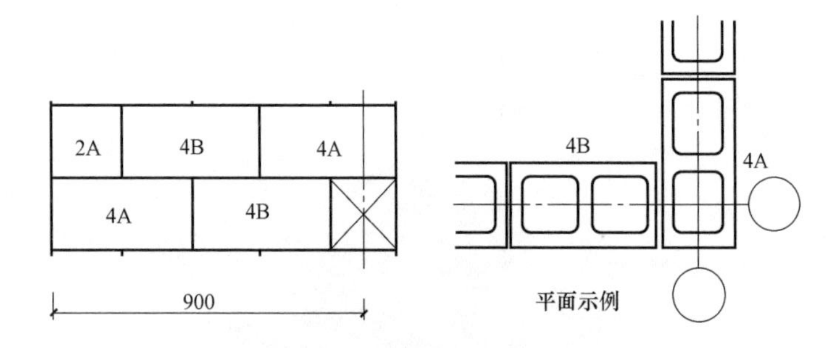

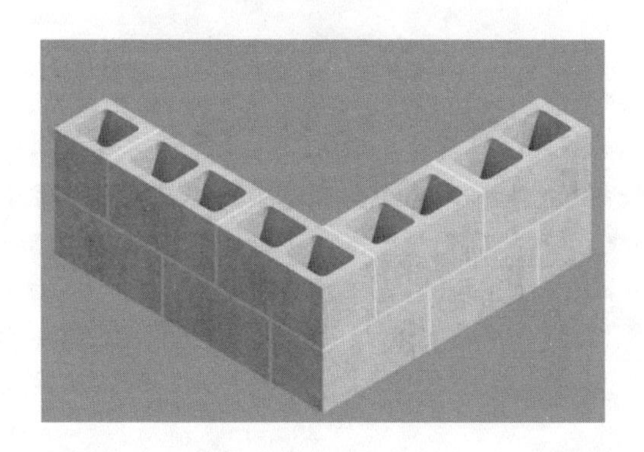

工艺说明：本图为190mm厚砌块转角墙排块图，该排块可用于混水或清水转角墙；当用于砌筑清水外墙时，转角处纵横两个端面的主砌块（390mm）可以选用其他表面形式，如大面上用劈离块，则此处用光面砌块；如大面上用光面块，则此处用劈离块。用不同方式展示砌块建筑艺术效果。

020202　丁字墙设芯柱排块

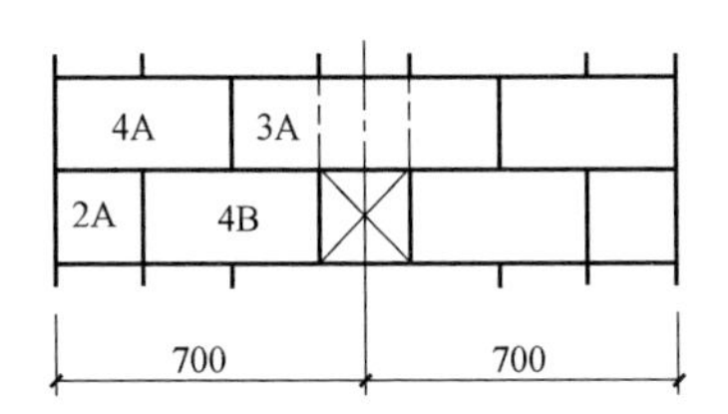

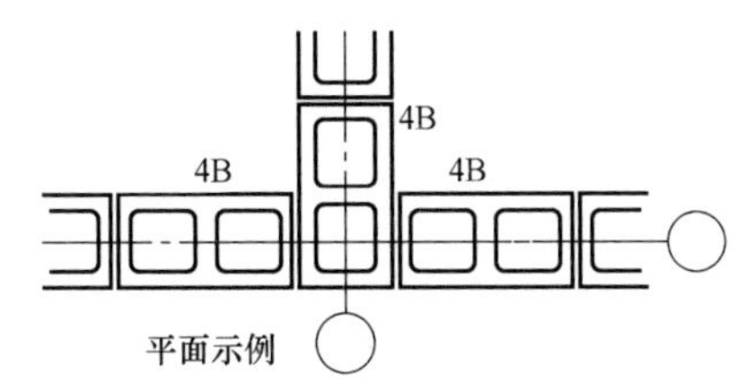

工艺说明：本图为 190mm 砌块丁字墙排块图；奇数层用 4B 块型按照上图排块，偶数层用 3A 和 4A 块型进行排块。除每楼层第一皮按结构设计要求设芯柱清扫口块外，其余的均按二皮循环一次排块。

020203 十字墙设芯柱排块

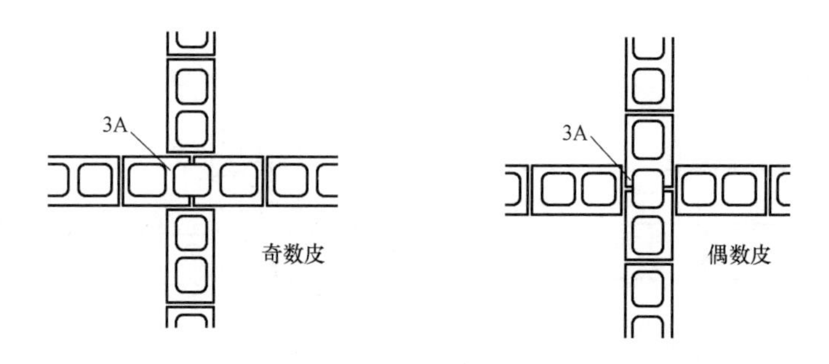

工艺说明：本图为 190mm 砌块十字墙排块图；十字交叉处用 3A 块型进行组砌，除每楼层第一皮按结构设计要求设芯柱清扫口块外，其余的均按二皮循环一次排块。在工程中半孔不能作为插筋芯柱，当需要插筋时，需调整成整孔的尺寸。

020204　转角墙设构造柱排块

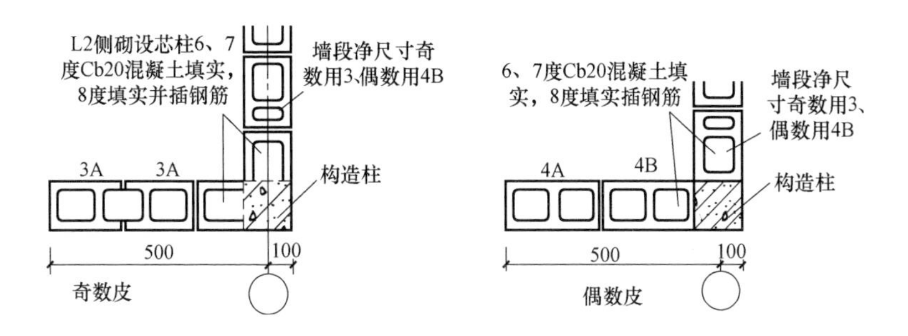

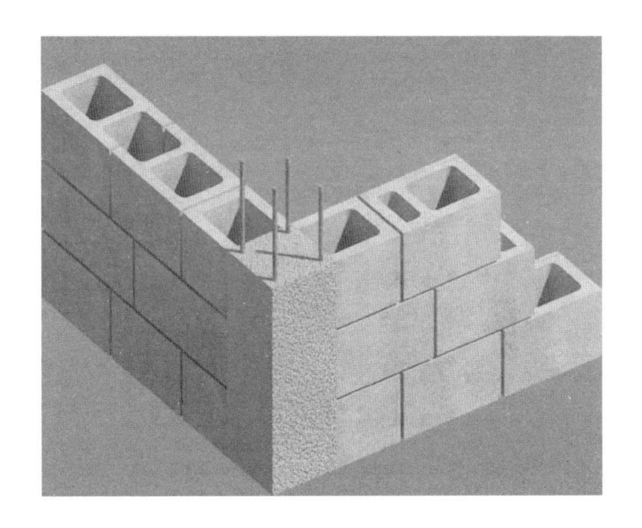

工艺说明：本图为190mm厚转角墙设构造柱抗震时排块示例，奇数皮用L2块型组砌，偶数皮采用3A或4B块型进行排块，形成马牙槎；竖向均按二皮一循环排列，长度按2M或3M扩展。

020205 丁字墙设构造柱排块

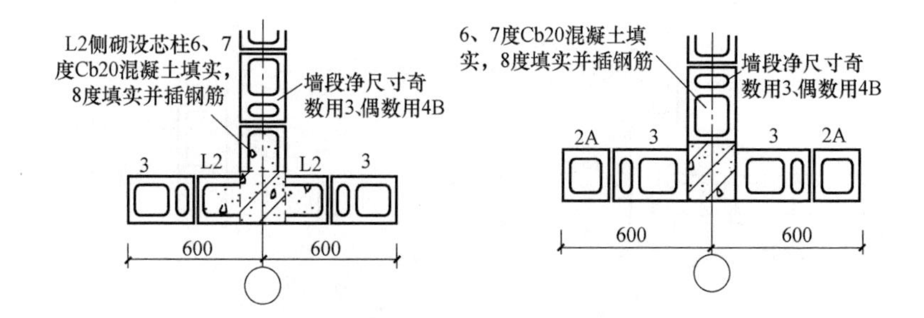

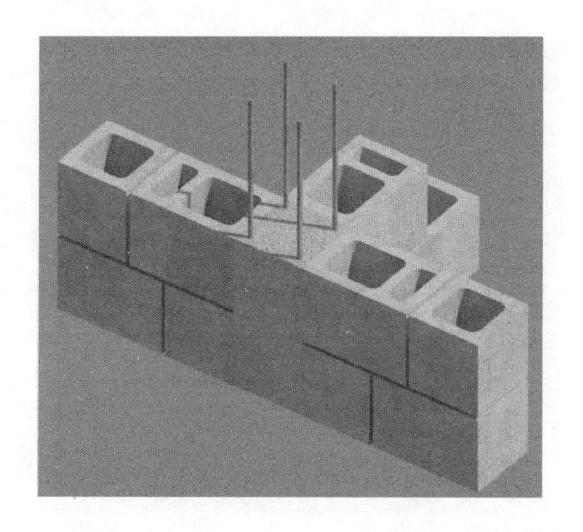

工艺说明：本图为190mm厚丁字墙设构造柱排块示例，奇数皮用L2块型组砌，偶数皮采用3块型进行排块，形成马牙槎；竖向均按二皮一循环排列，长度按2M或3M扩展。

020206　十字墙设构造柱排块

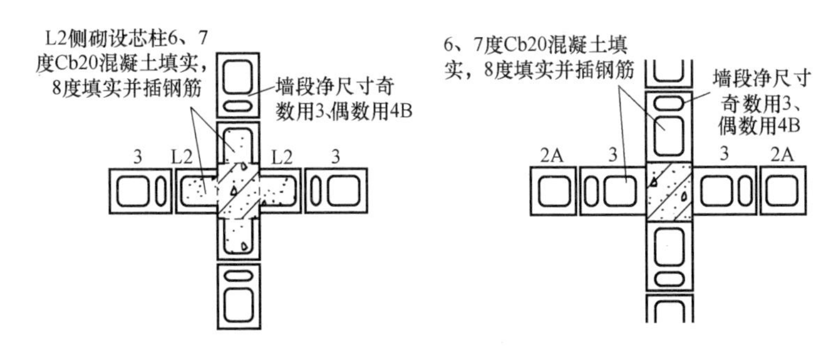

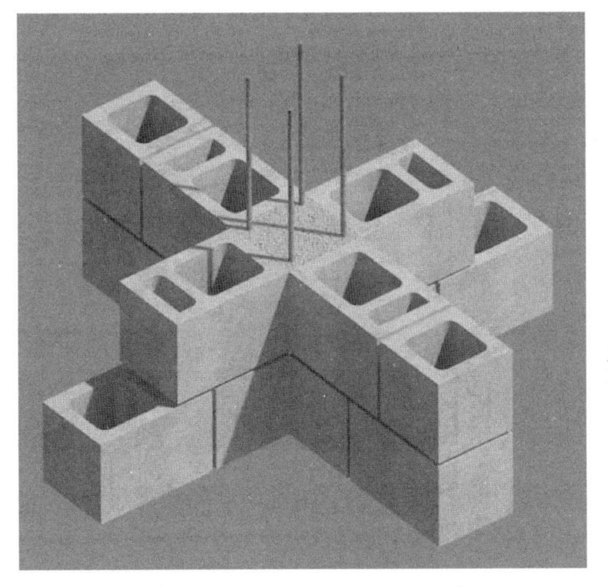

工艺说明：本图为190mm厚十字墙设构造柱排块示例，奇数皮用L2块型组砌，偶数皮采用3块型进行排块，形成马牙槎；竖向均按二皮一循环排列，长度按2M或3M扩展。

020207 窗间墙排块

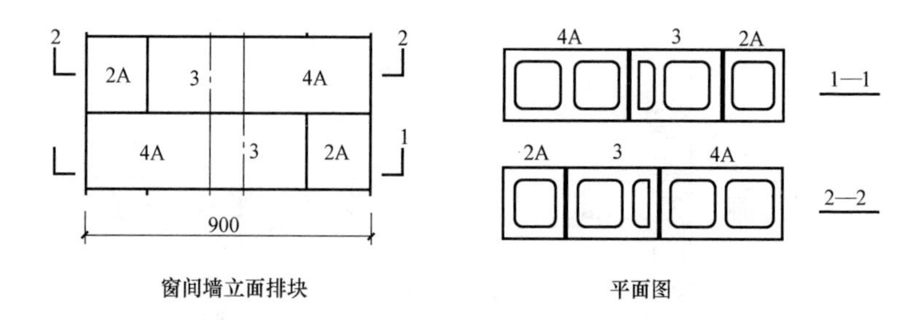

窗间墙立面排块　　　　平面图

工艺说明：本图为190mm厚900mm窗间墙排块示例，奇数皮采用块型为2A、3、4A的砌块排块，偶数皮依次采用4A、3、2A的砌块排块；竖向均按二皮一循环排列。

020208 电线管线安装

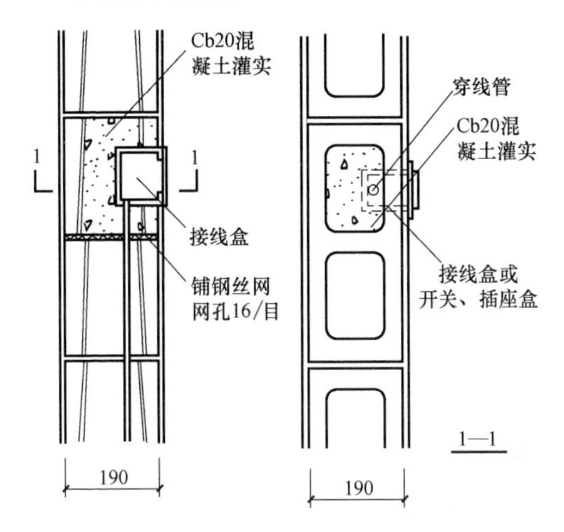

工艺说明：墙体上的洞口及管线槽应在砌筑时预留出，不得后凿。砌块应采用无齿锯切割整齐，线槽采用C20细石混凝土灌实，墙体上严禁横向开槽。

第三节　组砌形式及留槎

020301　对孔砌筑

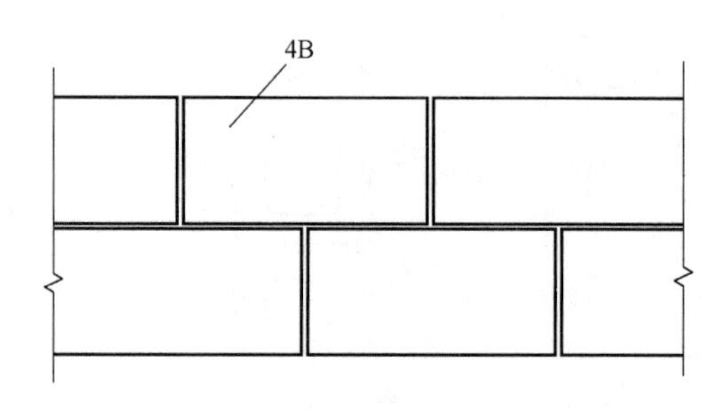

020301对孔砌筑

工艺说明：砌块砌筑时，每层砌块应顺砌，上下层砌块应对孔错缝搭砌，对孔砌筑即保证上下两皮砌块的孔洞相对应。

020302 错孔砌筑

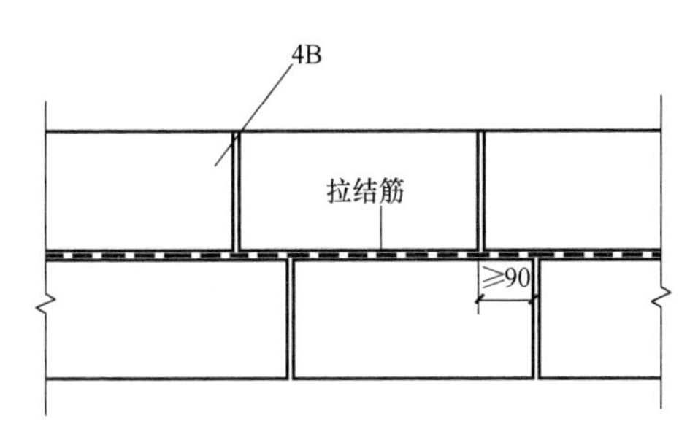

020302错孔砌筑

工艺说明：在砌筑时，当个别情况无法对孔砌筑时，允许错孔砌筑，但错空砌筑时搭砌长度不应小于 90mm，如不能保证，应在灰缝中设置拉结钢筋，拉结钢筋可采用 2Φ6，拉结钢筋的长度不应小于 1000mm，但竖向通缝不得超过 2 皮砌块。

020303　对孔错缝搭砌

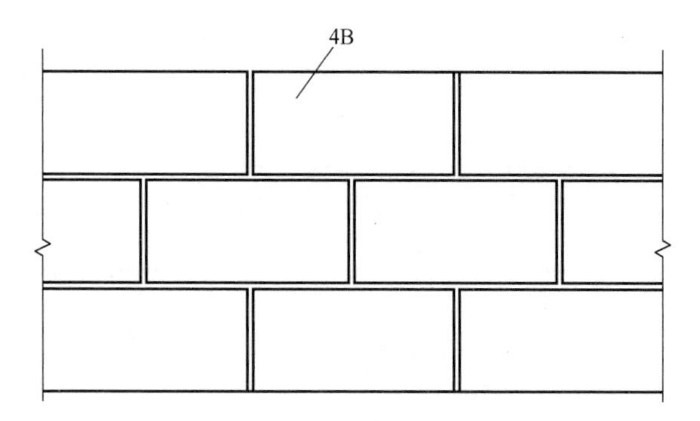

工艺说明：砌筑时严格遵循“反砌、对孔、错缝”的六字原则，即把每皮砌块的地面朝上摆放砌筑（即反砌），每皮砌块顺砌，上下层砌块应对孔错缝搭砌（即对孔）；每皮砌块的竖向灰缝应相互错开（即错缝）。

020304　留槎构造要求

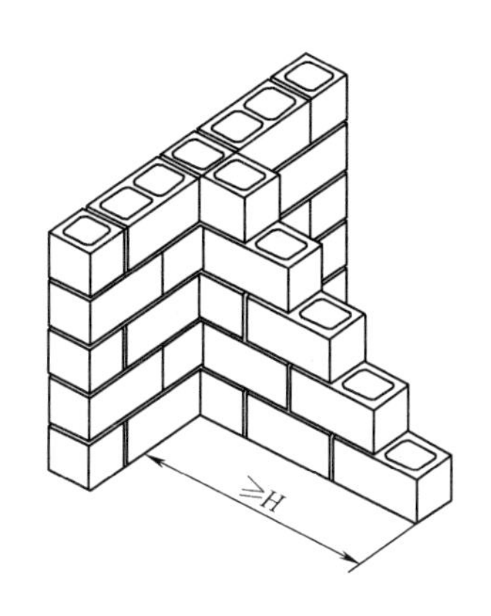

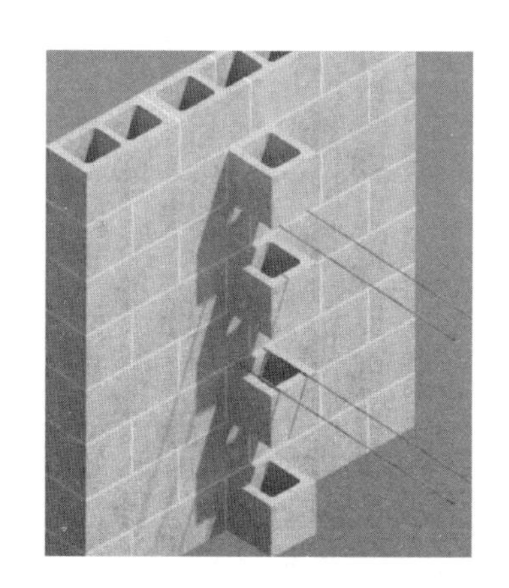

工艺说明：砌块砌体临时间断处应砌成斜槎，斜槎长度不应小于斜槎高度（一般按一步脚手架高度控制）；如留槎有困难，除外墙转角处及抗震设防地区，砌体临时间断处不应留直槎外，从砌块面伸出 200mm 砌成阴阳槎，并沿砌体高每三皮砌块（600mm），设拉结筋或钢筋网片。

020305　勾缝

工艺说明：在施工过程中，砌块就位并刮完外溢砂浆后随手压勾水平缝；相邻砌体就位并填塞竖缝砂浆后随手压勾竖缝；当整面墙体砌完，应用原浆整体压勾一次。勾缝时力道均匀，用力过大会有可能造成砌块移动，造成反效果；而过小则不能有效压实砂浆。内墙缝型一般可选择为平缝，外墙体宜勾成凹圆缝或弧形缝，勾缝深度一般为3mm。

第四节　墙身构造

020401　墙体防裂防水构造

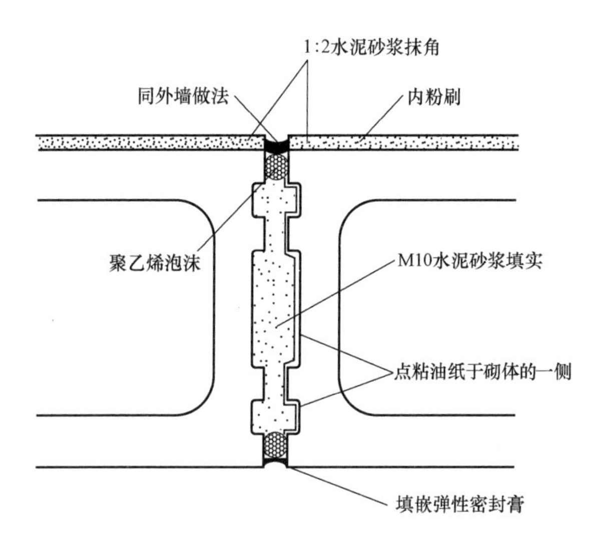

工艺说明：墙体的粉刷应在砌体充分收缩稳定后进行，粉刷前应先刷水泥胶合层一道后，分层抹灰，面积较大的宜设置分割缝，其间距应小于3m。清水墙宜用掺合憎水剂的砂浆砌筑，灰缝应横平竖直，密实饱满，其水平和竖向灰缝的饱和度不应小于90%和80%。加强屋面檐部墙身的防水、防潮，外墙宜加设伸缩缝、控制缝及泄水口，控制缝处的构造如图示。

020402 墙身勒脚构造

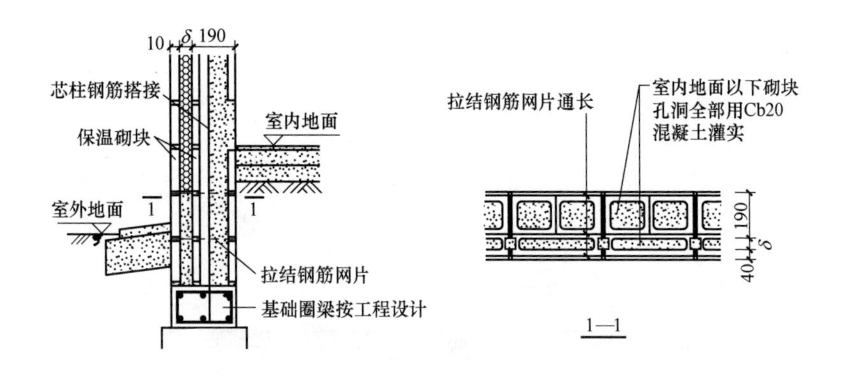

工艺说明：外墙采用保温砌块时，室内地面以下的孔洞及保温层的孔洞处均应采用Cb20混凝土灌实，芯柱插筋的锚固和搭接的长度参照本章第020701条进行设置。图中δ为保温层的厚度，室内地面以下墙体做压筋处理。

020403 楼层与内保温墙体交接部位构造

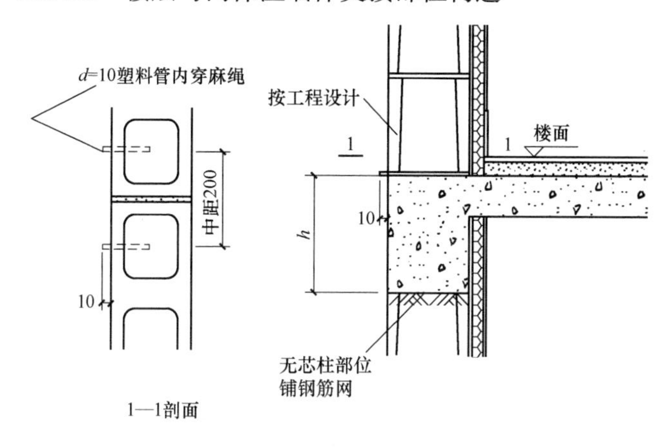

工艺说明：楼层与内保温墙体交接处，应在外墙每层圈梁水平灰缝内应设泄水口，泄水口采用 $d=10$mm 的塑料管，塑料管内穿麻绳，其突出圈梁的长度为 10mm，沿水平方向每隔 200mm 设置一处。

020404 女儿墙构造

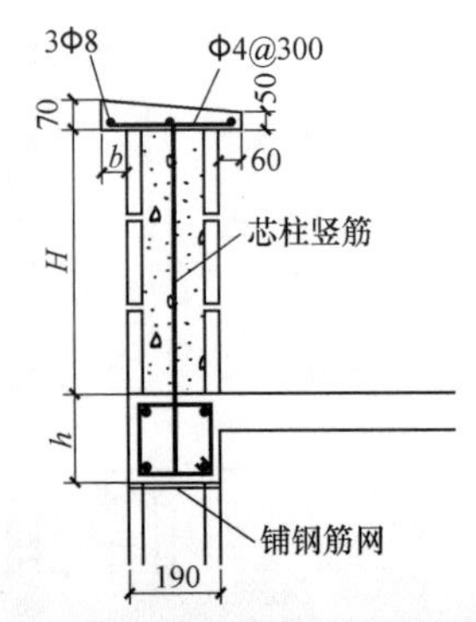

工艺说明：本图为设芯柱女儿墙构造，芯柱钢筋直径应与房屋顶层芯柱相同，顶部为180°弯钩，并与压顶纵筋相扣绑扎，下部锚固在圈梁内，女儿墙应采用≥MU7.5的小砌块和≥Mb7.5的砌筑砂浆砌筑。6、7度抗震设计，女儿墙高度 H = 500mm 时，芯柱布置的水平间距为600mm；高女儿墙高大于500mm小于等于800mm时，芯柱布置的水平间距为400mm，芯柱插筋为1Φ12；8度抗震时，芯柱水平间距为400mm，芯柱插筋为1Φ14。女儿墙的压顶如图构造。

020405 墙身变形缝构造

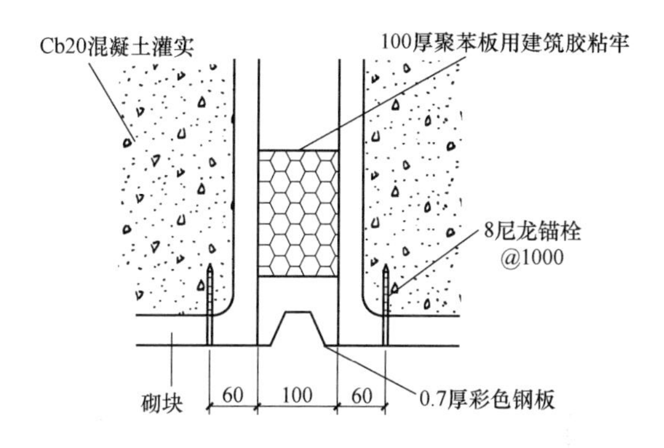

工艺说明：两墙体变形缝之间采用100mm厚聚苯板塞缝，聚苯板用建筑胶水与墙体粘牢。变形缝处的盖板可采用0.7mm厚彩色钢板或1.5mm厚铝板（本图采用0.7mm厚铝板），盖板垂直搭接距离为50mm，颜色同外墙，盖板与墙体采用Φ8的尼龙锚栓固定，间距为1000mm。当采用盖缝铝板时外露面需刷无光漆两遍。

第五节　门窗洞口、窗台及过梁

020501　防止洞口处墙体开裂措施

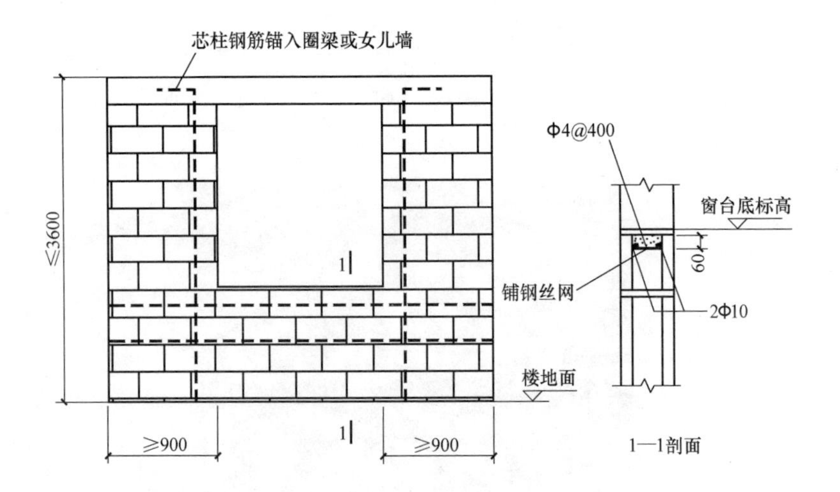

工艺说明：本图为防止房屋端部第一、第二开间底层、顶层的开裂措施，当内纵墙长度大于3m时，在墙中应设钢筋混凝土芯柱，并设置拉结钢筋网片。洞口边两侧的墙体不应小于900mm，洞口两边及转角墙等砌块墙体的灌孔数按工程设计确定，1—1剖面的配筋带沿着第一、二开间通长布置，并采用Cb20混凝土灌实。

020502　底层和顶层窗台下设现浇带

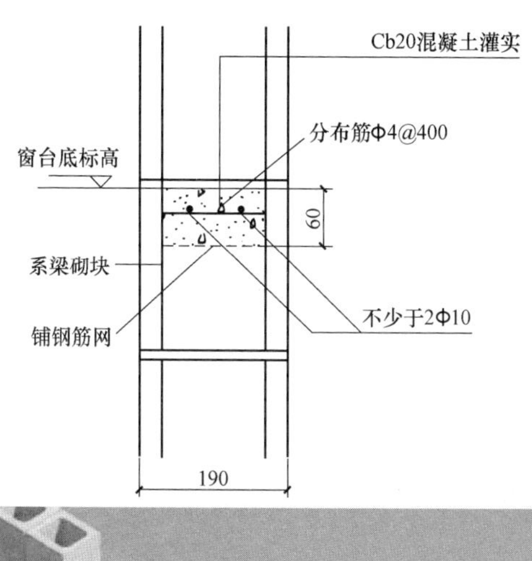

工艺说明：本图构造用于多层小砌块房屋，抗震设防6度时七层、7度时超过五层、8度时超过四层，在底层和顶层的窗台底标高下沿纵横墙设置通长现浇混凝土带，纵向筋不少于2Φ10，分布筋Φ4间距400mm。窗台底标高处的砌块采用系梁砌块，型号为XL422B。

020503 洞口处砌块过梁构造要求

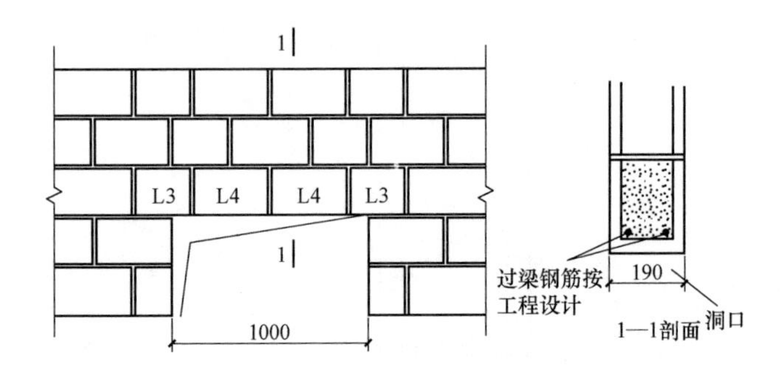

工艺说明：本图示例为跨度1000mm的过梁，过梁依次用块型为L3、L4、L4、L3的砌块排块。过梁的支撑长度应≥200mm，支撑面下的小砌块应填实一皮，下面的托模采用铺设钢丝网的形式。洞口侧边设置芯柱时，应保证芯柱上下贯通，过梁采用Cb20混凝土灌实。洞口过梁砌块的排块，可按2M或3M的倍数扩展，≥1200mm的洞口宜采用预制或现浇过梁。

第六节 芯柱及构造柱

020601 芯柱的平面布置

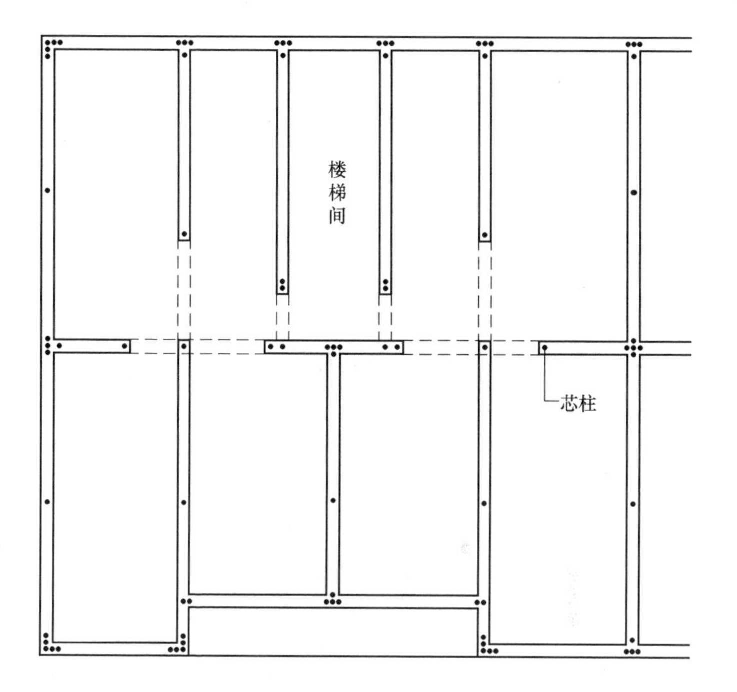

工艺说明：本图为8度五层、7度六层、6度七层的小砌块房屋楼面下芯柱设置示例。芯柱应沿房屋全高贯通，并与各层圈梁整体浇筑；抗震设防时，房屋的第一层、第二层及顶层，7、8度时芯柱的最大净距分别不应大于2.0m、1.6m、1.2m；芯柱截面不应小于120mm×120mm，每每孔内竖向插筋，非抗震设计时不应小于Φ10，抗震设计时不应小于Φ12，7度六层、8度五层及以上时，不应小于Φ14，Cb20混凝土灌实。

020602 芯柱下部伸入基础构造

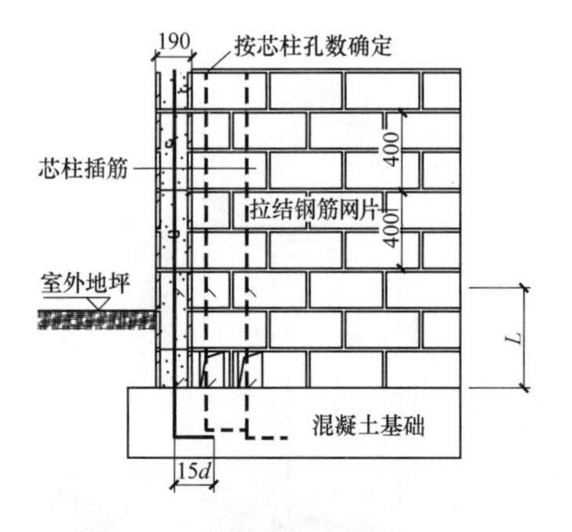

工艺说明：本图为芯柱下部伸入基础的构造示例。根据基础的潮湿程度，砌块砌体的基础材料有不同的要求；正负零以下的墙体必须使用水泥砂浆砌筑、正负零以下砌块的孔洞用强度不小于Cb20的混凝土灌实。当房屋的高度和层数接近规定限值以及芯柱处墙体需搁置梁时，芯柱的钢筋应锚在基础内，锚固长度为40d且不小于500mm，弯折水平段的长度为15d。

020603　芯柱下部伸入地下圈梁构造

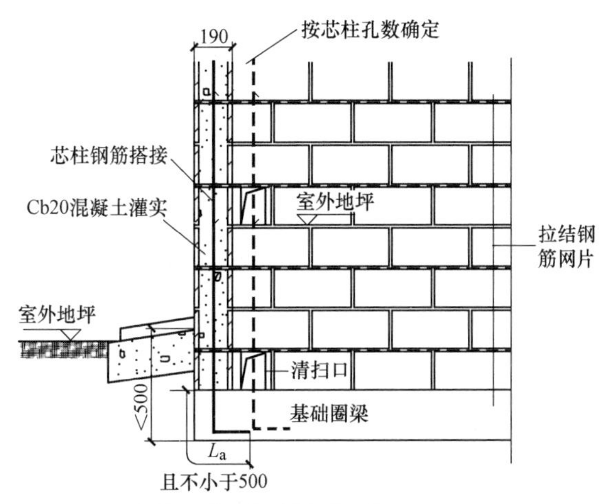

工艺说明：当钢筋混凝土芯柱锚固于浅于500mm的圈梁内，其锚固长度L_a为$40d$，且不小于500mm；基础圈梁的截面高度不应小于200mm，纵筋不小于4Φ14，箍筋不小于Φ6@200。非抗震设计时应在圈梁顶面400mm、抗震设计时在圈梁顶面200mm设置一道通长Φ4点焊钢筋网片。

020604　芯柱下部伸入地下室构造

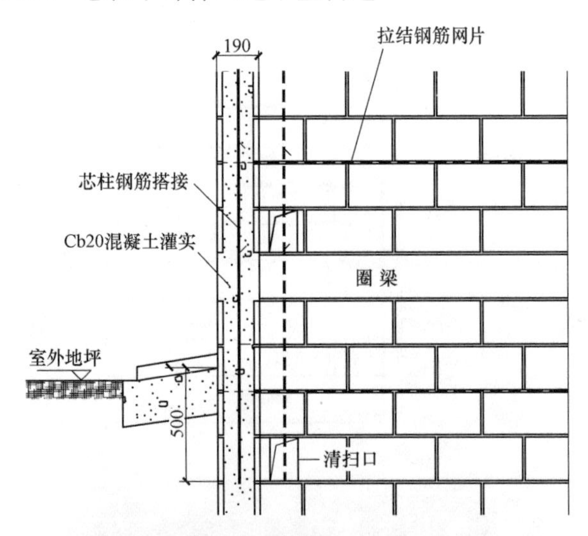

工艺说明：钢筋混凝土芯柱应伸入地面以下，其锚固长度 L_a 为 $40d$，且不小于 500mm；地面以下芯柱的混凝土等级不应小于 Cb20。

020605 转角墙芯柱构造

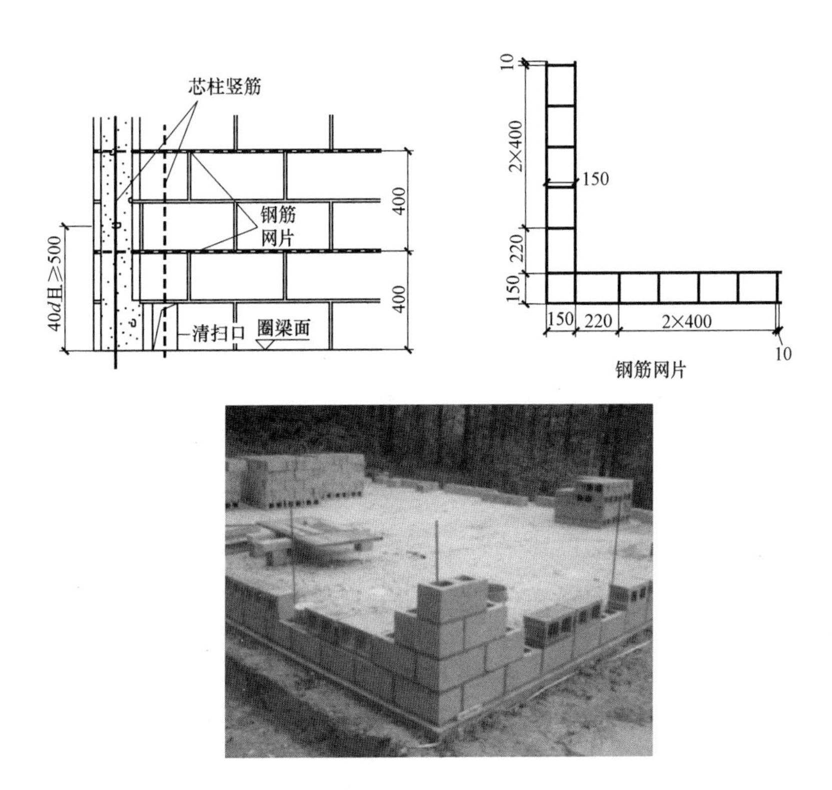

工艺说明：每层的第一皮砌块砌筑时，芯柱处需留出清扫口，上下层的芯柱竖筋通过清扫口搭接，搭接长度为40d且不小于500mm。浇灌混凝土前芯孔内的垃圾应清除干净，采用Cb20高流动度、低收缩专用混凝土灌实。钢筋网片伸入每边墙体的距离抗震设计时不小于1000mm。

020606 丁字墙设芯柱构造

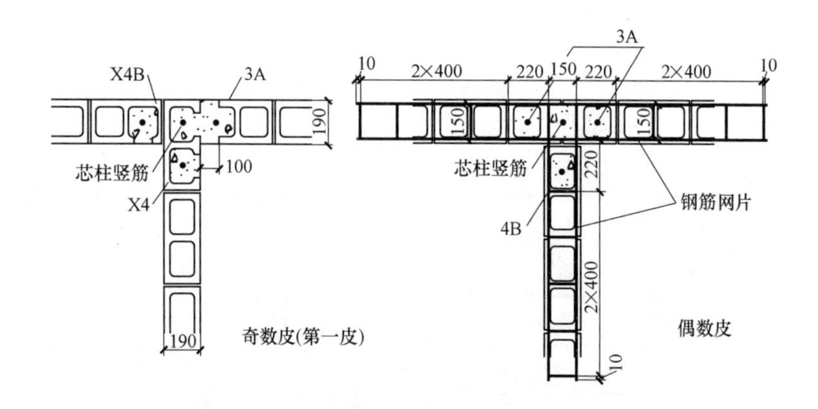

工艺说明：每层的第一皮砌块砌筑时，芯柱处需留出清扫口，上下层的芯柱竖筋通过清扫口搭接，搭接长度为40d且不小于500mm。丁字墙的灌孔数量及插筋类型根据工程设计确定，灌孔混凝土应采用Cb20高流动度、低收缩专用混凝土。钢筋网片竖向布置的间距为400mm且伸入每边墙体的距离抗震设计时不小于1000mm。

020607　十字墙芯柱构造

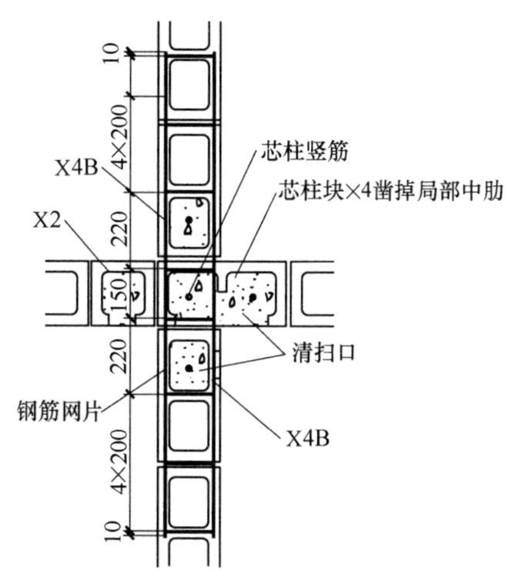

工艺说明：每楼层的第一皮砌块砌筑时，芯柱处需留出清扫口，上下层的芯柱竖筋通过清扫口搭接，搭接长度为 40d 且不小于 500mm。钢筋网片逐层布置，每层沿一个方向布置一片。

020608　墙垛处设芯柱构造

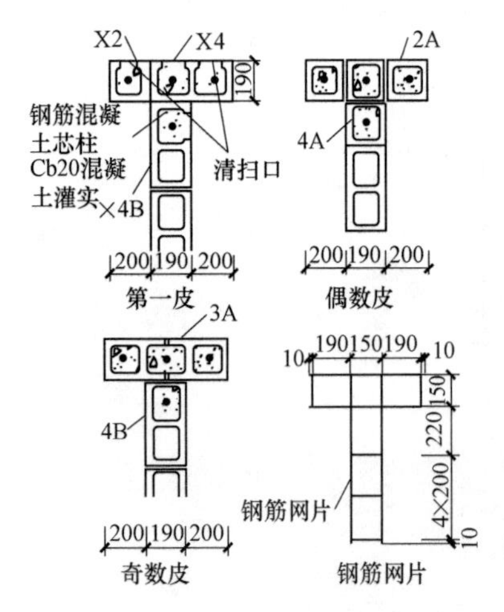

工艺说明：每层的第一皮砌块砌筑时，芯柱处需留出清扫口，上下层的芯柱竖筋通过清扫口搭接，搭接长度为 $40d$ 且不小于 500mm。钢筋网片应设置于砌体的水平灰缝中，沿墙高度每 400mm 设置一道。当不设置芯柱时，节点的第一皮的排块采用奇数皮方式。

020609　扶壁芯柱构造

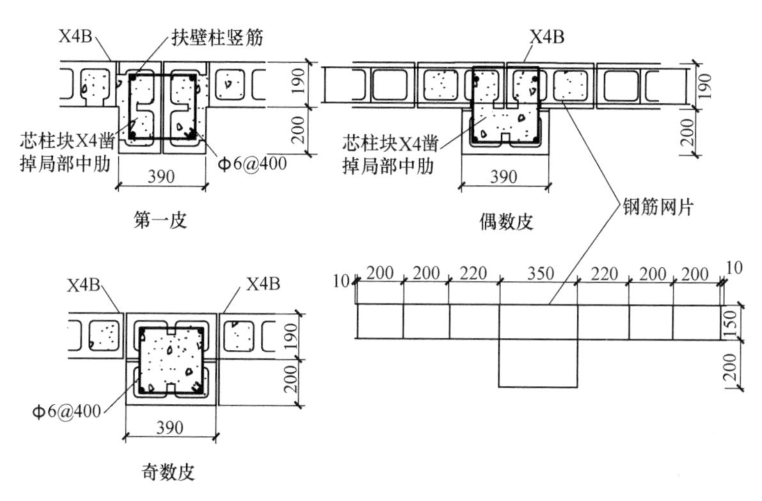

工艺说明：芯柱处每层第一皮砌块采用设清扫口的芯柱块，清扫口应朝向室内。扶壁柱的钢筋应设置在混凝土中，块缝间两侧的肋可用无齿锯切深50mm深，以便放置箍筋和灌注混凝土，混凝土采用Cb20混凝土，扶壁柱的配筋应按照单体工程设计。

020610　构造柱平面布置

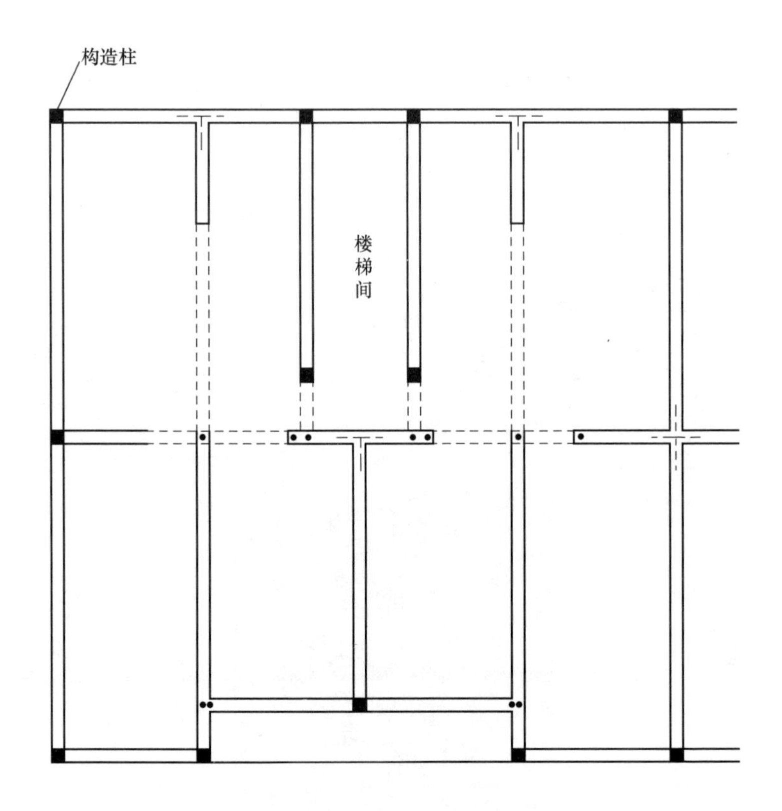

工艺说明：本图为7度五层小砌块房屋楼面下设置构造柱的示例，构造柱的最小截面应为190mm×190mm，纵向钢筋宜采用4Φ12，7度五层、8度六层及以上时宜采用4Φ14，房屋四角的构造柱宜适当增大截面及配筋。箍筋间距，非抗震设计时为250mm，抗震设计时为200mm。构造柱的施工顺序应为先砌墙，然后用Cb20混凝土灌实。

020611　转角墙构造柱构造

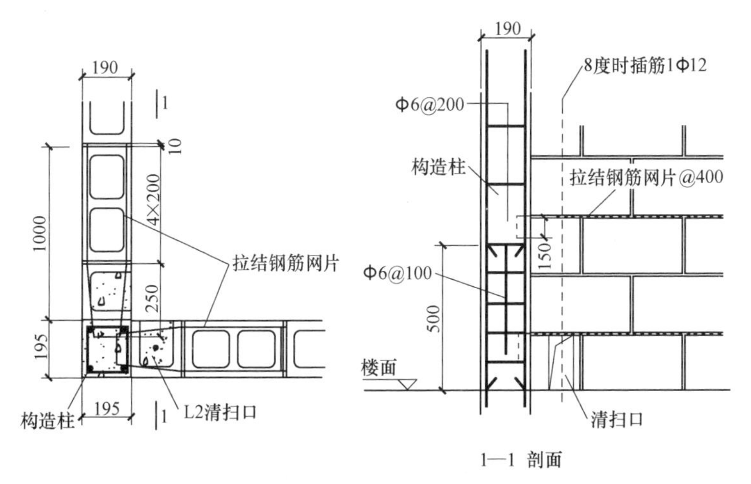

工艺说明：本图为转角墙设构造柱构造示例，构造柱与砌块墙连接处应隔皮设置L2型砌块构成马牙槎，其相邻的孔洞，6度时宜填实，7度时应填实，8度及8度乙类应填实并插筋。构造柱的最小截面尺寸为190mm×190mm，纵筋不小于4Φ14，房屋四角的构造柱宜适当增大截面及配筋。墙体和构造柱用钢筋网片拉结，沿竖向400mm设置一道，钢筋网片伸入构造柱的墙体为50mm，向下弯折150mm。

020612 丁字墙构造柱构造

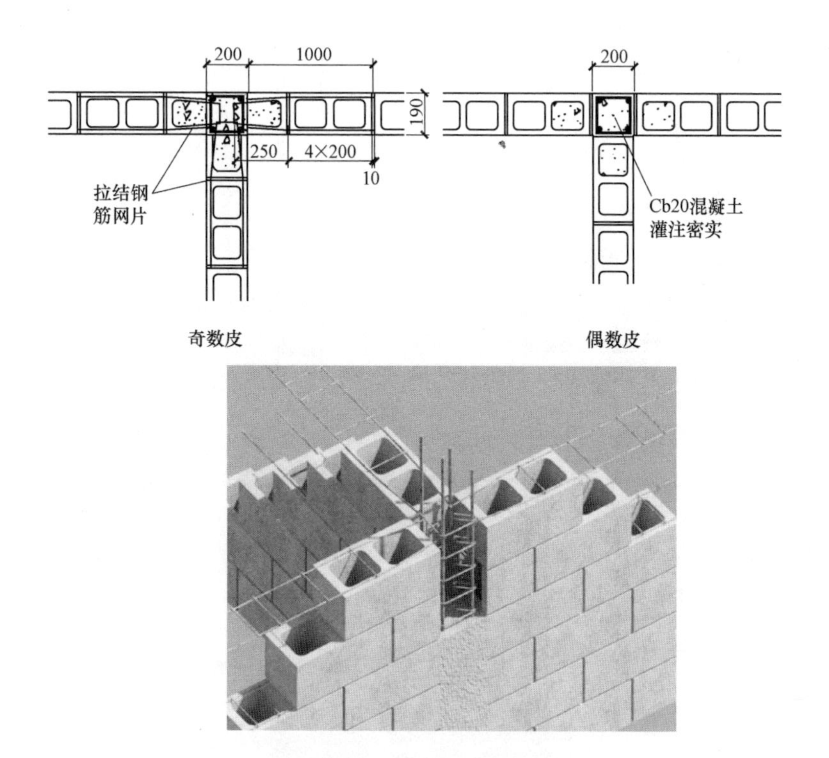

工艺说明：本图为丁字墙设构造柱构造示例，构造柱与砌块墙连接处应隔皮设置 L2 型砌块构成马牙槎，其相邻的孔洞，6 度时宜填实，7 度时应填实，8 度及 8 度乙类应填实并插筋。构造柱的最小截面尺寸为 190mm × 190mm，纵筋不小于 4Φ14，房屋四角的构造柱宜适当增大截面及配筋。墙体和构造柱用钢筋网片拉结，沿竖向 400mm 设置一道，钢筋网片伸入构造柱的墙体为 50mm，向下弯折 150mm。

020613 十字墙构造柱构造

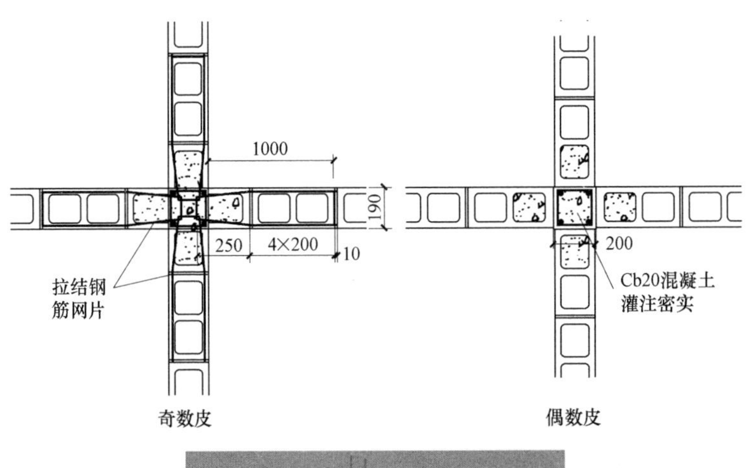

工艺说明：本图为十字墙设构造柱构造示例，构造柱与砌块墙连接处应隔皮设置L2型砌块构成马牙槎，其相邻的孔洞，6度时宜填实，7度时应填实，8度及8度乙类应填实并插筋。构造柱的最小截面尺寸为190mm×190mm，纵筋不小于4Φ14，房屋四角的构造柱宜适当增大截面及配筋。墙体和构造柱用钢筋网片拉结，沿竖向400mm设置一道，钢筋网片伸入构造柱的墙体为50mm，向下弯折150mm。

第七节　拉结筋设置

020701　芯柱钢筋的锚固和搭接

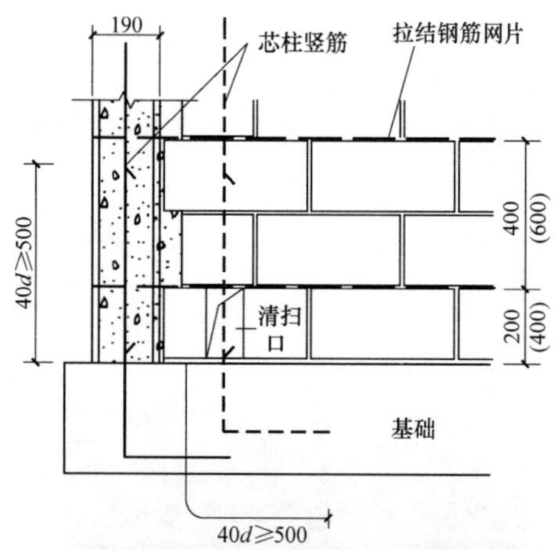

工艺说明：抗震设计时芯柱钢筋的锚固长度为 40d（包括水平段和弯折段），且不小于 500mm，芯柱钢筋的搭接长度为 40d 且不少于 500mm。图示中括号内的数据在非抗震设计时采用。

020702　墙体转角不设芯柱或构造柱的拉结

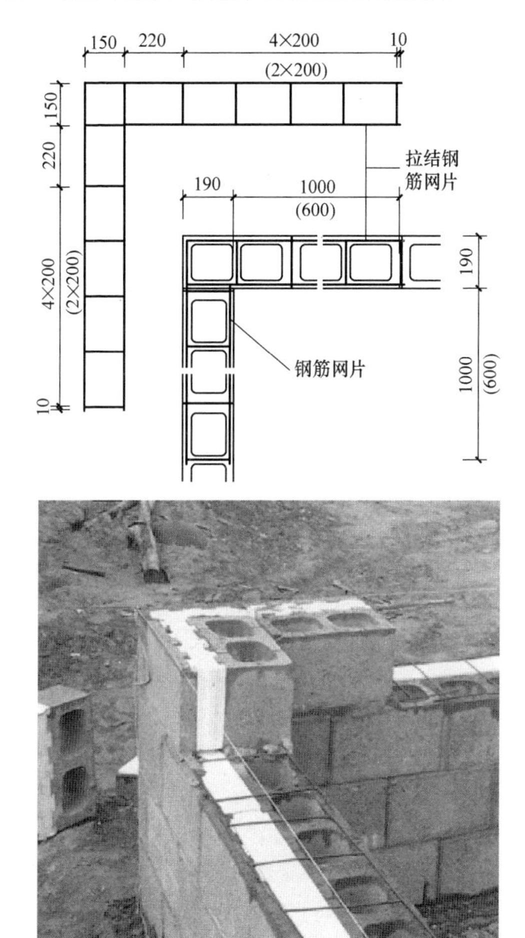

工艺说明：抗震设计时拉结钢筋网片沿墙 400mm 设置一道，钢筋网片的形式如图所示，伸入两端墙体的水平长度不小于 1000mm。非抗震设计时，伸入两端墙体的水平长度为 600mm，竖向间距为 600mm。

020703　后砌隔墙的拉结

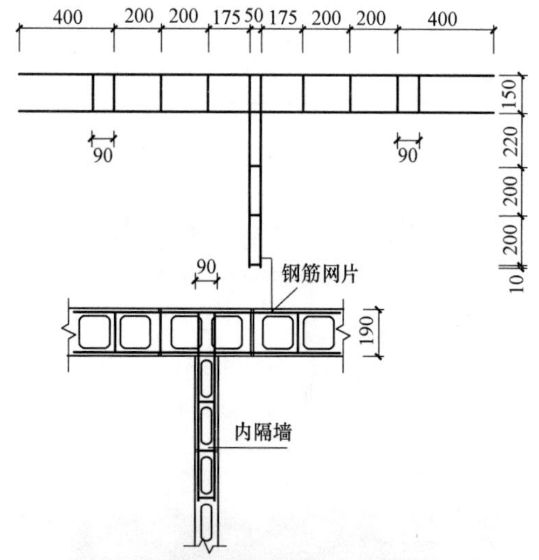

工艺说明：本图用于砌块承重墙与隔墙的拉结，拉结钢筋网片沿墙 400mm 设置一道，钢筋网片伸入隔墙的水平距离为 600mm，钢筋网片的形式如图所示，钢筋网片应埋入砌筑砂浆中，当无法埋入时，应做防锈处理或局部灌实一层。

020704 芯柱与墙体的拉结

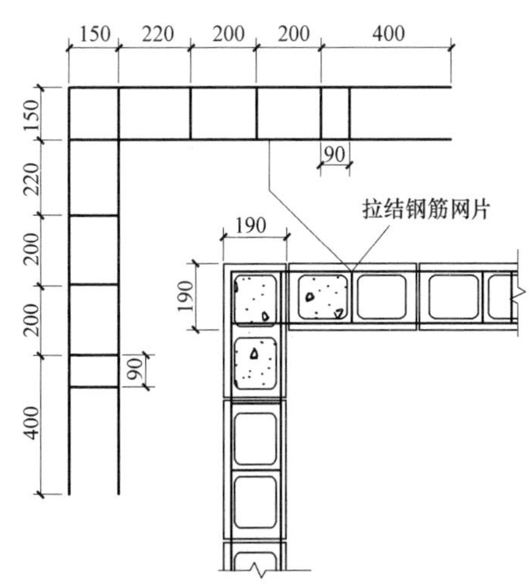

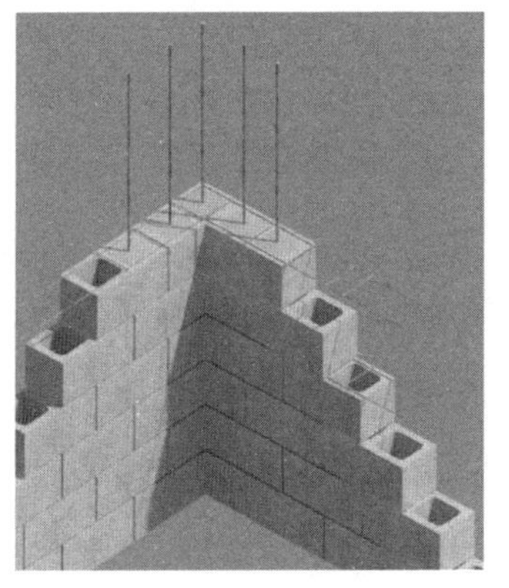

工艺说明：芯柱的灌孔数量按工程设计设置，芯柱孔的插筋必须满足最小插筋要求，即非抗震时 1Φ10，6、7 度超过五层、8 度超过四层以及 8 度乙类的建筑 1Φ14。拉结钢筋网片在抗震时伸入墙体的水平长度不小于 1000mm，沿竖向每隔 400mm 设置一道，钢筋网片采用Φ4 的点焊网片，在水平灰缝中钢筋网片的保护层厚度至墙边为 15～20mm。

020705 构造柱与墙体的拉结

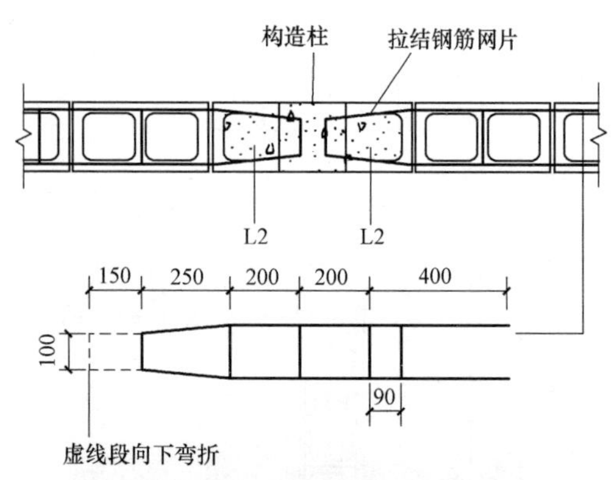

工艺说明：本图适应于砌块砌体房屋中构造柱代替芯柱与墙体的拉结，构造柱混凝土强度不低于C20，相邻孔灌孔混凝土强度不低于Cb20。墙体采用L2块型砌块沿竖向隔皮砌成马牙槎。拉结钢筋网片锚入构造柱的水平距离为50mm，向下弯折的长度为150mm，拉结筋伸入墙体的水平长度在抗震时不宜小于1000mm，并沿竖向400mm设置一道，设置于偶数皮上。

020706 扶壁柱与墙体的拉结

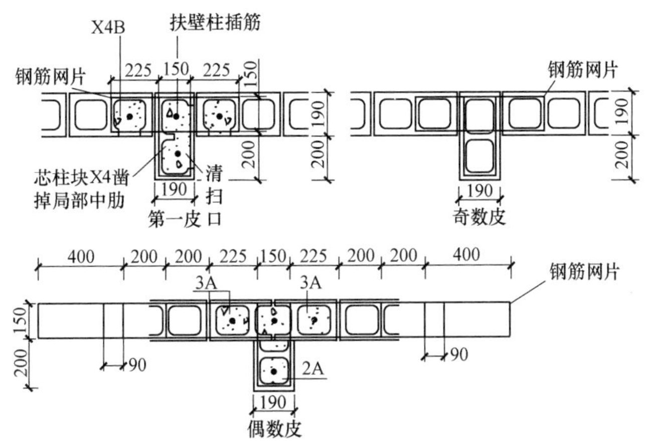

工艺说明：砌块砌体的扶壁柱应灌孔插筋，灌孔混凝土的强度等级不应小于 Cb20，插筋的直径根据设计要求确定，但必须满足最小插筋要求，即非抗震设计时 1Φ10，6、7 度超过五层、8 度超过四层以及 8 度乙类的建筑 1Φ14。水平拉结网片在抗震设计时伸进墙体的水平尺寸不宜小于 1000mm,，沿竖向每隔 400mm 设置。墙体压筋与拉接筋的搭接不宜小于 300mm。

020707 墙体与外露框架柱的拉结

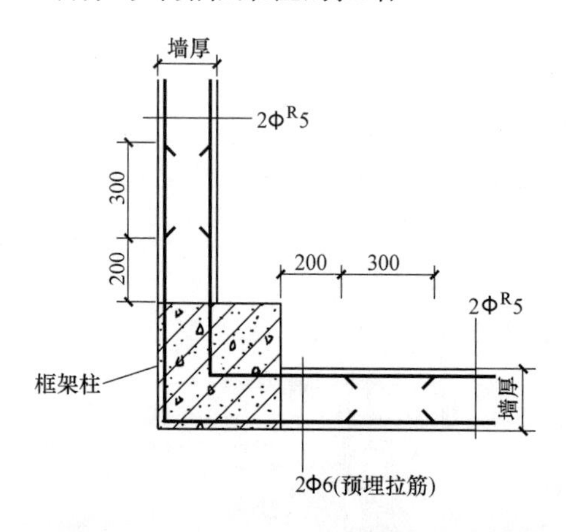

工艺说明：小砌块填充墙与框架柱的拉结，拉结钢筋预埋在框架柱中，沿竖向400mm设置一道，一般情况下预埋2Φ6的钢筋，当墙的厚度大于240mm时，预埋3Φ6。拉结筋伸入小砌块墙内的长度不宜小于500mm，并与砌块墙中的压筋搭接，搭接长度不小于300mm。

020708　墙顶与楼、屋盖的拉结

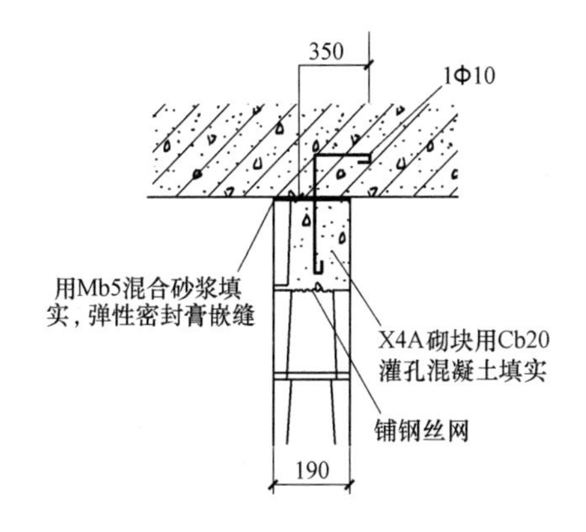

工艺说明：抗震设计时，当墙长大于5m时，墙顶与梁或楼板可用预埋筋拉结。墙顶与梁或屋面板每隔1200mm拉结一道，拉结筋采用1Φ10的钢筋，锚固在梁内的长度不小于350mm，锚入顶部砌块钢筋的长度宜与顶部砌块底齐。梁或楼板与砌体墙的间隙需用Mb5的混合砂浆填实，弹性密封膏嵌缝。

第三章 配筋砌体工程

第一节 配筋砖砌体构造

030101 一字形墙体水平配筋（普通砖、蒸压砖）

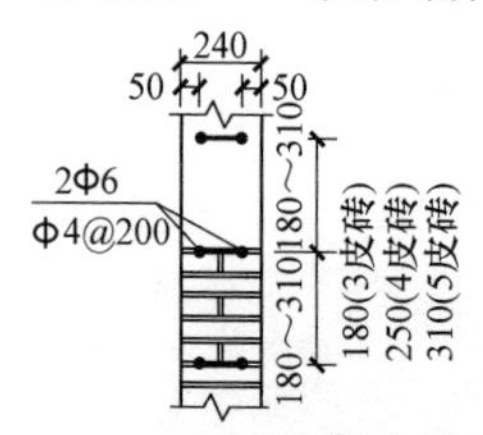

图 1 240mm 厚墙体水平配筋

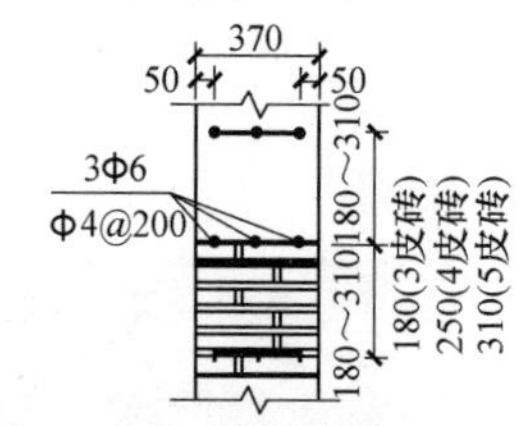

图 2 370mm 厚墙体水平配筋

工艺说明：

1. 本条用于抗震设防烈度 6～8 度地区，普通砖、蒸压砖建筑中需要提高抗震能力的水平配筋墙体。

2. 砂浆强度等级不应低于 M10；配筋灰缝厚度为 12～15mm。

3. 横向筋Φ4 不设弯钩或直钩，与纵向钢筋采用平焊加工。

4. 图 1 用于 240mm 厚墙体水平配筋，纵向钢筋 2 根Φ6 配筋、保护层厚度 50mm，横向钢筋Φ4、间距 200mm；3 皮砖设置一道配筋间距为 180mm，4 皮砖设置一道配筋间距为 250mm，5 皮砖设置一道配筋间距为 310mm。

5. 图 2 用于 370mm 厚墙体水平配筋，纵向钢筋 3 根Φ6 配筋、保护层厚度 50mm；横向钢筋Φ4，间距 200mm；3 皮砖设置一道配筋间距为 180mm，4 皮砖设置一道配筋间距为 250mm，5 皮砖设置一道配筋间距为 310mm。

030102 一字形墙体水平配筋（多孔砖）

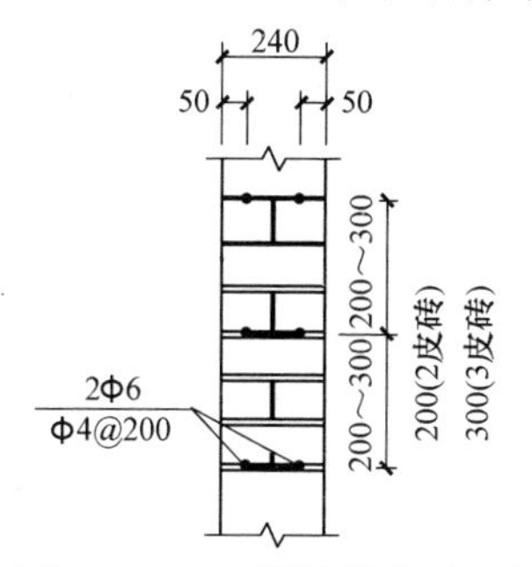

图1 240mm厚墙体水平配筋

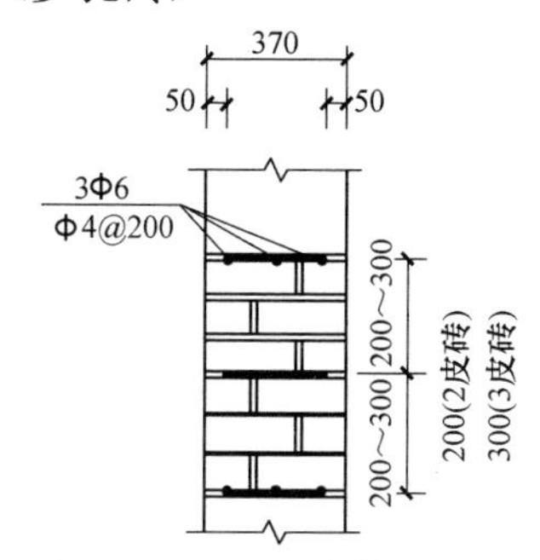

图2 370mm厚墙体水平配筋

工艺说明：

1. 本条用于抗震设防烈度6～8度地区，多孔砖楼房中需要提高抗震能力的水平配筋墙体。

2. 砂浆强度等级不应低于M10；配筋灰缝厚度为12～15mm。

3. 横向筋Φ4不设弯钩或直钩，与纵向钢筋采用平焊加工。

4. 图1用于240mm厚墙体水平配筋，纵向钢筋2根Φ6配筋、保护层厚度50mm，横向钢筋Φ4、间距200mm；2皮砖设置一道配筋间距为200mm，3皮装设置一道配筋间距为300mm。

5. 图2用于370mm厚墙体水平配筋，纵向钢筋3根Φ6配筋、保护层厚度50mm，横向钢筋Φ4、间距200mm；2皮砖设置一道配筋间距为200mm，3皮砖设置一道配筋间距为300mm。

030103 十字形墙体水平配筋（多孔砖）

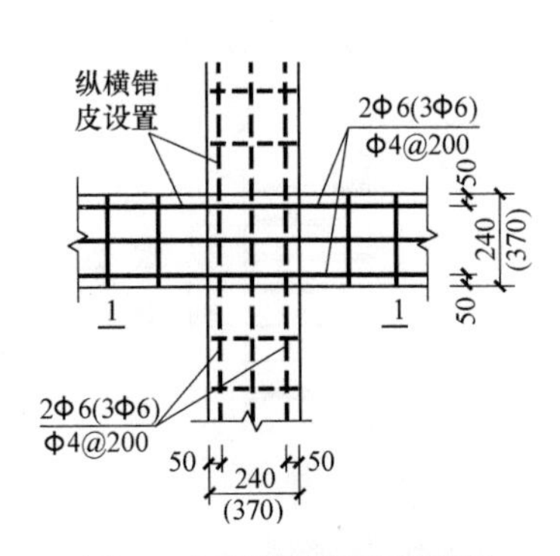

图1 十字形墙体水平配筋

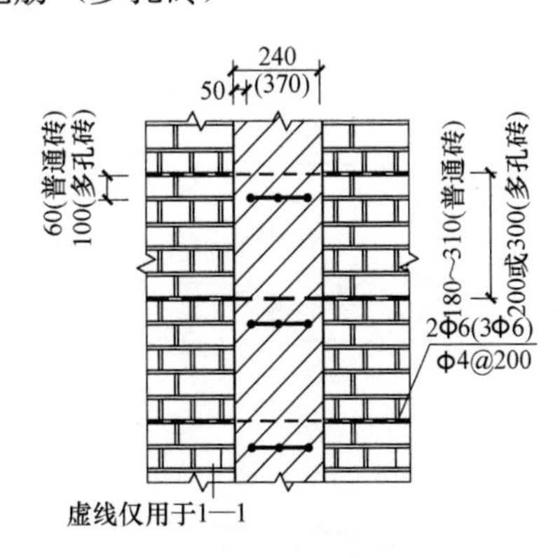

图2 1—1剖面

工艺说明：

1. 本条用于抗震设防烈度6～8度地区，普通砖、蒸压砖以及多孔砖需要提高抗震能力的墙体。

2. 240mm厚墙纵向钢筋为2Φ6，370mm厚墙纵向钢筋为3Φ6，横向钢筋均为Φ4，间距为200mm，纵横向钢筋错皮设置，纵向钢筋保护层厚度为50mm。钢筋网片设置与030101、030102配合使用。

3. 括号内配筋用于370mm厚墙。

030104　砌体洞边无框水平钢筋的锚固

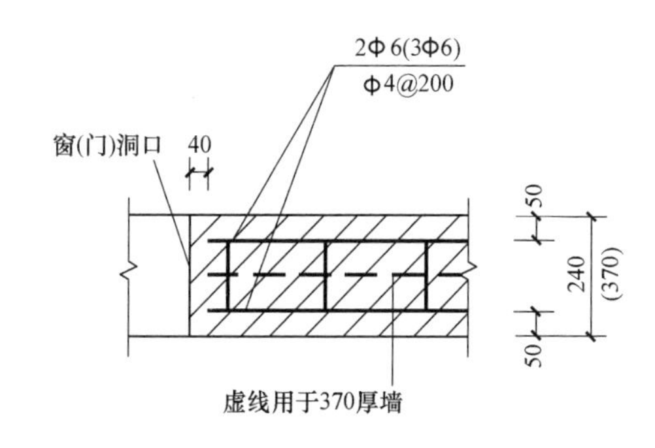

洞边无框水平钢筋锚固

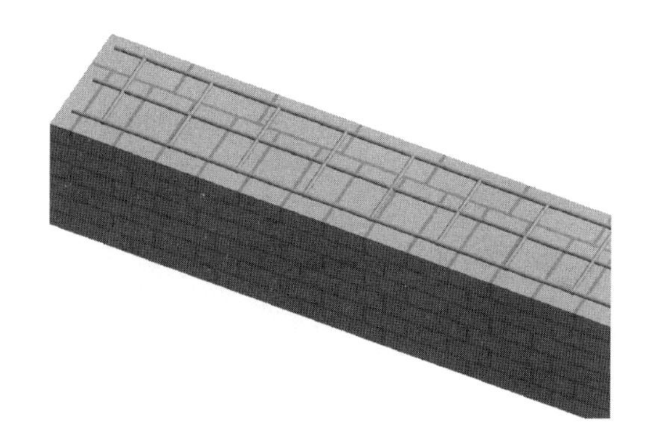

工艺说明：

1. 本条与030101、030102配合使用。

2. 砂浆强度等级不应低于M10。

3. 240mm厚墙纵向钢筋为2Φ6，370mm厚墙纵向钢筋为3Φ6，横向钢筋均为Φ4，间距为200mm，纵向钢筋侧面保护层厚度为50mm，端头保护层厚度为40mm。钢筋网片设置，与030101、030102配合使用。

4. 括号内配筋用于370mm厚墙。

030105　砌体洞边有框水平钢筋的锚固

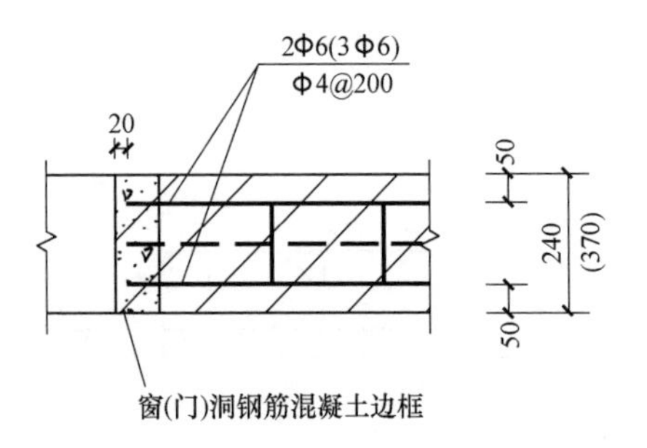

洞边有框水平钢筋锚固

工艺说明：

1. 本条与030101、030102配合使用。

2. 砂浆强度等级不应低于M10。

3. 240mm厚墙纵向钢筋为2Φ6，370mm厚墙纵向钢筋为3Φ6，横向钢筋均为Φ4，间距为200mm，纵向钢筋侧面保护层厚度为50mm，端头保护层厚度为20mm。钢筋网片设置，与030101、030102配合使用。

4. 括号内配筋用于370mm厚墙。

030106 丁字墙双向配筋

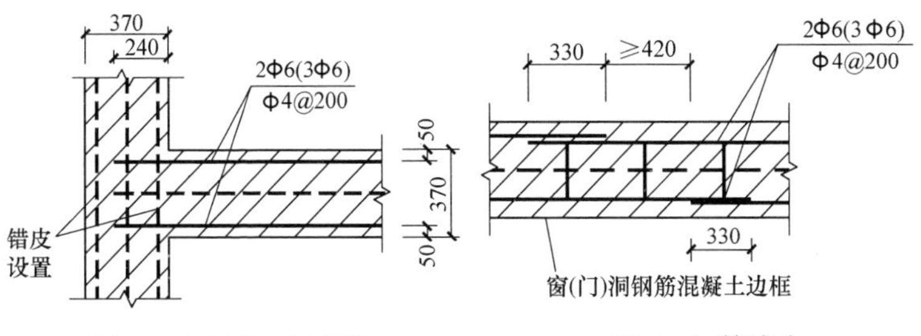

图1 丁字墙双向配筋　　图2 钢筋接头

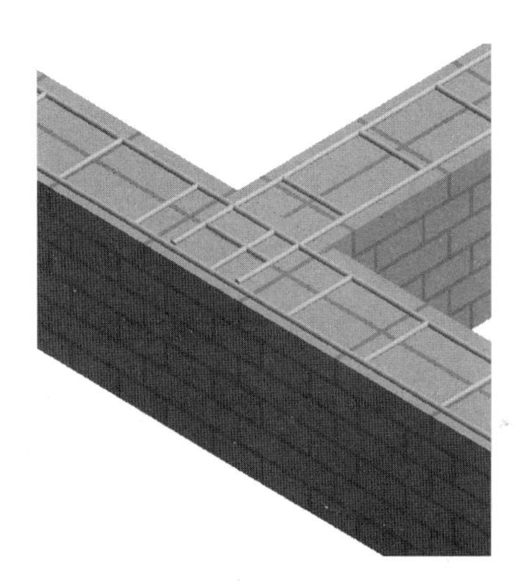

工艺说明：

1. 本条与030101、030102配合使用。

2. 砂浆强度等级不应低于M10。

3. 纵向钢筋为3Φ6，横向钢筋均为Φ4，间距为200mm，纵向钢筋搭接长度大于330mm，搭接接头错开420mm以上，纵向钢筋侧面保护层厚度为50mm，纵向钢筋深入丁字墙的锚固长度为240mm。钢筋网片设置与030101、030102配合使用。纵横向钢筋错皮设置。

030107　墙体钢筋与构造柱的连接（L 形）

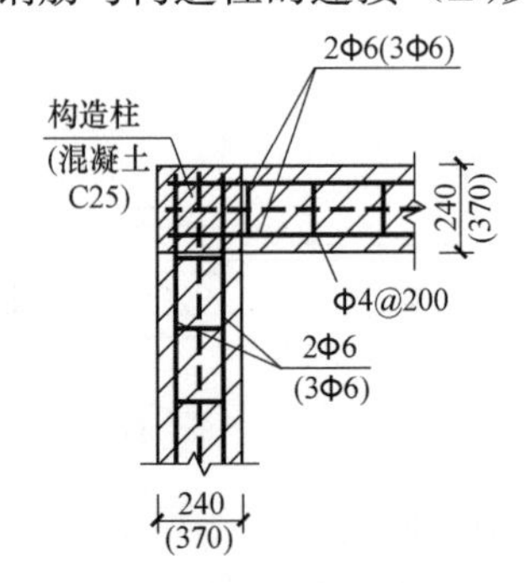

墙体钢筋与构造柱的连接水平配筋

工艺说明：

1. 本条与 030101、030102 配合使用，图中括号内配筋用于 370mm 厚墙。

2. 240mm 厚墙纵向钢筋为 2Φ6，370mm 厚墙纵向钢筋为 3Φ6，横向钢筋均为Φ4，间距为 200mm，纵向钢筋侧面保护层厚度为 5mm，钢筋网片设置与 030101、030102 配合使用。

3. 纵横向钢筋错皮设置。

4. 水平钢筋弯入构造柱内，其锚固长度不小于 $25d$ 且不小于 200mm。

030108　墙体钢筋与构造柱的连接（丁字形）

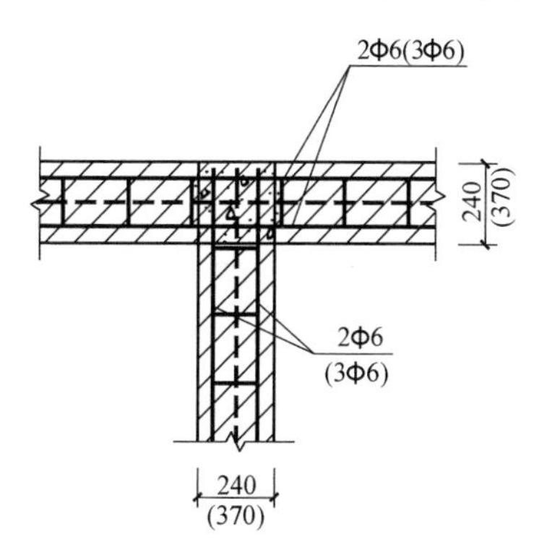

墙体钢筋与构造柱的连接水平配筋

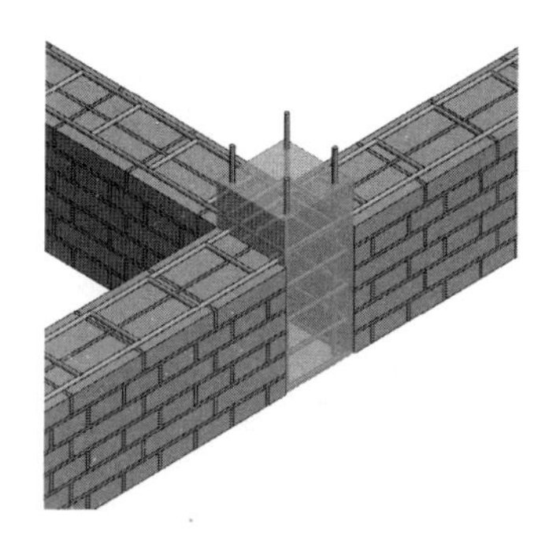

工艺说明：

1. 本条与030101、030102配合使用。

2. 图中括号内配筋用于370mm厚墙。

3. 240mm厚墙纵向钢筋为2Φ6，370mm厚墙纵向钢筋为3Φ6，横向钢筋均为Φ4，间距为200mm，纵向钢筋侧面保护层厚度为5mm，钢筋网片设置与030101、030102配合使用，纵横向钢筋错皮设置。

4. 水平钢筋弯入构造柱内，其锚固长度不小于25d且不小于200mm。

030109 墙体钢筋与构造柱的连接（十字形）

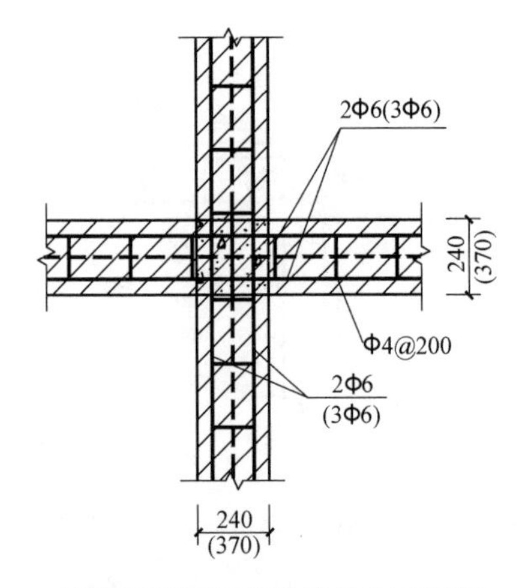

墙体钢筋与构造柱连接水平钢筋

工艺说明：

1. 本条与030101、030102配合使用。
2. 图中括号内配筋用于370mm厚墙。
3. 240mm厚墙纵向钢筋为2Φ6，370mm厚墙纵向钢筋为3Φ6，横向钢筋均为Φ4，间距为200mm，纵向钢筋侧面保护层厚度为5mm，钢筋网片设置与030101、030102配合使用，纵横向钢筋错皮设置。

030110 墙体配筋带

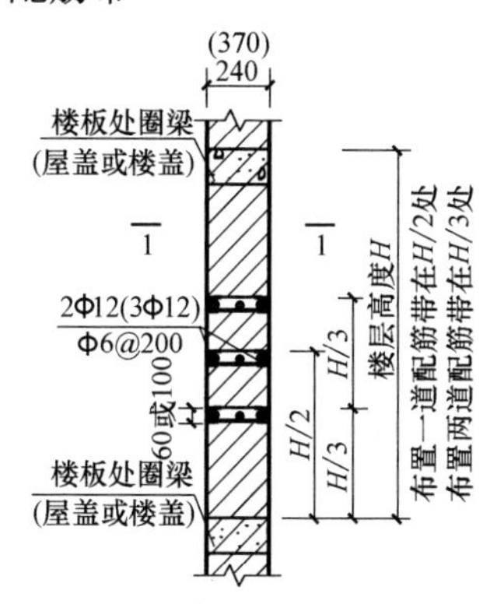

图 1 墙体配筋带水平配筋

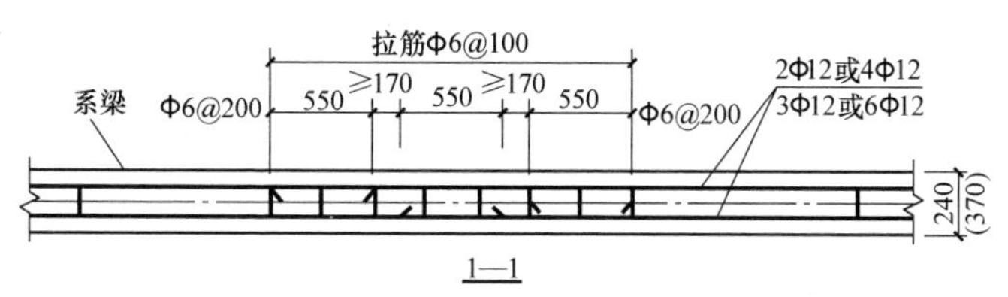

图 2 纵向钢筋接头

工艺说明：

1. 本条用于抗震设防烈度 6～8 度地区，砖房中需要提高抗震能力的墙体。

2. 各楼层纵、横墙上的配筋带应尽可能统一高度。

3. 配筋带的混凝土强度等级不低于 C25。

4. 楼层高度 H，配置一道配筋带在 $H/2$，配置两道配筋带在 $H/3$。

5. 括号内配筋用于 370mm 厚墙。240mm 厚墙选用 2 根Φ12 纵向钢筋，370mm 厚墙选用 3 根Φ12 纵向钢筋，横向钢筋选用Φ6，钢筋间距 200mm。

6. 纵向钢筋搭接长度不小于 550mm，钢筋搭接接头要错开，错开位置不小于 170mm。

030111 墙体系梁

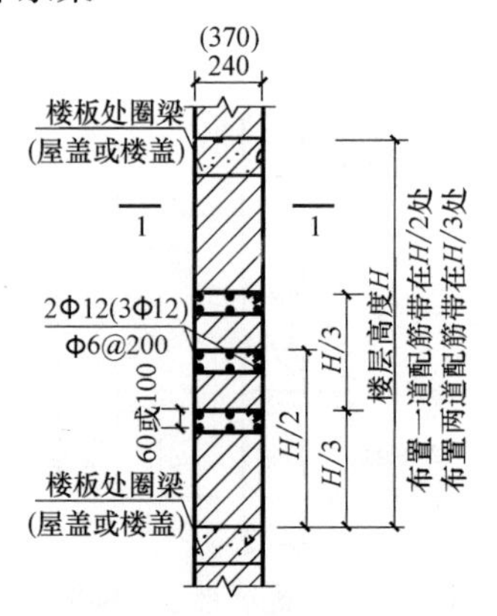

图 1　墙体系梁水平配筋

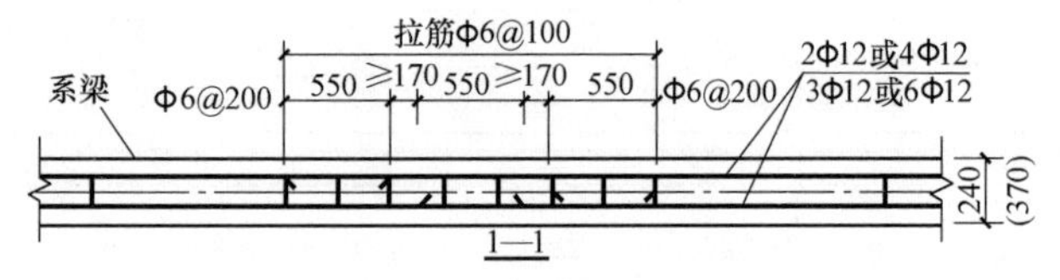

图 2　纵向钢筋接头

工艺说明：

1. 本条用于抗震设防烈度 6～8 度地区，砖房中需要提高抗震能力的墙体。

2. 各楼层纵、横墙上的配筋带应尽可能统一高度。

3. 系梁的混凝土强度等级不低于 C25。

4. 楼层高度 H，配置一道系梁在 $H/2$，配置两道系梁在 $H/3$。

5. 括号内配筋用于 370mm 厚墙。240mm 厚墙选用 4 根Φ12 纵向钢筋，370mm 厚墙选用 6 根Φ12 纵向钢筋。横向钢筋选用Φ6，钢筋间距 200mm。

6. 纵向钢筋搭接长度不小于 550mm，钢筋搭接接头要错开，错开距离不小于 170mm。

030112 单向配筋带与构造柱的连接（转角墙）

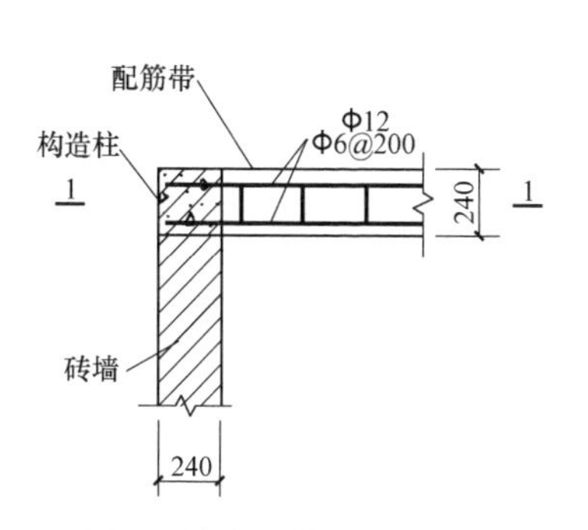

图1 单向配筋带水平配筋

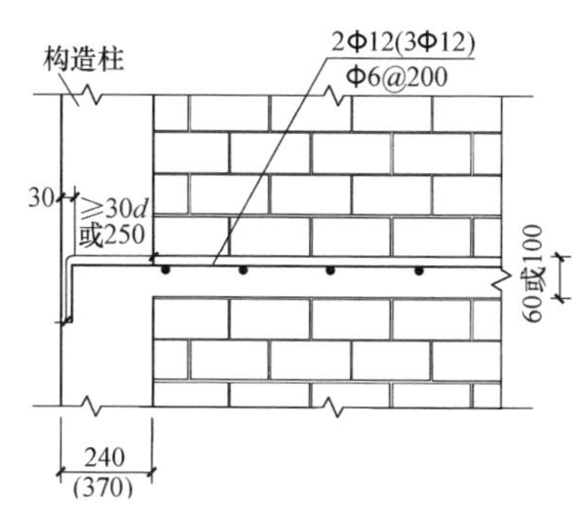

图2 1—1剖面

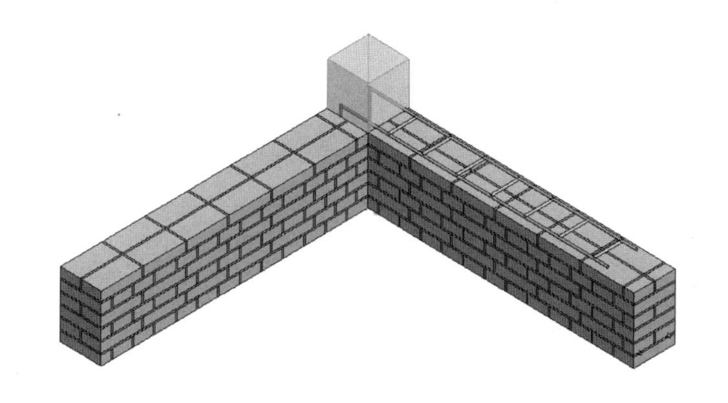

工艺说明：

1. 本条与030110配合使用，可设一道或两道配筋带。

2. 纵向钢筋为2Φ12，保护层厚度50mm，钢筋锚入构造柱内，其锚固长度不应小于30d或250mm。锚固钢筋端部保护层厚度30mm；横向钢筋为Φ6，间距200mm。

030113 单向配筋带与构造柱的连接（丁字墙）

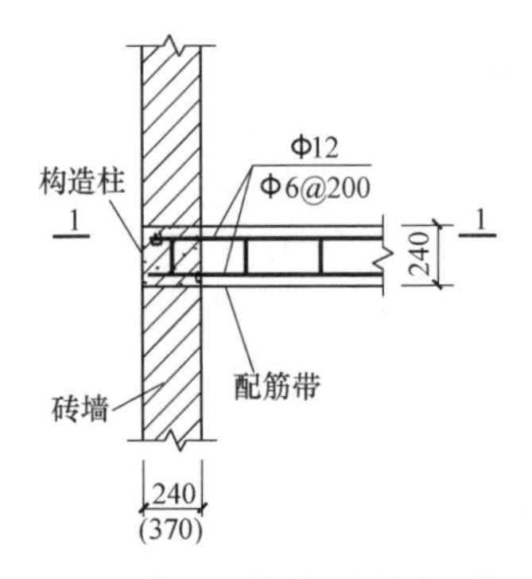

图1 单向配筋带图水平配筋

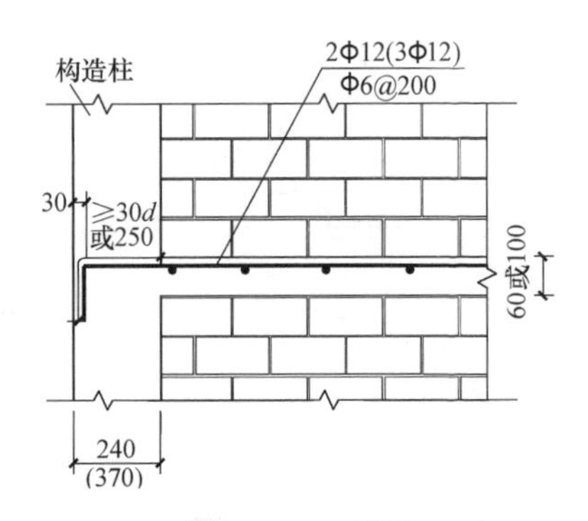

图2 1—1剖面

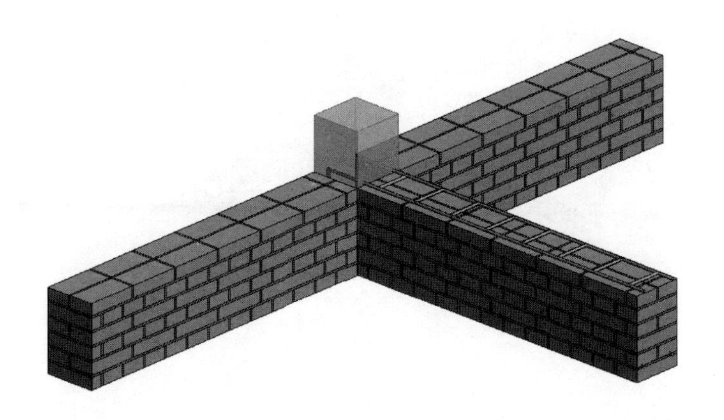

工艺说明：

1. 本条与030110配合使用，可设一道或两道配筋带。

2. 纵向钢筋为2Φ12，保护层厚度50mm，钢筋锚入构造柱内，其锚固长度不应小于30d或250mm。锚固钢筋端部保护层厚度30mm；横向钢筋为Φ6，间距200mm。

030114 单向系梁与构造柱的连接（转角墙）

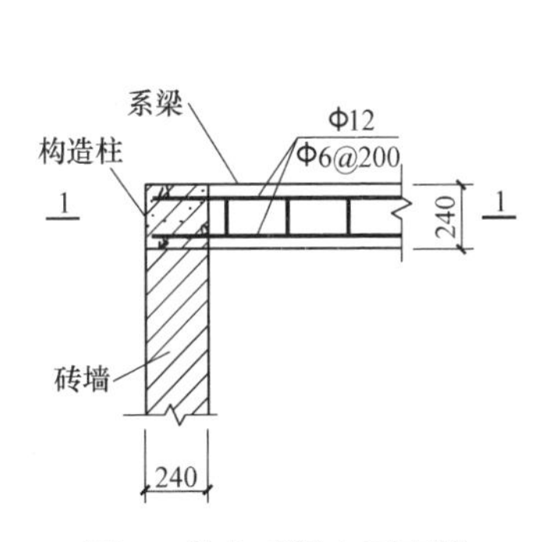

图1 单向系梁水平配筋

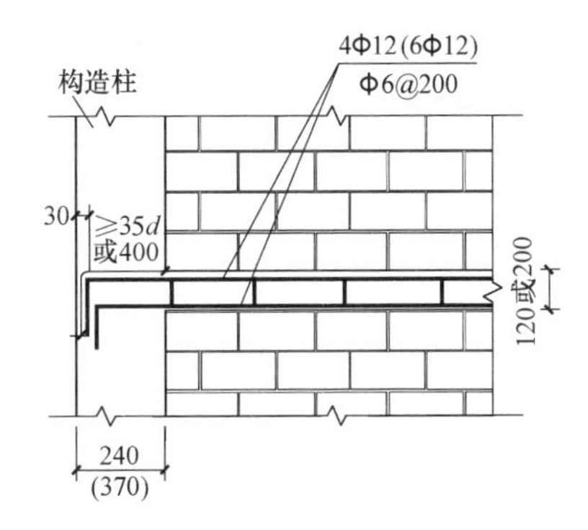

图2 1—1剖面

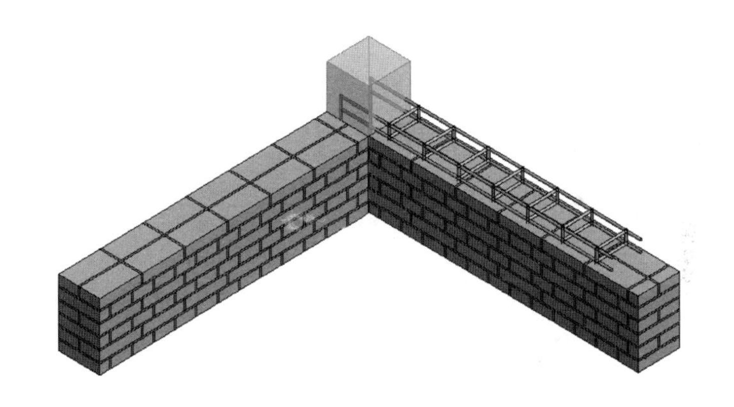

工艺说明：

1. 本条与030110配合使用，可设一道或两道系梁。

2. 纵向钢筋为4Φ12，保护层厚度50mm，钢筋锚入构造柱内，其锚固长度不应小于35*d*或400mm。锚固钢筋端部保护层厚度30mm；箍筋为Φ6，间距200mm。

030115 单向系梁与构造柱的连接（丁字墙）

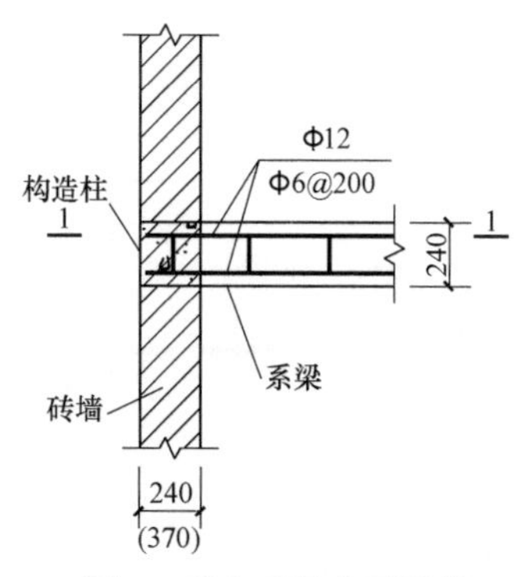

图 1 单向系梁水平配筋

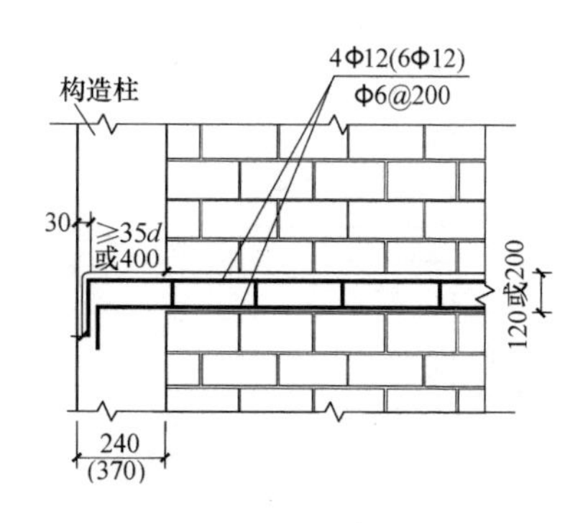

图 2 1—1 剖面

工艺说明：

1. 本条与 030110 配合使用，可设一道或两道系梁。

2. 纵向钢筋为 4Φ12，保护层厚度 50mm，钢筋锚入构造柱内，其锚固长度不应小于 35d 或 400mm。锚固钢筋端部保护层厚度 30mm；箍筋为Φ6，间距 200mm。

030116 双向配筋带与构造柱的连接（转角墙）

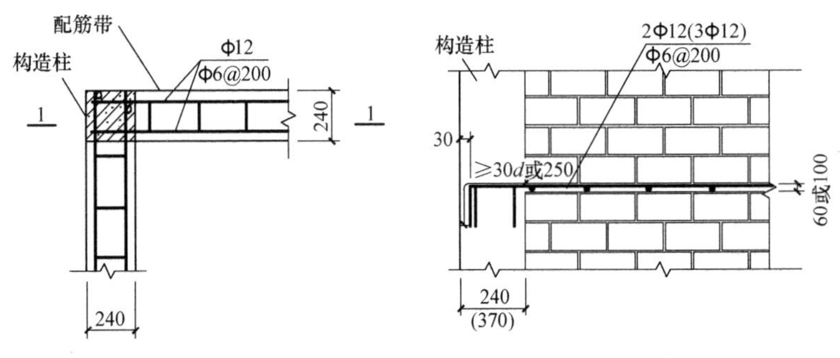

图1 双向配筋带水平配筋　　图2 1—1剖面图

工艺说明：

1. 本条与030110配合使用，可设一道或两道配筋带。

2. 纵向钢筋为2Φ12，保护层厚度50mm，钢筋弯入构造柱内，其锚固长度不应小于30*d*或250mm。锚固钢筋端部保护层厚度30mm。横向钢筋为Φ6，间距200mm。

030117 双向配筋带与构造柱的连接（丁字墙）

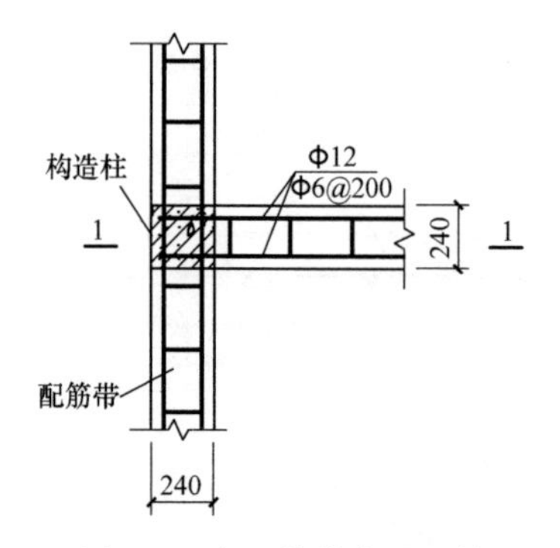

图1 双向配筋带水平配筋

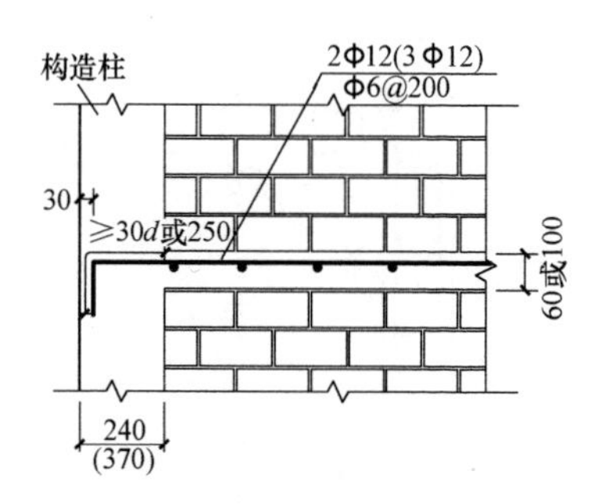

图2 1—1剖面图

工艺说明：

1. 本条与030110配合使用，可设一道或两道配筋带。

2. 纵向钢筋为2Φ12，保护层厚度50mm，钢筋弯入构造柱内，其锚固长度不应小于30d或250mm。锚固钢筋端部保护层厚度30mm。横向钢筋为Φ6，间距200mm。

030118 双向配筋带与构造柱的连接（十字墙）

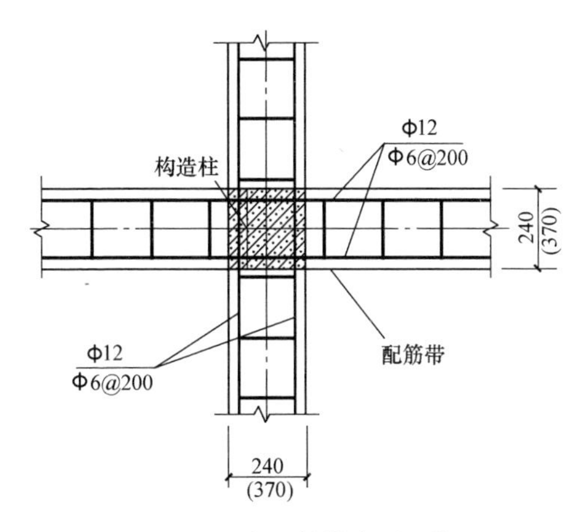

图1 双向配筋带水平配筋

工艺说明：

1. 本条与030110配合使用，可设一道或两道配筋带。

2. 纵向钢筋为2Φ12，保护层厚度50mm，横向钢筋为Φ6，间距200mm。

030119 双向系梁与构造柱的连接（转角墙）

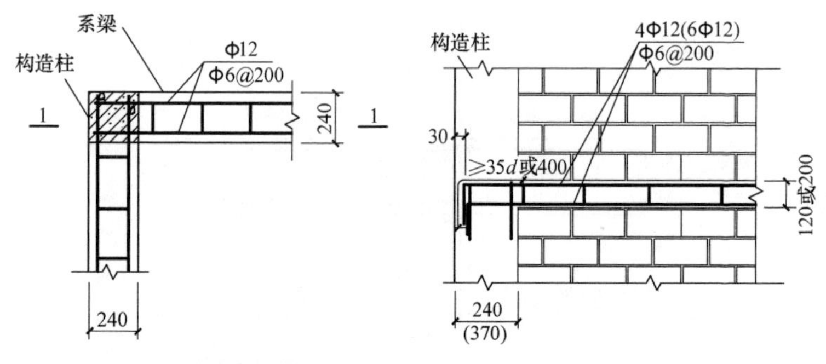

图1 双向系梁水平配筋　　图2 1—1剖面

工艺说明：

1. 本条与030111配合使用。

2. 纵向钢筋为4Φ12，保护层厚度50mm，水平钢筋锚入构造柱内，其锚固长度不应小于35d或400mm。锚固钢筋端部保护层厚度30mm。横向箍筋Φ6，间距200mm。

030120　双向系梁与构造柱的连接（丁字墙）

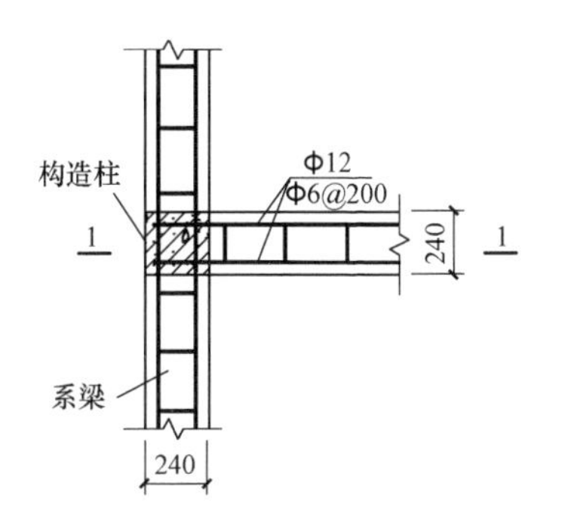

图1　双向系梁水平配筋

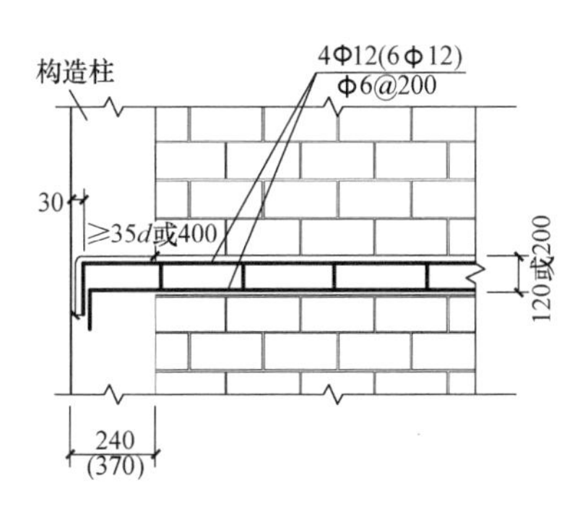

图2　1—1剖面

工艺说明：

1. 本条与030111配合使用。

2. 纵向钢筋为4Φ12，保护层厚度50mm，水平钢筋弯入构造柱内，其锚固长度不应小于35d或400mm。锚固钢筋端部保护层厚度30mm。横向箍筋Φ6，间距200mm。

030121 双向系梁与构造柱的连接（十字墙）

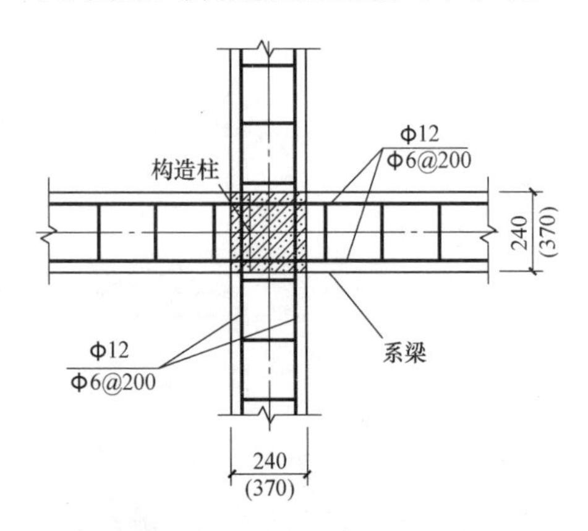

工艺说明：

1. 本条与030111配合使用。

2. 纵向钢筋为4Φ12，保护层厚度50mm，横向箍筋Φ6，间距200mm。

3. 砂浆强度等级满足设计要求。

030122　有边框窗间墙的配筋带 1

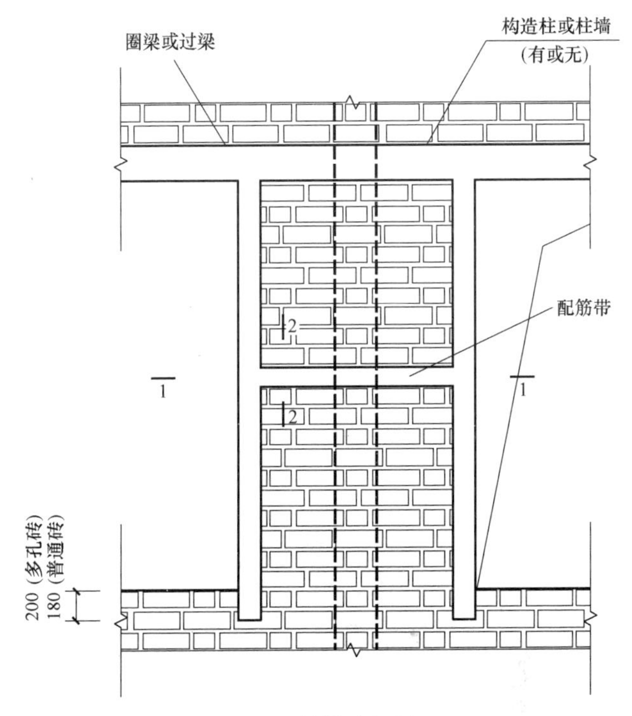

图 1　配筋带示意图

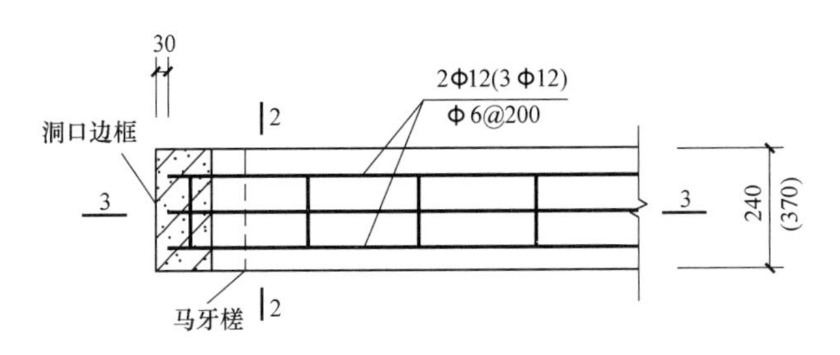

图 2　1—1 剖面图

030123 有边框窗间墙的配筋带 2

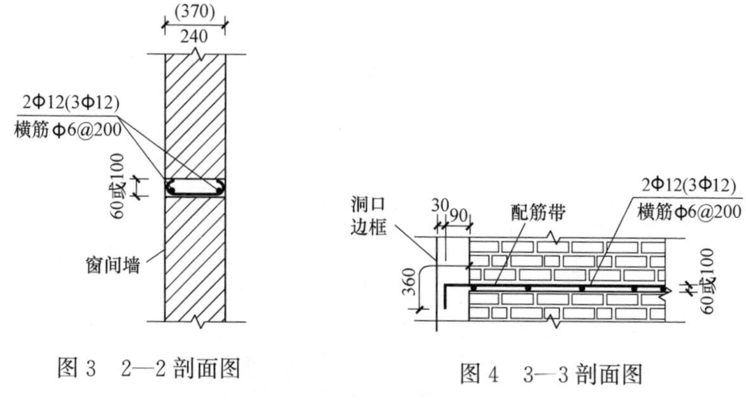

图 3 2—2 剖面图

图 4 3—3 剖面图

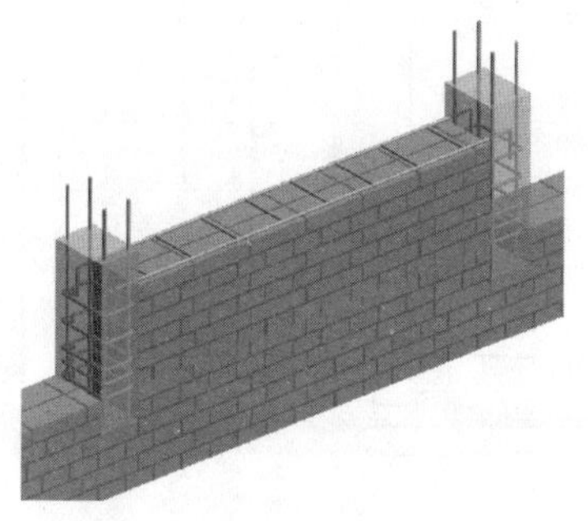

工艺说明：

1. 本条用于 6～8 度砖房中需要提高抗震能力的窗间墙。

2. 内墙上的配筋带宜与窗间墙配筋带设置在同一高度。

3. 240mm 厚墙配筋带纵向钢筋为 2 根Φ12，370mm 厚墙配筋带纵向钢筋为 3 根Φ12，纵向钢筋深入边框长度为 360mm，保护层厚度 30mm，横向钢筋Φ6，间距 200mm。

4. 括号内配筋用于 370mm 厚墙。

5. 配筋带混凝土强度不低于 C25。

030124　有边框窗间墙的系梁 1

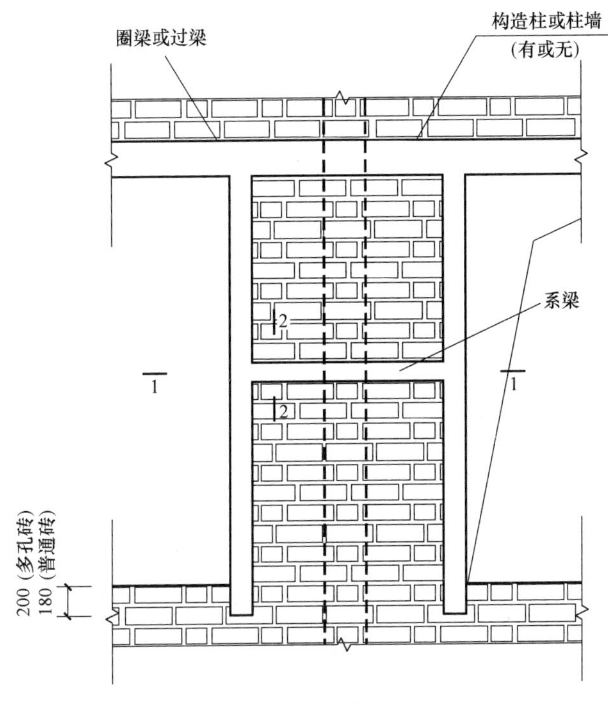

图 1　系梁示意图

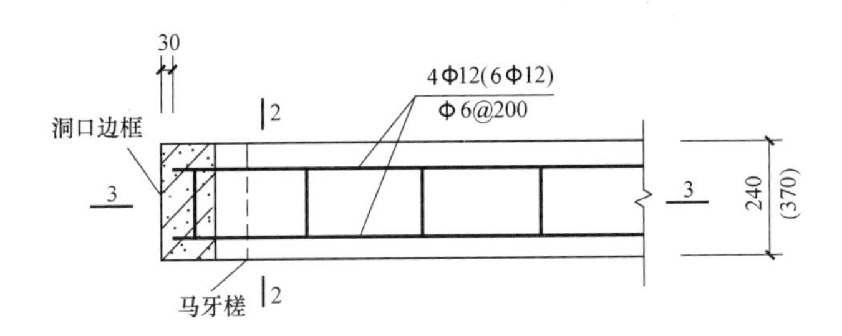

图 2　1—1 剖面图

030125 有边框窗间墙的系梁 2

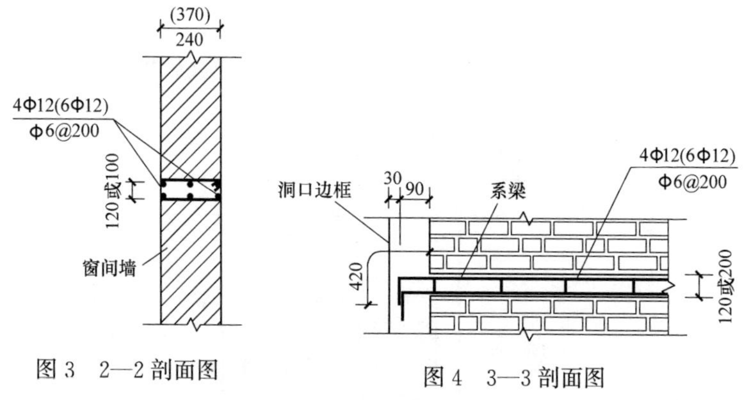

图 3　2—2 剖面图　　　图 4　3—3 剖面图

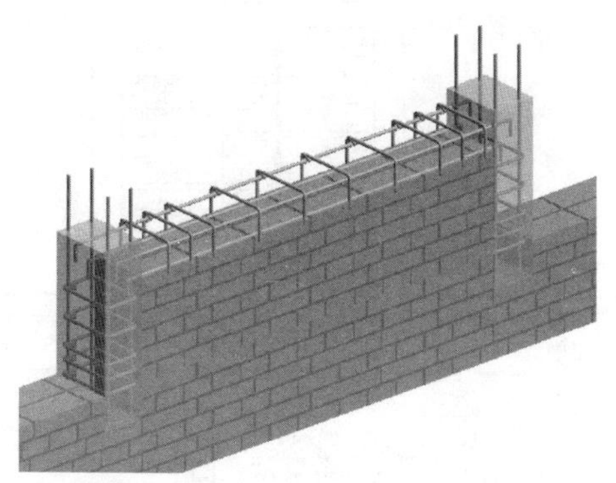

工艺说明：

1. 本条用于 6～8 度砖房中需要提高抗震能力的窗间墙。

2. 240mm 厚墙系梁纵向钢筋为 4 根Φ12，370mm 厚墙系梁纵向钢筋为 6 根Φ12，纵向钢筋锚入边框长度为 420mm，保护层厚度 30mm，箍筋Φ6，间距 200mm。

3. 括号内配筋用于 370mm 厚墙。

4. 系梁混凝土强度等级不低于 C25。

030126　门窗洞口侧边框构造 1

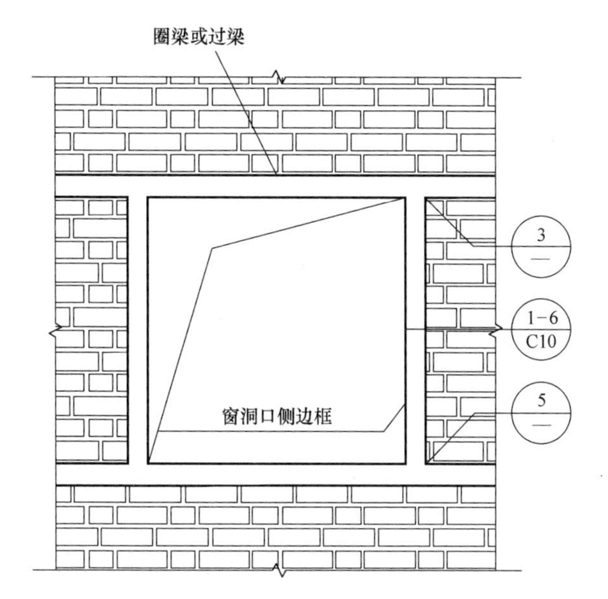

图 1　门窗洞口侧边框构造

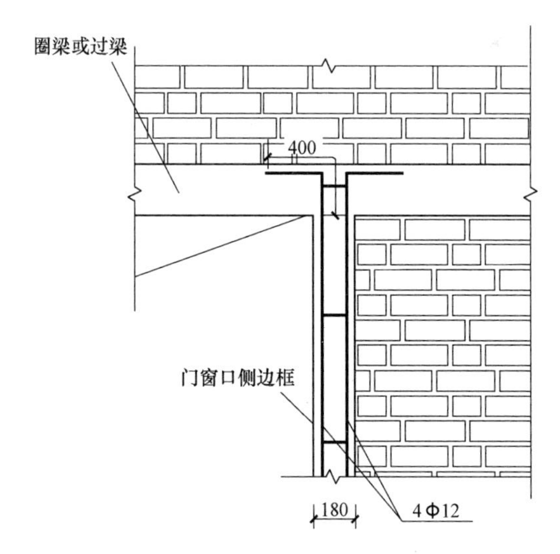

图 2　细部配筋图 1

030127 门窗洞口侧边框构造 2

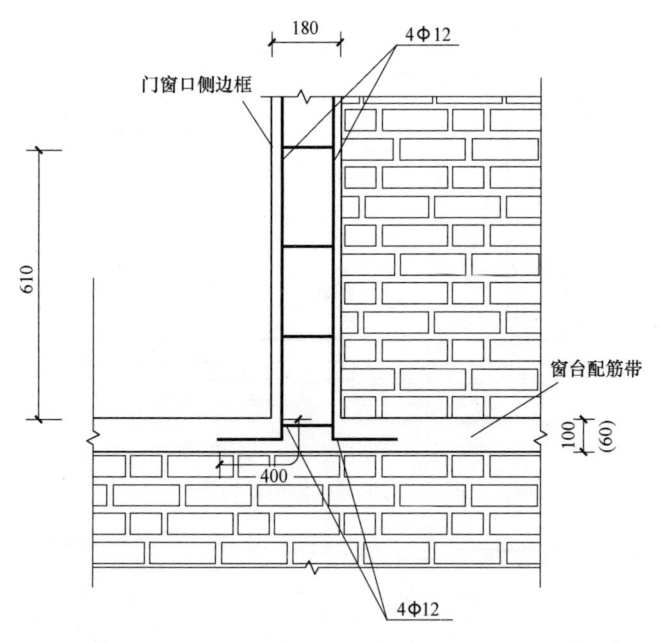

图 3 细部配筋图 2

工艺说明：

1. 本条用于门窗洞口侧边框配筋，纵向钢筋 4Φ12，锚固长度为 400mm，箍筋为Φ6 间距 200mm，与 030125 配合使用。

2. 混凝土强度等级不低于 C25。

030128　窗洞口侧边框与墙体的拉结

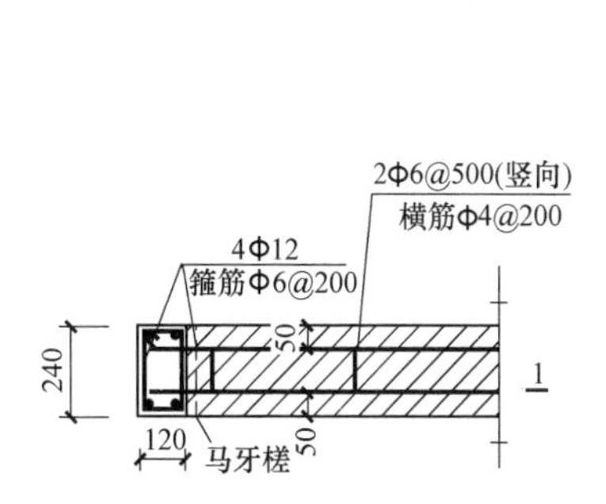

图 1　门窗洞口侧边框构造

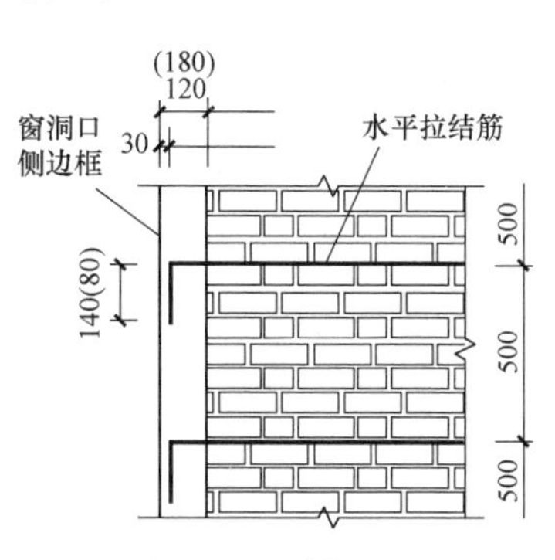

图 2　1—1 剖面图

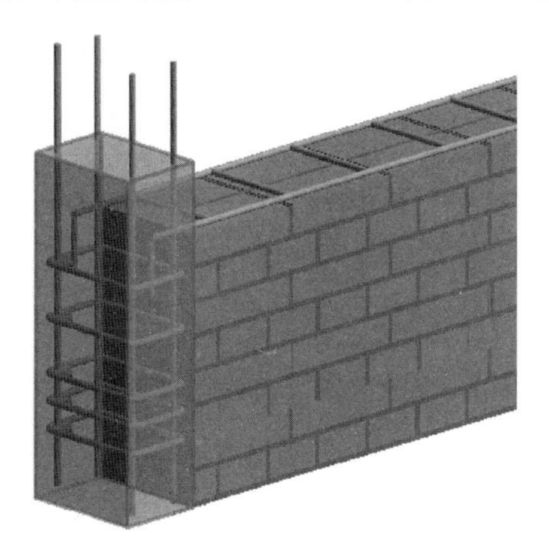

工艺说明：

1. 本条用于窗洞口侧边框与墙体的拉结。

2. 水平拉结筋采用 2Φ6，每 500mm 布置一道，保护层厚度 50mm。

3. 水平拉结筋弯折部分保护层厚度 30mm，边框 180mm 宽则弯折长度 80mm，边框 120mm 宽则弯折长度 140mm。

第二节　配筋砌块砌体构造

030201　一字形墙体水平配筋

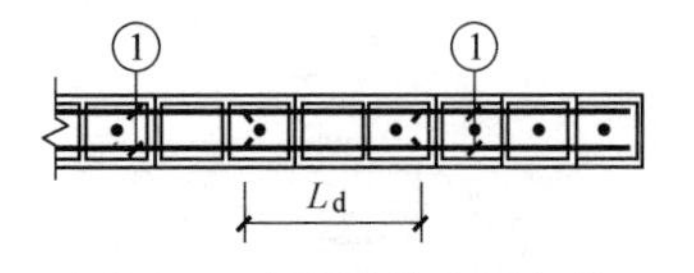

图 1　一字形墙体水平钢筋双筋配筋

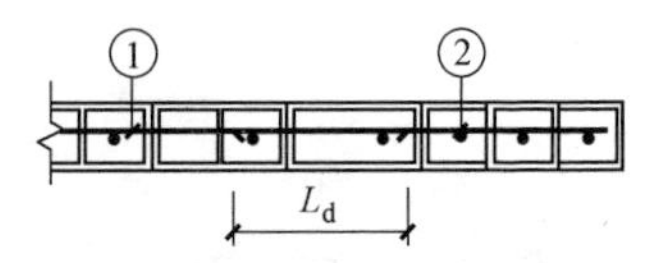

图 2　一字形墙体水平钢筋单筋配筋

工艺说明：

1. 本条用于一字形墙体水平配筋，分别为双筋配筋方案和单筋配筋方案。

2. 图 1 为双筋配筋方案，水平钢筋布置两根；图 2 为单筋配筋方案，水平钢筋布置一根；水平钢筋最小直径 Φ8。钢筋搭接长度：一级抗震钢筋搭接长度为 $40d$，每层钢筋最大间距 400mm，二级抗震钢筋搭接长度为 $37d$，每层钢筋最大间距 600mm，其他抗震钢筋搭接长度为 $35d$，每层钢筋最大间距 600mm。

030202　转角墙水平配筋 1

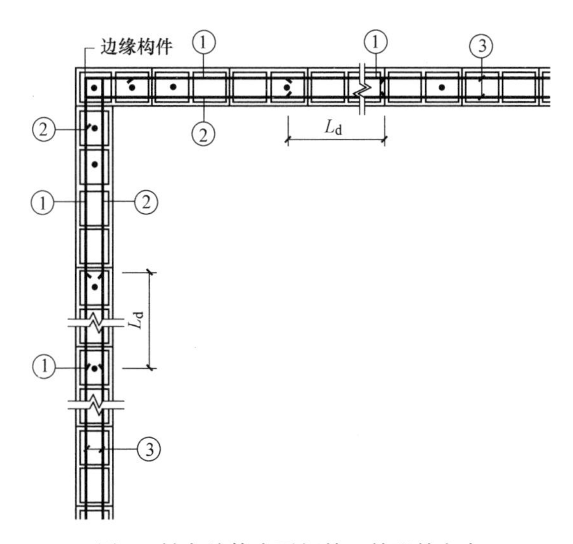

图 1　转角墙体水平钢筋双筋配筋方案

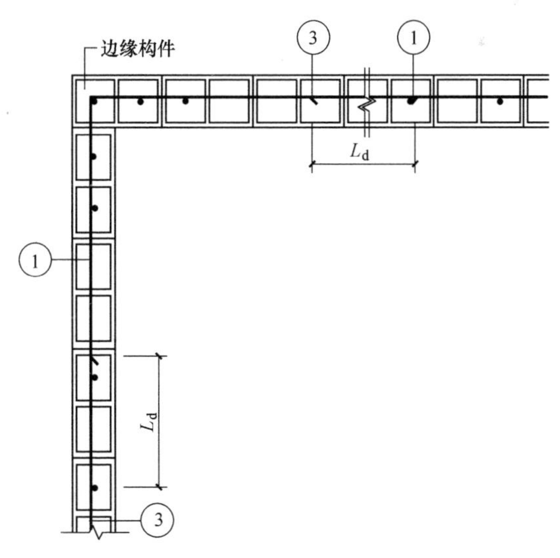

图 2　转角墙体水平钢筋单筋配筋方案

030203 转角墙水平配筋 2

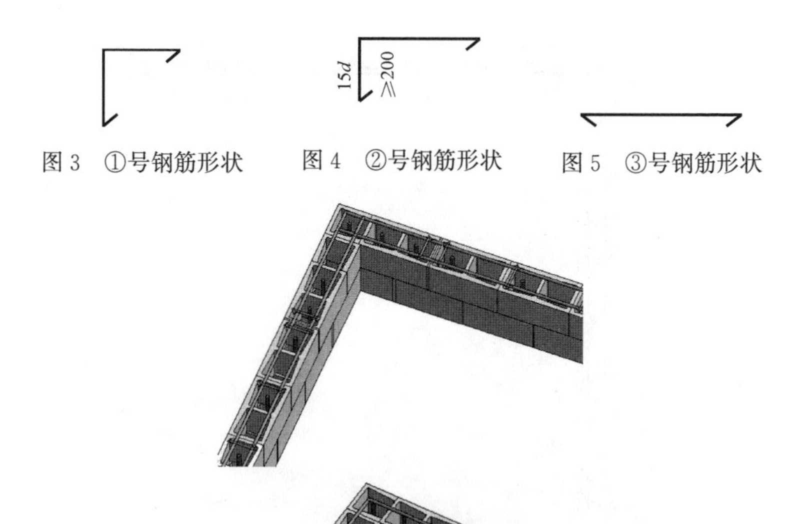

图 3 ①号钢筋形状　　图 4 ②号钢筋形状　　图 5 ③号钢筋形状

工艺说明：

1. 本条用于转角墙体水平配筋，分别为双筋配筋方案和单筋配筋方案。

2. 图 1 为双筋配筋方案，水平钢筋布置两根；图 2 为单筋配筋方案，水平钢筋布置一根；钢筋形状如图 3、图 4、图 5。水平钢筋最小直径Φ8，钢筋搭接长度：一级抗震钢筋搭接长度为 $40d$，每层钢筋最大间距 400mm，二级抗震钢筋搭接长度为 $37d$，每层钢筋最大间距 600mm，其他抗震钢筋搭接长度为 $35d$，每层钢筋最大间距 600mm。

030204　丁字形墙水平配筋 1

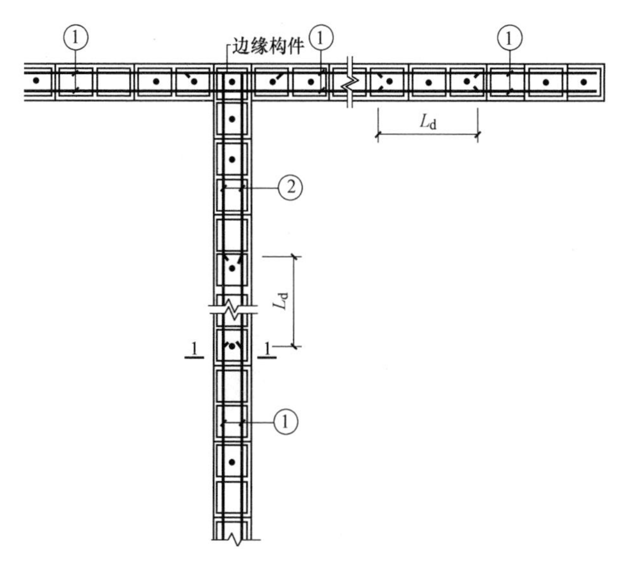

图 1　丁字形墙体水平钢筋双筋配筋方案

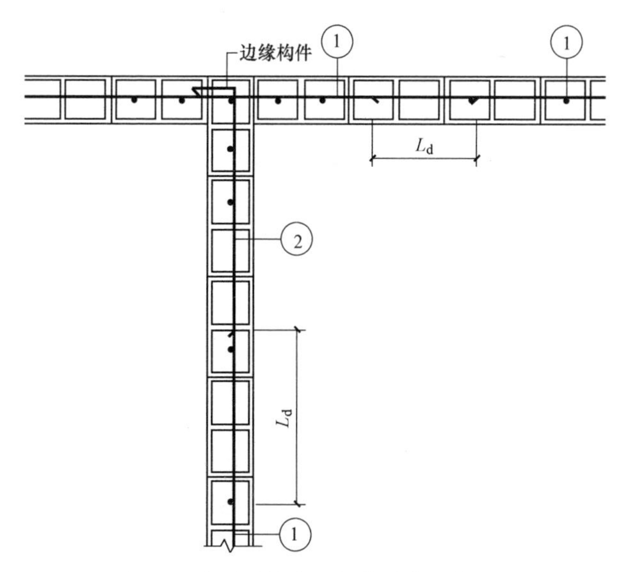

图 2　丁字形墙体水平钢筋单筋配筋方案

030205　丁字形墙水平配筋 2

15d　≥200

图 3　①号钢筋形状

图 4　②号钢筋形状

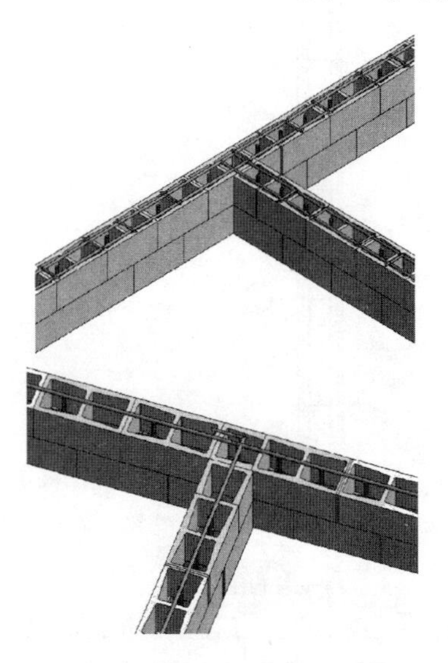

工艺说明：

1. 本条用于丁字形墙体水平配筋，分别为双筋配筋方案和单筋配筋方案。

2. 图 1 为双筋配筋方案，水平钢筋布置两根；图 2 为单筋配筋方案，水平钢筋布置一根；钢筋形状如图 3、图 4、图 5。④号钢筋在①～③之中。水平钢筋最小直径Φ8，钢筋搭接长度：一级抗震钢筋搭接长度为 40d，每层钢筋最大间距 400mm，二级抗震钢筋搭接长度为 37d，每层钢筋最大间距 600mm，其他抗震钢筋搭接长度为 35d，每层钢筋最大间距 600mm。

030206 RM 剪力墙竖向钢筋布置和锚固搭接 1

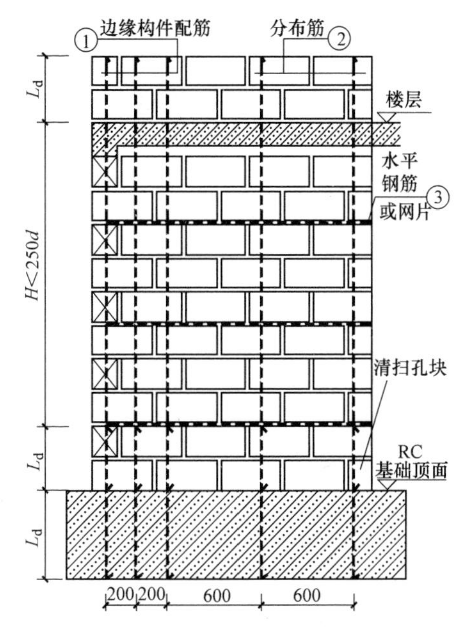

RM 剪力墙竖向钢筋布置和锚固搭接

非抗震设计时受拉钢筋的锚固和搭接长度　　表 1

钢筋所在位置	锚固长度 L_a	搭接长度 L_d
芯柱混凝土中	35d 且不小于 500mm	39d 且不小于 500mm
在凹槽混凝土中	30d 且弯折段不小于 15d 和 200mm	35d 且不小于 350mm

注：表中 L_a 为钢筋锚固长度。

抗震设计时受力钢筋在砌体内的锚固 L_{aE} 和搭接长度 L_{dE} 表 2

<table>
<tr><th colspan="2" rowspan="2">配筋方式及部位</th><th colspan="4">抗震等级</th></tr>
<tr><th>一</th><th>二</th><th>三</th><th>四</th></tr>
<tr><td rowspan="3">竖向钢筋</td><td>房屋高度≤50m
所有部位</td><td colspan="2">1.15L_a
(1.2L_a+5d)</td><td>1.05L_a
(1.2L_a)</td><td>1.0L_a
(1.2L_a)</td></tr>
<tr><td>房屋高度>50m</td><td colspan="2" rowspan="2">50d</td><td colspan="2" rowspan="2">40d</td></tr>
<tr><td>基础顶面搭接</td></tr>
</table>

注：表中括号内数字为搭接长度。

030207 RM剪力墙竖向钢筋布置和锚固搭接2

受拉钢筋在混凝土中的锚固及搭接长度 **表3**

项次或名称	非抗震设防	抗震设防		
		一、二级抗震等级	三级抗震等级	四级抗震等级
锚固长度 L_a 或 L_{aE}	L_a	$L_{aE}=1.15L_a$	$L_{aE}=1.05L_a$	$L_{aE}=L_a$
搭接长度 L_d 或 L_{dE}	$L_d=\zeta L_a$	$L_{dE}=\zeta L_{aE}$	$L_{dE}=\zeta L_{aE}$	$L_{dE}=\zeta L_{aE}$

注：1. 表中 L_a 为受拉钢筋在混凝土中的锚固长度按 GB 50010 第 9.3.1 的规定采用。

2. 表中 ζ 为受拉钢筋搭接长度修正系数，当同一连接段内搭接钢筋面积百分率为≤25%、50%和100%时，分别取1.2、1.4和1.6。

工艺说明：

1. 本条用于RM剪力墙竖向钢筋布置和锚固搭接。

2. 竖向钢筋最小直径Φ12，约束区竖向钢筋间距200mm，非约束区一级抗震等级竖向钢筋间距400mm，其他抗震等级竖向钢筋间距600mm。

3. 钢筋的锚固长度和搭接长度按表格要求施工。

030208　配筋砌块砌体边缘构件钢筋设置及构造

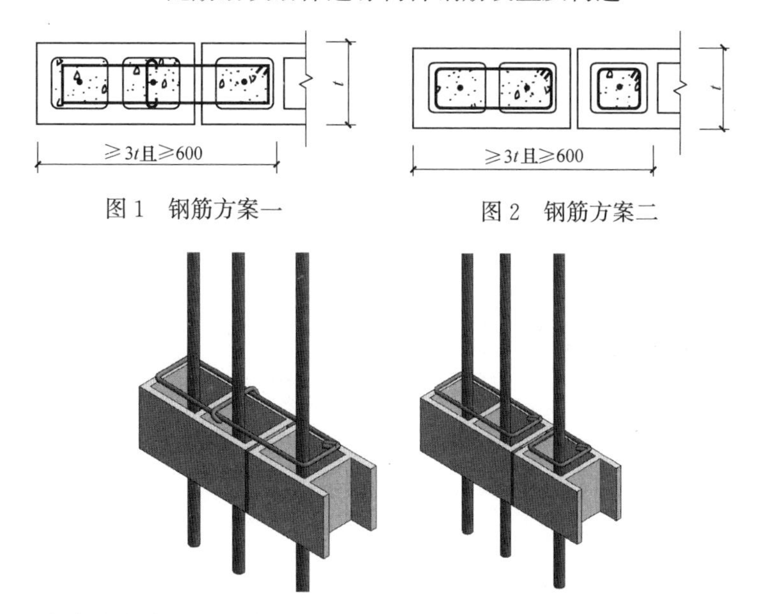

图 1　钢筋方案一　　图 2　钢筋方案二

工艺说明：

1. 本条用于配筋砌块砌体边缘构件钢筋设置及构造。

2. 该边缘构件钢筋设置及构造，可用于墙体的端部、转角、丁字或十字交接处，且边缘构件的长度不小于 3 倍墙厚及 600mm。

3. 钢筋配置要求：一级抗震等级，底部加强区竖向钢筋为 3Φ20，其他部位竖向钢筋为 3Φ18，箍筋或拉筋直径和间距为Φ8@200；二级抗震等级，底部加强区竖向钢筋为 3Φ18，其他部位竖向钢筋为 3Φ16，箍筋或拉筋直径和间距为Φ8@200；三级抗震等级，底部加强区竖向钢筋为 3Φ14，其他部位竖向钢筋为 3Φ14，箍筋或拉筋直径和间距为Φ6@200；四级抗震等级，底部加强区竖向钢筋为 3Φ12，其他部位竖向钢筋为 3Φ12，箍筋或拉筋直径和间距为Φ6@200。

030209 400mm×400mm 配筋砌块柱 1

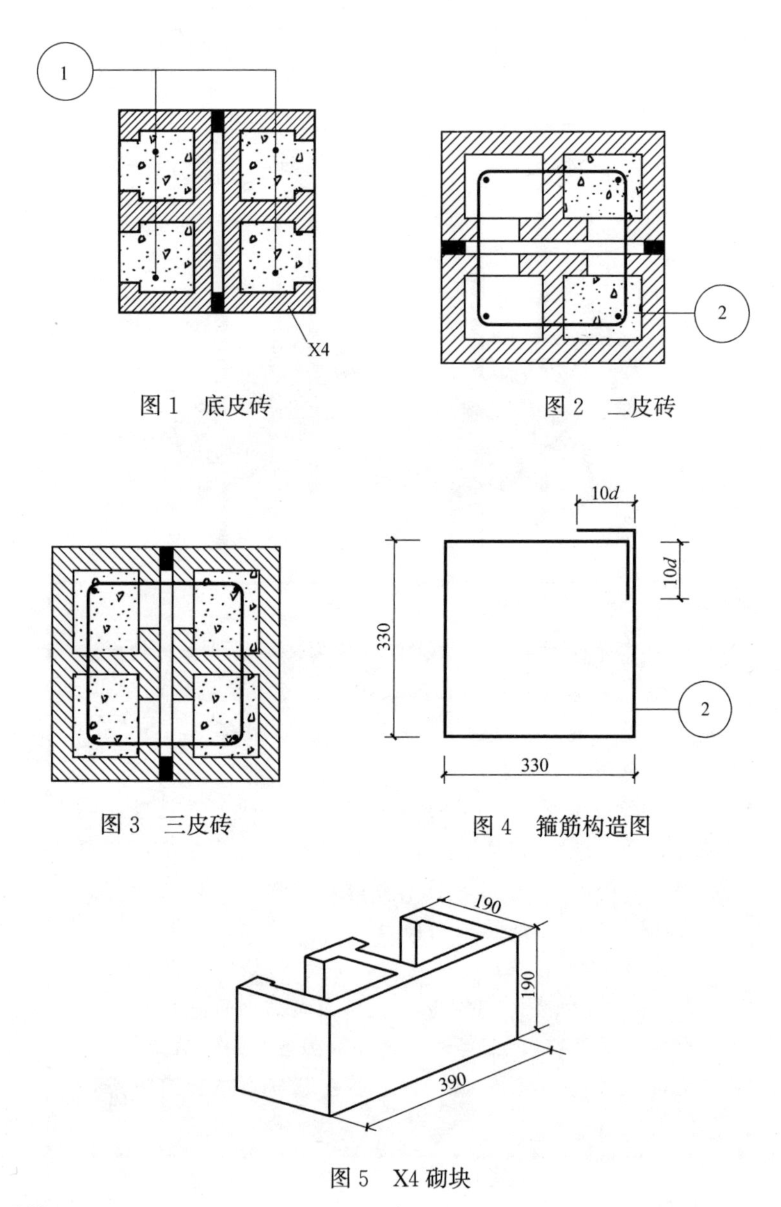

图 1 底皮砖

图 2 二皮砖

图 3 三皮砖

图 4 箍筋构造图

图 5 X4 砌块

030210　400mm×400mm 配筋砌块柱 2

工艺说明：

1. 本条用于 400mm×400mm 配筋砌块柱。

2. 上图分别是底皮砖、二皮砖、三皮砖的砌筑效果，上下皮对孔搭接，底皮布置清扫孔，为加强块间的连接，块缝间宜用无齿锯切成深约 50mm 的切口，以放置箍筋。灌孔混凝土强度的强度等级：Cb40、Cb35、Cb30、Cb25、Cb20。

3. 砌块柱的纵筋布置 4 根，纵筋直径不小于Φ12，也不宜大于Φ22；当纵筋的配筋率大于 0.25%且柱承受的轴向力大于受压承载力设计值的 25%，柱应设置箍筋，箍筋的直径不应小于Φ6，也不宜大于Φ10，间距为 200mm，箍筋每边尺寸 330mm，箍筋应封闭或绕纵筋水平弯折 90°，弯折段长度不小于 10d。

030211 400mm×600mm 配筋砌块柱 1

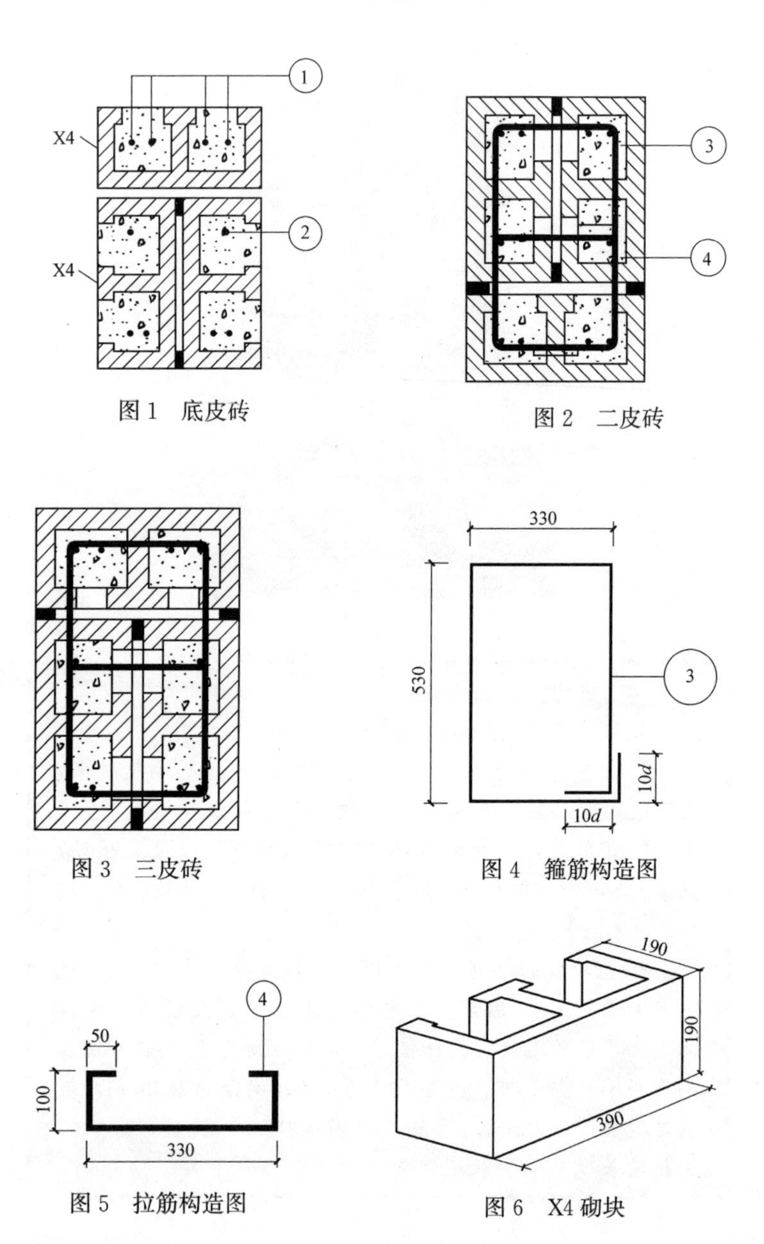

图 1 底皮砖

图 2 二皮砖

图 3 三皮砖

图 4 箍筋构造图

图 5 拉筋构造图

图 6 X4 砌块

030212　400mm×600mm 配筋砌块柱 2

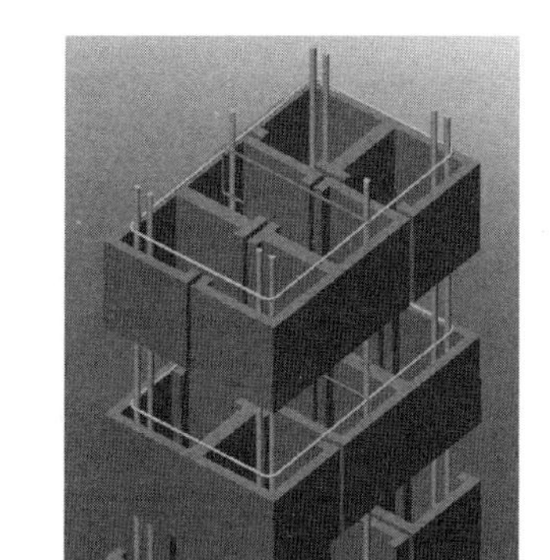

工艺说明：

1. 本条用于 400mm×600mm 配筋砌块柱。

2. 上图分别是底皮砖、二皮砖、三皮砖的砌筑效果，上下皮对孔搭接，底皮布置清扫孔，为加强块间的连接，块缝间宜用无齿锯切成深约 50mm 的切口，以放置箍筋。灌孔混凝土强度的强度等级：Cb40、Cb35、Cb30、Cb25、Cb20。

3. 砌块柱的纵筋布置 10 根，纵筋直径不小于Φ12，也不宜大于Φ22。孔内两根纵筋搭接接头宜上下错开一个搭接长度；当纵筋的配筋率大于 0.25%，且柱承受的轴向力大于受压承载力设计值的 25%，柱应设置箍筋，箍筋间距为 200mm，拉筋间距为 400mm，箍筋直径不应小于Φ6，也不宜大于Φ10，箍筋每边尺寸分别为 330mm 和 530mm，箍筋或拉钩应封闭或绕纵筋水平弯折 90°，箍筋弯折段长度不小于 10d；拉筋长度 330mm，弯折长度为 100mm 和 50mm，如图所示。

030213 600mm×600mm 配筋砌块柱 1

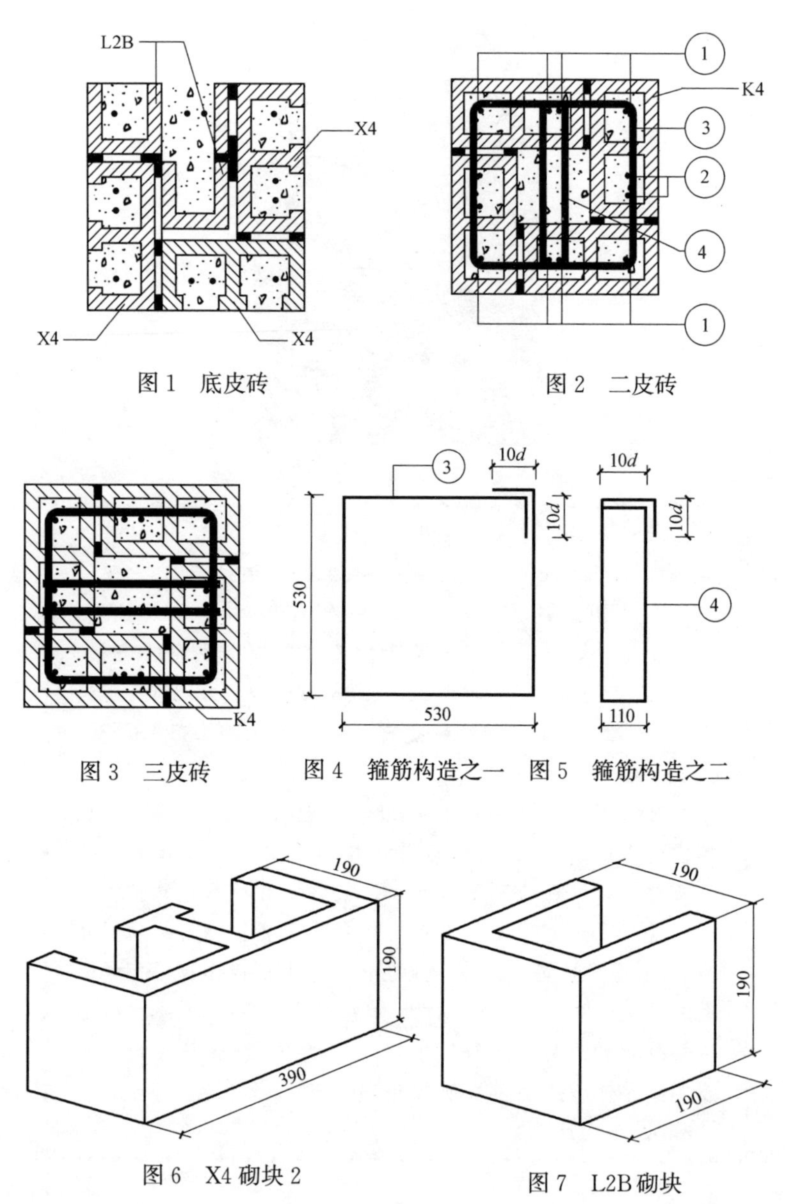

图 1 底皮砖　图 2 二皮砖

图 3 三皮砖　图 4 箍筋构造之一　图 5 箍筋构造之二

图 6 X4 砌块 2　图 7 L2B 砌块

030214　600mm×600mm 配筋砌块柱 2

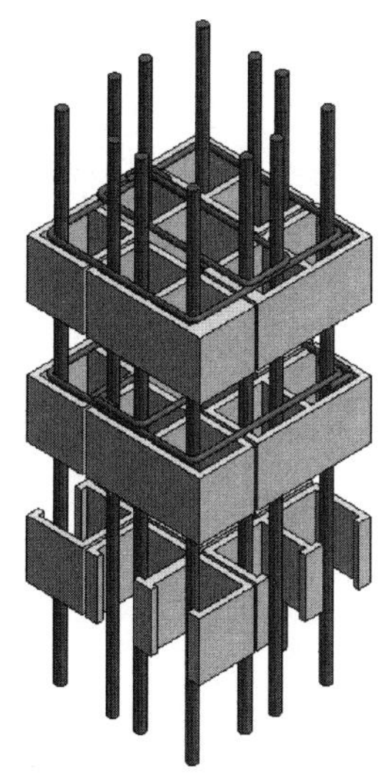

工艺说明：

1. 本条用于 600mm×600mm 配筋砌块柱。

2. 上图分别是底皮砖、二皮砖、三皮砖的砌筑效果，上下皮对孔搭接，底皮布置清扫孔，为加强块间的连接，块缝间宜用无齿锯切成深约 50mm 的切口，以放置箍筋。灌孔混凝土强度的强度等级：Cb40、Cb35、Cb30、Cb25、Cb20。

3. 砌块柱的纵筋布置 12 根，纵筋直径不小于Φ12，也不宜大于Φ22。孔内两根纵筋搭接接头宜上下错开一个搭接长度，当纵筋的配筋率大于 0.25%且柱承受的轴向力大于受压承载力设计值的 25%，柱应设置箍筋，大箍筋间距为 200mm，小箍筋间距为 400mm，箍筋的直径不应小于Φ6，也不宜大于Φ10，大箍筋每边尺寸分别为 530mm，小箍筋边长分别为 530mm、110mm。箍筋或拉钩应封闭或绕纵筋水平弯折 90°，弯折段长度不小于 $10d$。

030215 400mm×400mm 配筋砌块扶壁柱 1

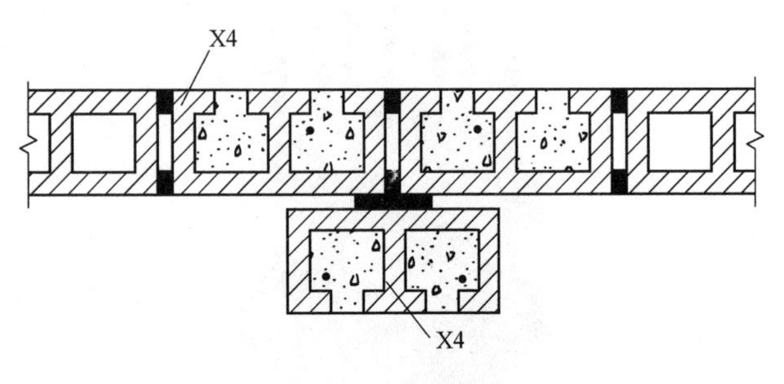

图 1 底皮砖

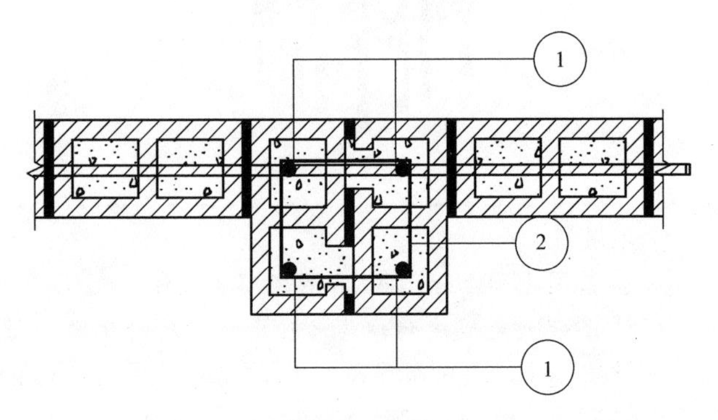

图 2 二皮砖

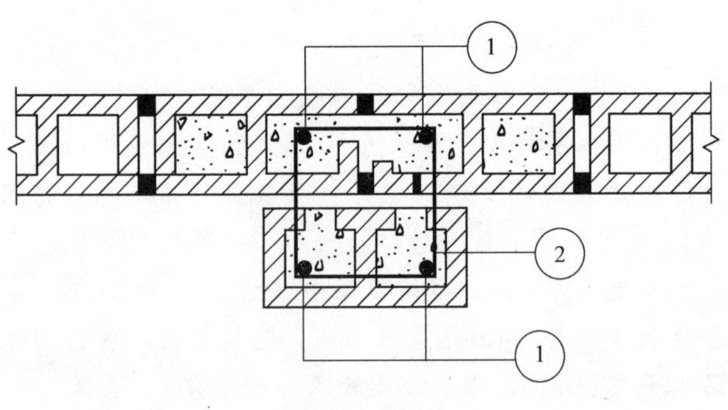

图 3 三皮砖

030216 400mm×400mm 配筋砌块扶壁柱 2

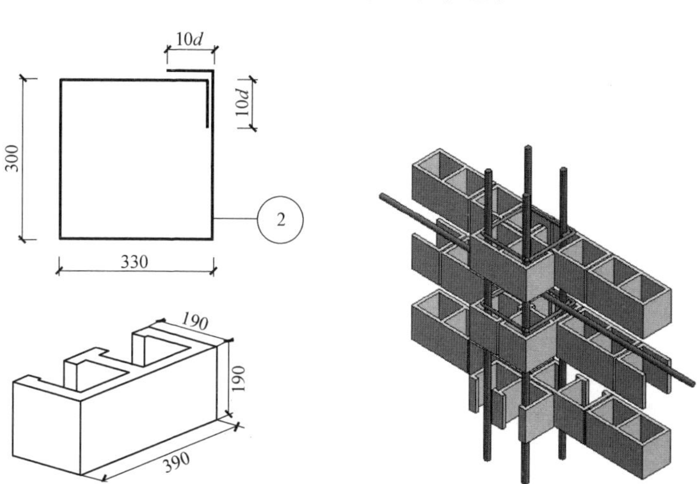

图 4 箍筋配置图　　图 5 X4 砌块

工艺说明：

1. 本条用于 400mm×400mm 配筋砌块扶壁柱，扶壁柱排块应在建筑设计中统一考虑，满足墙柱部位对孔搭接要求。

2. 上图分别是底皮砖、二皮砖、三皮砖的砌筑效果，上下皮对孔搭接，底皮布置清扫孔，为加强块间的连接，块缝间宜用无齿锯切成深约 50mm 的切口，以放置箍筋。灌孔混凝土强度的强度等级：Cb40、Cb35、Cb30、Cb25、Cb20。

3. 扶壁柱的纵筋不小于 4Φ12，也不宜大于 4Φ22。孔内两根纵筋搭接接头宜上下错开一个搭接长度；当纵筋的配筋率大于 0.25%且柱承受的轴向力大于受压承载力设计值的 25%，柱应设置箍筋，箍筋间距为 200mm，箍筋的直径不应小于Φ6，也不宜大于Φ10，箍筋每边尺寸分别为 330mm，箍筋应封闭或绕纵筋水平弯折 90°，弯折段长度不小于 $10d$。

030217　400mm×600mm配筋砌块扶壁柱 1

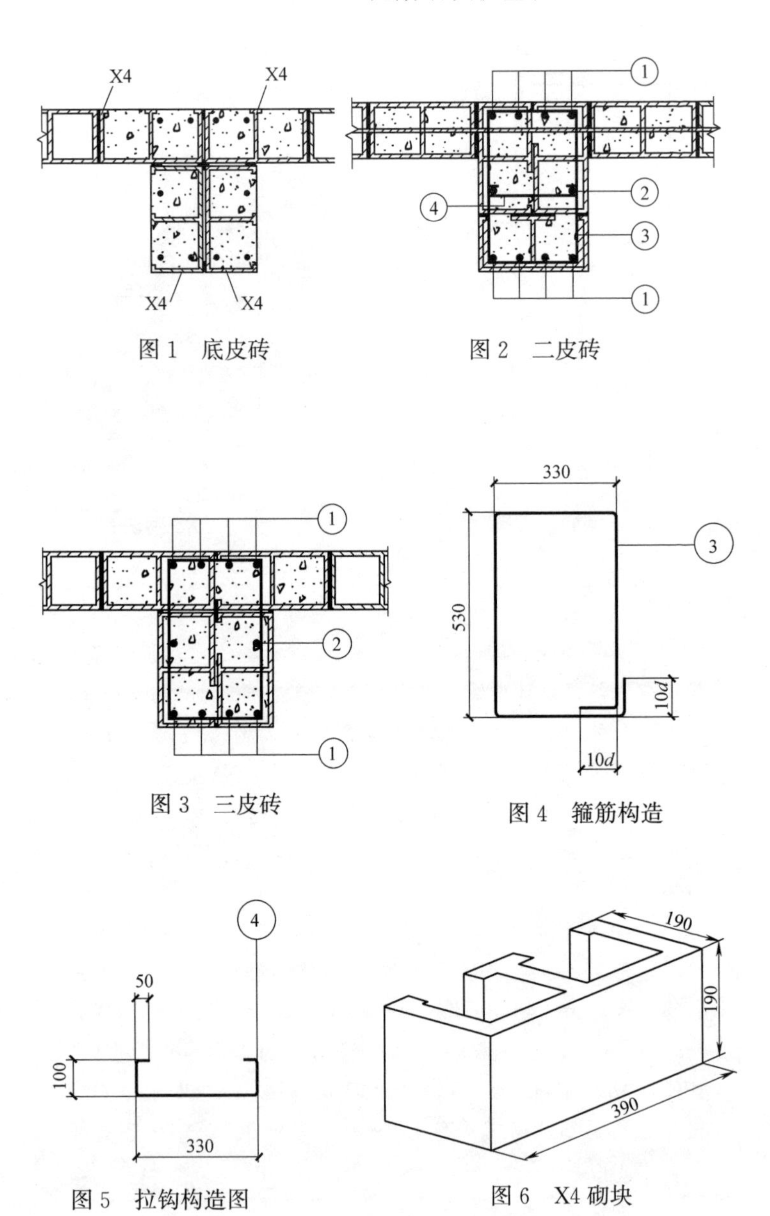

图 1　底皮砖

图 2　二皮砖

图 3　三皮砖

图 4　箍筋构造

图 5　拉钩构造图

图 6　X4 砌块

030218 400mm×600mm 配筋砌块扶壁柱 2

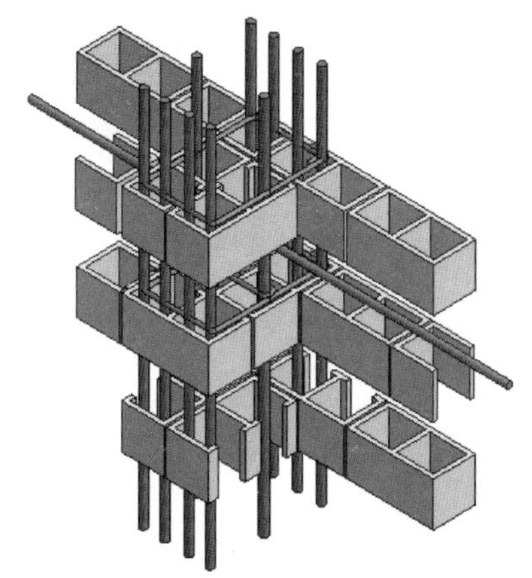

工艺说明：

1. 本条用于 400mm×600mm 配筋砌块扶壁柱，扶壁柱排块应在建筑设计中统一考虑，满足墙柱部位对孔搭接要求。

2. 上图分别是底皮砖、二皮砖、三皮砖的砌筑效果，上下皮对孔搭接，底皮布置清扫孔，为加强块间的连接，块缝间宜用无齿锯切成深约 50mm 的切口，以放置箍筋。灌孔混凝土强度的强度等级：Cb40、Cb35、Cb30、Cb25、Cb20。

3. 扶壁柱短边主筋每侧不小于 2Φ12，不大于 2Φ22，长边每侧中部不小于 1Φ12，不大于 1Φ22。孔内两根纵筋搭接接头宜上下错开一个搭接长度；当纵筋的配筋率大于 0.25%且柱承受的轴向力大于受压承载力设计值的 25%，柱应设置箍筋，箍筋间距为 200mm，拉筋间距为 400mm，箍筋的直径不应小于Φ6，也不宜大于Φ10，箍筋每边尺寸分别为 330mm 和 530mm，箍筋或拉钩应封闭或绕纵筋水平弯折 90°，箍筋弯折段长度不小于 10d；拉筋长度 330mm，弯折长度如图 5 所示。

030219　600mm×600mm 配筋砌块扶壁柱 1

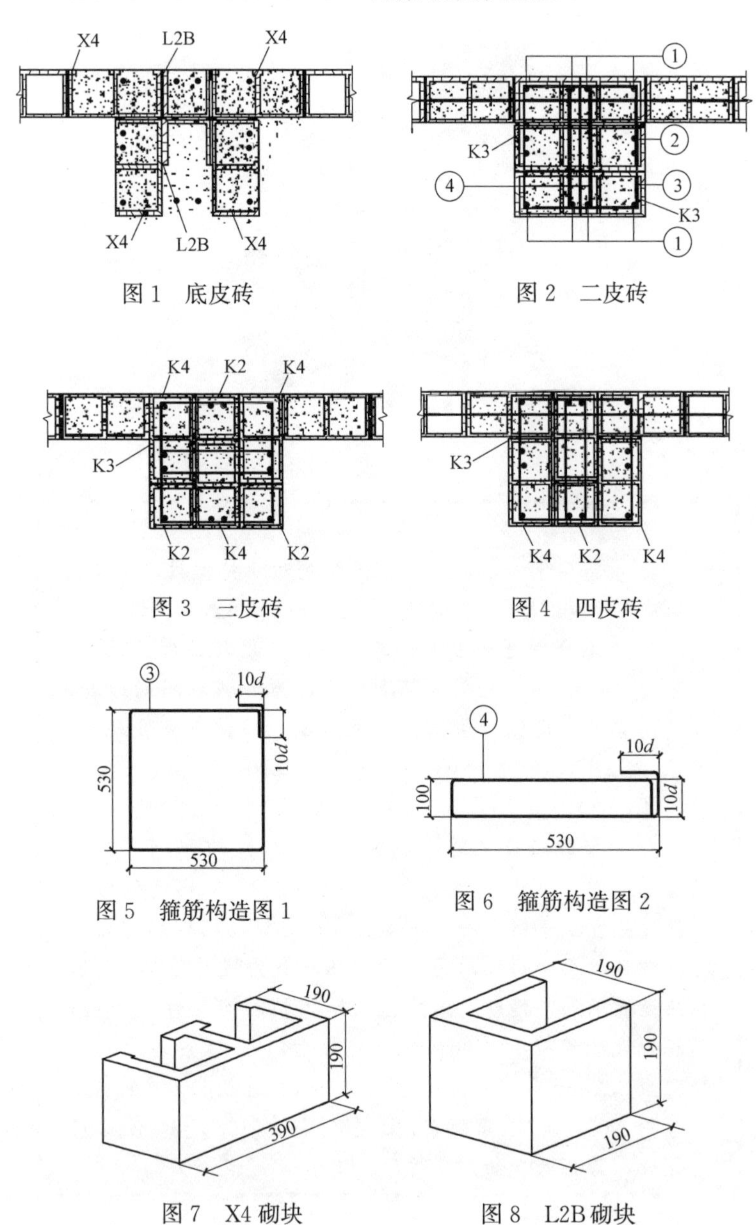

030220 600mm×600mm 配筋砌块扶壁柱 2

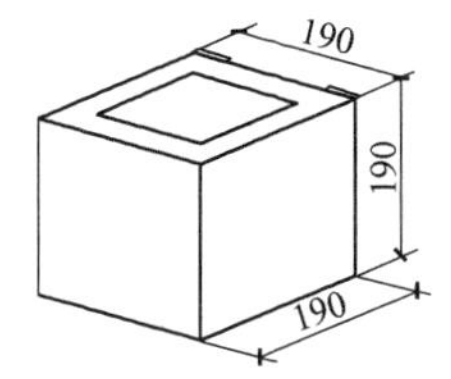

图 9 K2 砌块

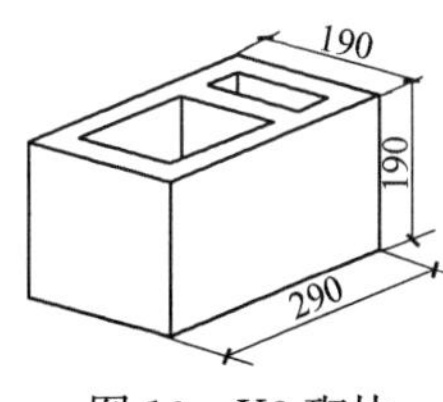

图 10 K3 砌块

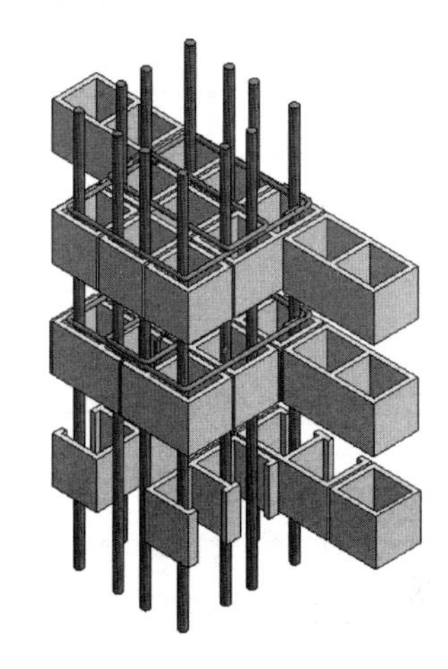

工艺说明：

1. 本条用于 600mm×600mm 配筋砌块扶壁柱，排块除底皮外，为 2～4 循环。

2. 上图分别是底皮砖、二皮砖、三皮砖、四皮砖的砌筑效果，上下皮对孔搭接，底皮布置清扫孔，为加强块间的连接，块缝间宜用无齿锯切成深约 50mm 的切口，以放置箍筋。灌孔混凝土强度的强度等级：Cb40、Cb35、Cb30、Cb25、Cb20。

3. 扶壁柱短边主筋每侧不小于 2Φ12，不大于 2Φ22，长边每侧中部不小于 1Φ12，不大于 1Φ22。孔内两根纵筋搭接接头宜上下错开一个搭接长度；当纵筋的配筋率大于 0.25%且柱承受的轴向力大于受压承载力设计值的 25%，柱应设置箍筋，大箍筋间距为 200mm，小箍筋间距为 400mm，箍筋的直径不应小于Φ6，也不宜大于Φ10，大箍筋每边尺寸分别为 530mm，小箍筋每边长度 530mm 和 110mm，箍筋或拉钩应封闭或绕纵筋水平弯折 90°，箍筋弯折段长度不小于 10d。

030221　600mm×800mm 配筋砌块扶壁柱 1

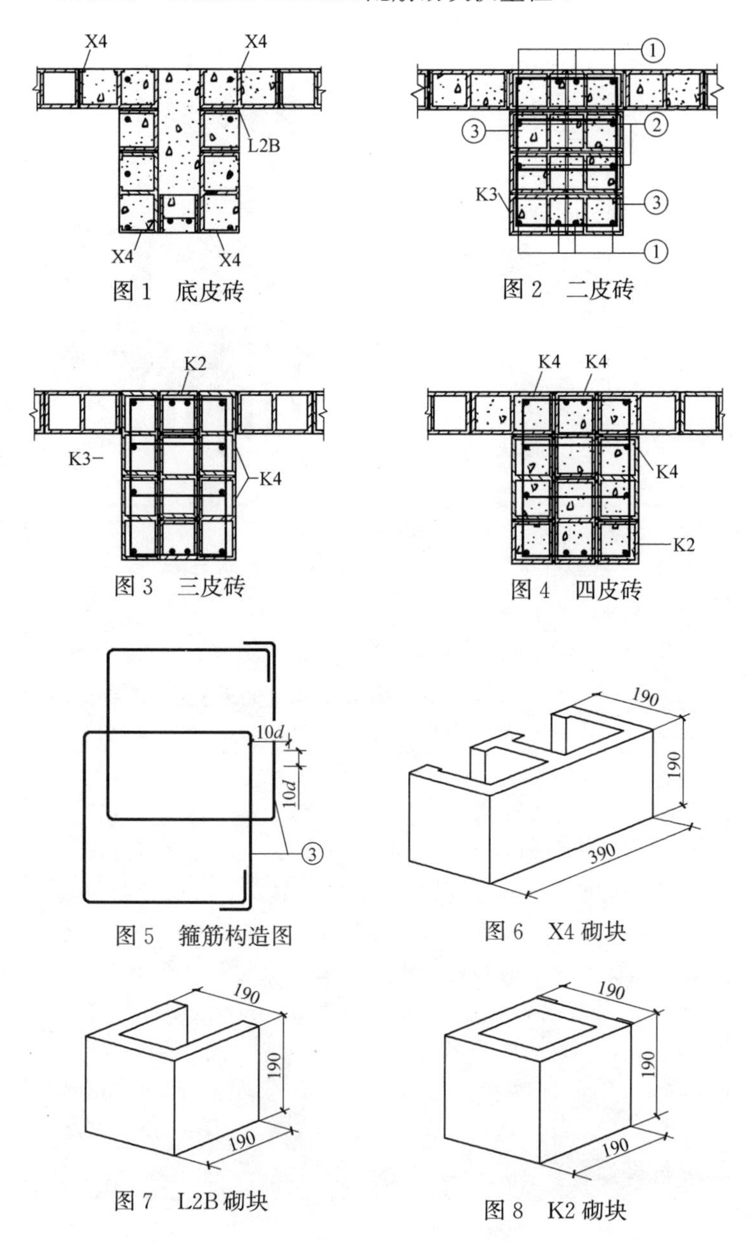

图 1　底皮砖

图 2　二皮砖

图 3　三皮砖

图 4　四皮砖

图 5　箍筋构造图

图 6　X4 砌块

图 7　L2B 砌块

图 8　K2 砌块

030222 600mm×800mm配筋砌块扶壁柱2

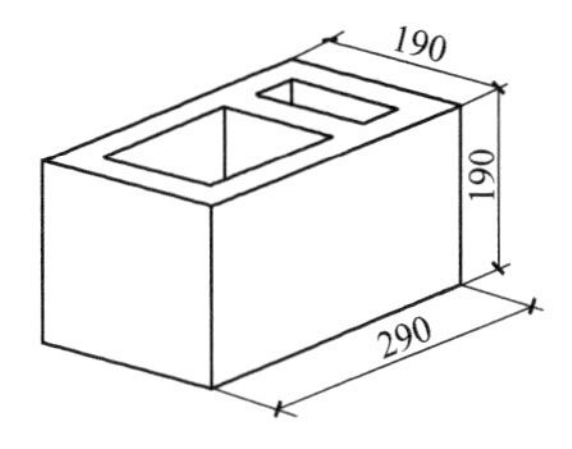

图9 K3砌块

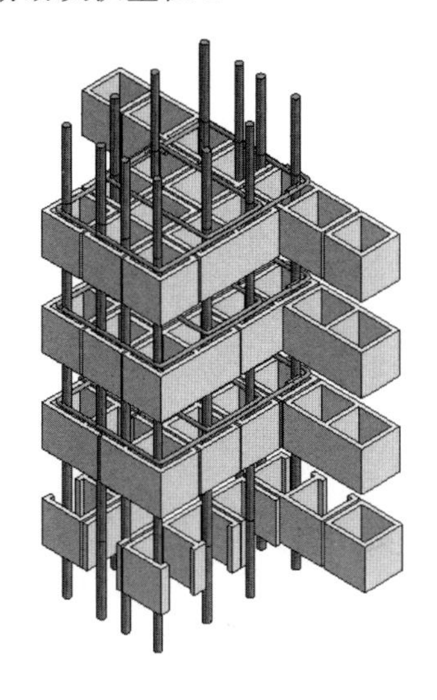

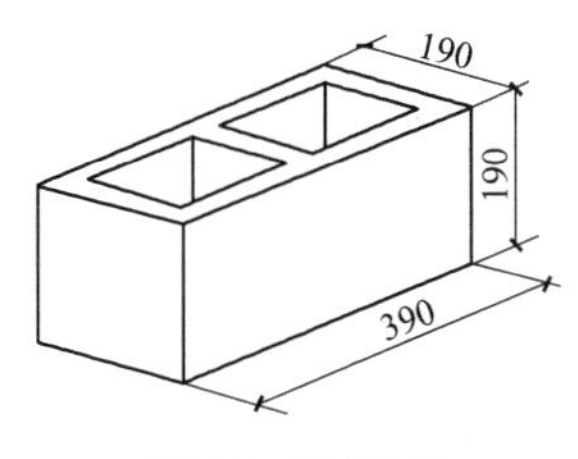

图10 K4砌块

工艺说明：

1. 本条用于600mm×800mm配筋砌块扶壁柱，排块除底皮外，为2～4循环。

2. 上图分别是底皮砖、二皮砖、三皮砖、四皮砖的砌筑效果，上下皮对孔搭接，底皮布置清扫孔，为加强块间的连接，块缝间宜用无齿锯切成深约50mm的切口，以放置箍筋。灌孔混凝土强度的强度等级：Cb40、Cb35、Cb30、Cb25、Cb20。

3. 扶壁柱短边主筋每侧不小于2Φ12，不大于2Φ22，长边每侧中部不小于1Φ12，不大于1Φ22。孔内两根纵筋搭接接头宜上下错开一个搭接长度；当纵筋的配筋率大于0.25%且柱承受的轴向力大于受压承载力设计值的25%，柱应设置箍筋，箍筋间距为200mm，箍筋的直径不应小于Φ6，也不宜大于Φ10，大箍筋每边尺寸分别为530mm，箍筋应封闭或绕纵筋水平弯折90°，箍筋弯折段长度不小于10d。

第四章　填充墙砌体

第一节　砌体种类

040101　蒸压加气混凝土砌块

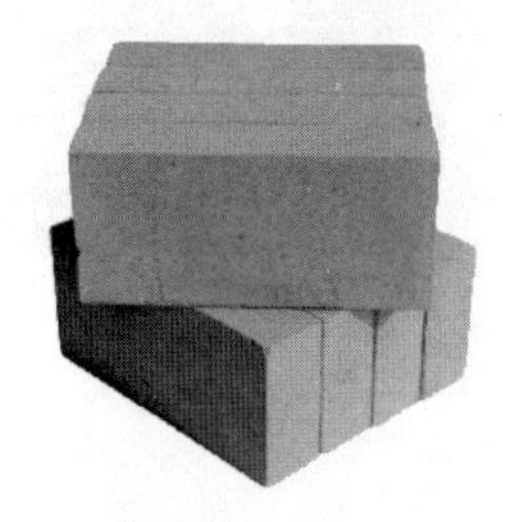

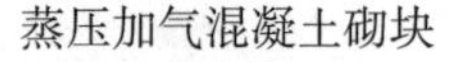

蒸压加气混凝土砌块

工艺说明：

1. 用于填充墙的蒸压加气混凝土砌块的强度等级不应低于 A2.5，用于外墙及潮湿环境的内墙时不应低于 A3.5。

2. 砂浆强度等级不应低于 Ma5.0；应采用专用砂浆砌筑，灰缝厚度宜为 2～4mm；如采用普通砖砌砂浆，砂浆强度等级不应低于 M5.0，灰缝厚度不应超过 15mm。

3. 蒸压加气混凝土砌块的规格为：主砌块长度为 600mm，辅砌块长度为 400mm、300mm、200mm，宽度为 250mm、200mm、150mm 及 100mm，高度为 200mm、300mm。

4. 蒸压加气混凝土砌块的含水率宜小于 30%，砌筑当天对砌块表面喷水湿润，相对含水率宜为 40%～50%。切锯砌块应采用专用工具，不得用斧子或瓦刀任意砍劈，洞口两侧应采用规格整齐的砌块砌筑。

040102 轻集料混凝土小型砌块

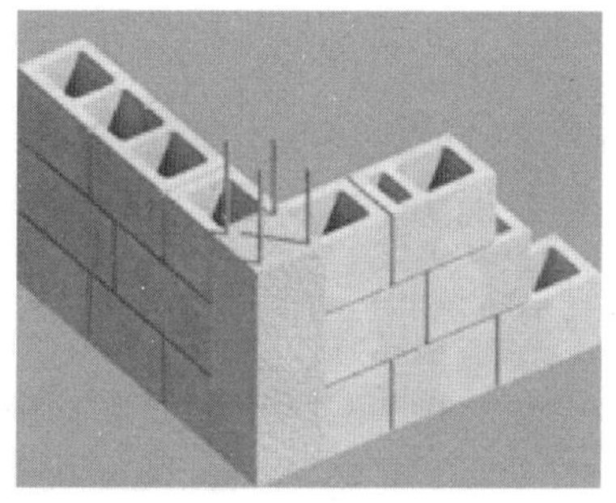

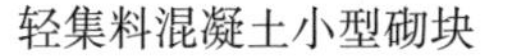

轻集料混凝土小型砌块

轻集料混凝土小型砌块砌体

工艺说明：1. 混凝土小型空心砌块强度等级不低于MU3.5，用于外墙及潮湿环境的内墙时不应低于MU5.0。

2. 混凝土小型空心砌块砌筑砂浆强度等级不应低于Mb5.0，室内地坪以下及潮湿环境应采用水泥砂浆或专用砂浆，强度等级应不低于Mb10，配筋灰缝厚度为12～15mm。

3. 在厨房卫生间、浴室等处采用轻集料混凝土小型空心砌块砌筑墙体时，墙体底部宜现浇与填充墙同厚度的混凝土坎台，高度为150mm。

4. 吸水率较大的轻集料混凝土小型空心砌块采用普通砌筑砂浆砌筑时应提前1～2d浇（喷）水湿润，砌块的相对含水率宜为40%～50%。

5. 小砌块密度等级小于等于1200kg/m³，强度等级为MU3.5、MU5.0。规格为长度390、190、90（mm）。

040103 烧结多孔砖

砌块样品

烧结空心砖砌体

工艺说明：

1. 烧结多孔砖的强度等级不宜低于 MU7.5.

2. 在厨房卫生间、浴室等处采用轻集料混凝土小型空心砌块砌筑墙体时，墙体底部宜现浇与填充墙同厚度的混凝土坎台，高度为 150mm。

3. 烧结多孔砖长度为 390、290、240、190（mm），宽度为 240、190、140、90（mm），高度为 120mm 及 90mm。

4. 砌筑砂浆强度等级不应低于 M5；室内地坪以下及潮湿环境应采用水泥砂浆或专用砂浆，强度等级不应低于 M10。

040104　石膏砌块

石膏砌块样品

石膏砌块砌体

工艺说明：

1. 按照结构类型分为实心砌块和空心砌块，其中轻质实心砌块要求表观密度小于 750kg/m³。

2. 砌块墙体的砌筑材料应使用粘结石膏，填缝材料应使用泡沫交联聚乙烯，抹灰材料应使用粉刷石膏。

040105 陶粒泡沫混凝土砌块

A7.5级

A5.0级

陶粒泡沫混凝土砌块样品

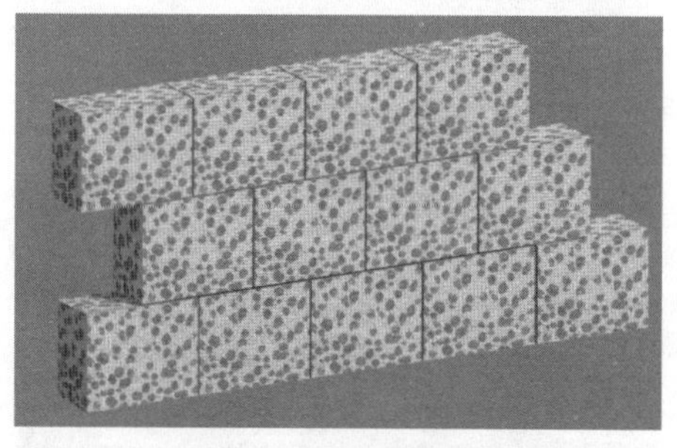

陶粒泡沫混凝土砌块砌体

工艺说明：1. 陶粒泡沫混凝土强度等级分为A3.5、A7.5两种，通常规格为宽180mm、190mm、200mm、240mm；高390mm。

2. 砌筑应采用专用砌筑砂浆，强度等级不应低于M5.0。

3. 非标准块采用台锯或手锯切割，禁止刀劈斧剁。

4. 砌块排列应错缝搭接，搭接长度不应大于砌块长度的1/3。

5. 垂直及水平灰缝厚度控制在10±2mm，缝面凹进砌块面约3mm，以增强抹灰砂浆和墙面的咬合。

6. 在砌块墙和框架柱间应留10～15mm缝隙，外墙顶和梁板之间应留25mm缝隙，缝隙用岩棉等轻质材料填实；内墙顶和梁板之间应留不大于50mm缝隙，用PU发泡剂或防腐木楔填实。

第二节　空心砖组砌、留槎及构造要求

040201　空心砖组砌（T 形墙）

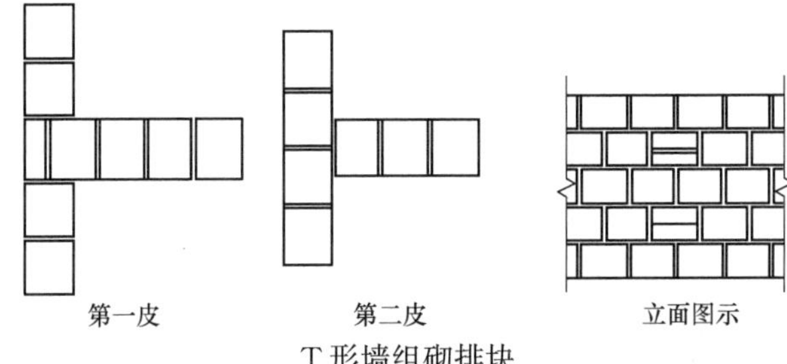

T 形墙组砌排块

T 形墙组砌排块实例

工艺说明：

1. 底部采用 200mm 的烧结实心砖或蒸压粉煤灰实心砖砌筑。

2. 采用全顺或全丁方式排布，端头处、构造柱边用烧结实心砖或配砖补砌。

3. 分层错缝搭砌，每两皮为一循环，上下搭接，个别条件下烧结空心砖的搭接长度不应小于 90mm。

4. 水平灰缝和竖向灰缝宜为 10mm，不应大于 12mm，也不应小于 8mm，竖缝应采用刮浆法。

040202　空心砖墙组砌（转角墙）

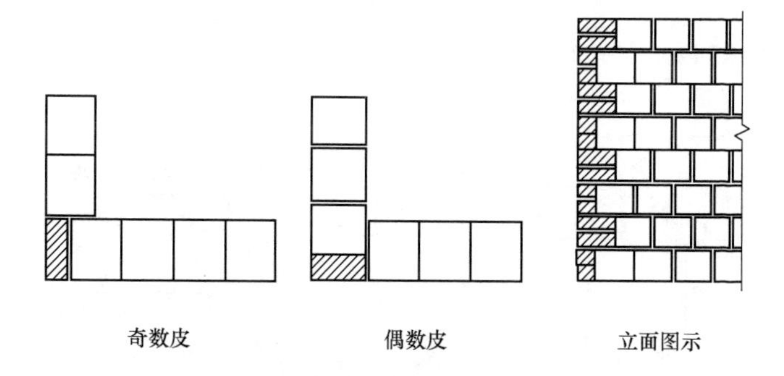

工艺说明：

1. 本节用于无抗震要求不设构造柱的L形墙节点组砌。

2. 应上下错缝，交接处应“咬槎”搭砌，搭砌长度不小于90mm。转角及交接处应同时砌筑，不得留直槎；留斜槎时，斜槎高度不宜大于1.2m。

040203　空心砖洞口构造 1（墙体净长不大于两倍墙高且墙高大于 4000mm 时洞口做法）

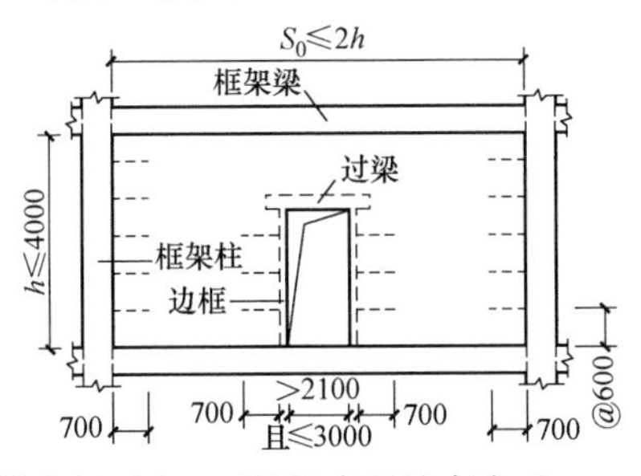

墙体净长不大于两倍墙高且墙高大于 4000mm

墙体净长不大于两倍墙高且墙高大于 4000mm 时实例

工艺说明：

1. 本节用于非抗震设防，墙体净长小于两倍墙高时且墙高小于 4000mm 洞口构造做法。

2. 在洞口上部设置过梁，过梁在墙体上搭接长度为 250mm，门洞口两侧设置混凝土边框，墙拉筋锚入混凝土边框及框架柱中。

3. 门洞两侧为混凝土边框，宽度 60～100mm，顶部为过梁，过梁在砌体上支座不小于 250mm，设过梁的墙体底部设 200mm 高烧结实心砖或蒸压粉煤灰实心砖（卫生间等潮湿环境混凝土坎台为 200mm 高）。

4. 拉结筋的设置高度：烧结多孔砖、烧结空心砖砌体均为 700mm。

040204 空心砖洞口构造 2（墙体净长大于两倍墙高且墙高小于等于 4000mm）

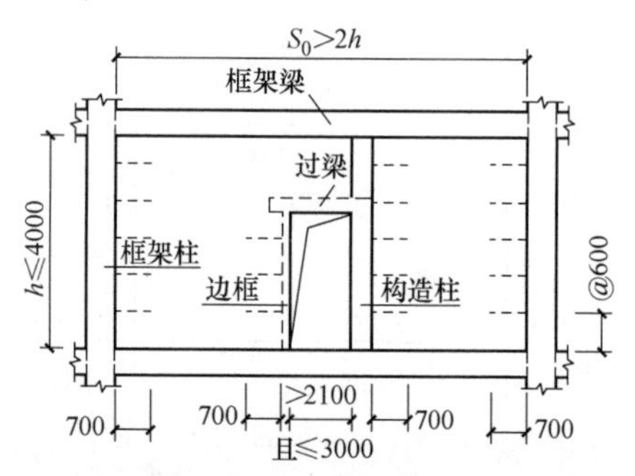

墙体净长大于两倍墙高且墙高小于等于 4000mm 时

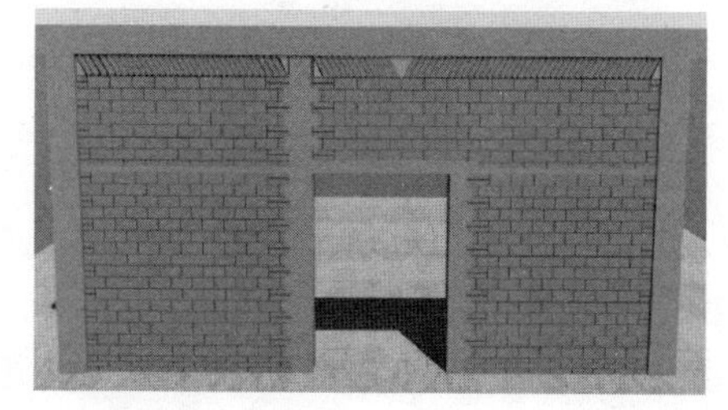

墙体净长大于两倍墙高且墙高小于等于 4000mm 时实例

工艺说明：

1. 本节用于非抗震设防，墙体净长大于两倍墙高且墙高小于等于 4000mm 洞口构造。

2. 在洞口上部设置过梁，过梁在墙体上搭接长度为 250mm，门洞口一侧设置混凝土边框，另一侧设构造柱锚入框架梁，墙拉筋锚入混凝土边框、构造柱及框架柱中，拉结筋伸入长度为 700mm。

3. 门洞两侧的混凝土边框，宽度 60～100mm，顶部为过梁，过梁在砌体上支座长度不小于 250mm，墙体底部设 200mm 高烧结实心砖或蒸压粉煤灰实心砖（卫生间等潮湿环境为混凝土坎台 200mm 高）。

040205　空心砖洞口构造3（墙体净长小于等于两倍墙高且墙高大于4000mm）

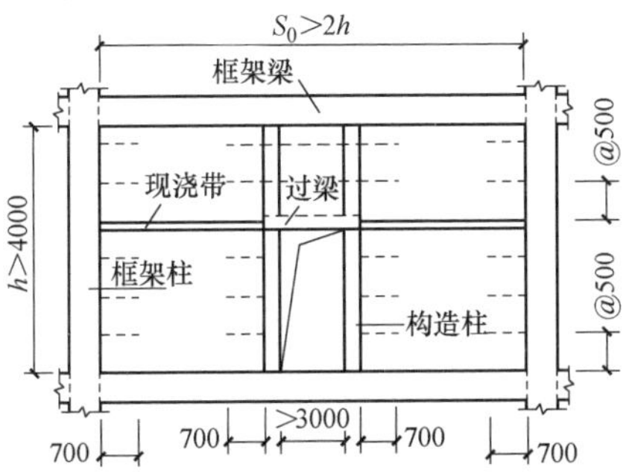

墙体净长小于等于两倍墙高且墙高大于等于4000mm时

墙体净长小于等于两倍墙高且墙高大于等于4000mm时实例

工艺说明：

1. 本节用于非抗震设防，墙体净长小于两倍墙高且墙高大于4000mm洞口构造。

2. 在洞口上部设置过梁，过梁在墙体上搭接长度为250mm，门洞口两侧设置构造柱，构造柱锚入框架梁，墙拉筋锚入混凝土构造柱及框架柱中。

3. 门洞顶部设置过梁，过梁在砌体上支座长度不小于250mm，墙体底部设200mm高烧结实心砖或蒸压粉煤灰实心砖（卫生间等潮湿环境为混凝土坎台200mm高）。

4. 拉结筋的设置高度：烧结多孔砖、烧结空心砖砌体均为500mm。

040206 空心砖洞口构造 4（墙体净长小于两倍墙高且墙高大于 4000mm）

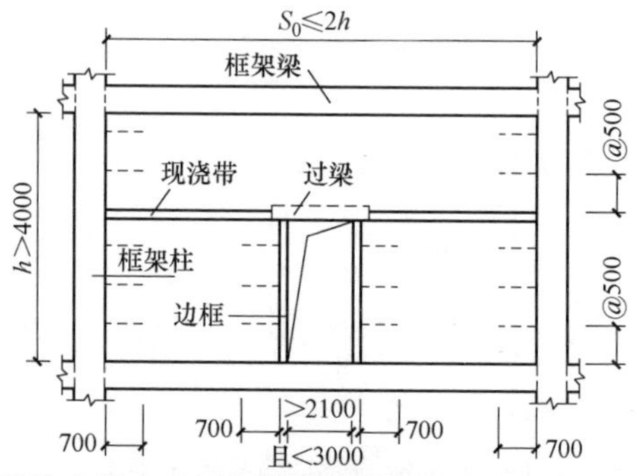

墙体净长小于两倍墙高且墙高大于 4000mm 时

墙体净长小于两倍墙高且墙高大于 4000mm 时实例

工艺说明：

1. 本节用于非抗震设防，填充墙墙体净长小于两倍墙高且墙高大于 4000mm 时洞口构造。

2. 在洞口上部设置过梁，过梁在墙体上搭接长度为 250mm，门洞口两侧设置混凝土边框，墙拉筋锚入混凝土边框及框架柱中。

3. 门洞两侧的混凝土边框，宽度 60～100mm，顶部为过梁，过梁在砌体上支座长度不小于 250mm，墙体底部设 200mm 高烧结实心砖或蒸压粉煤灰实心砖（卫生间等潮湿环境为混凝土坎台 200mm 高）。

4. 拉结筋的设置高度：烧结多孔砖、烧结空心砖砌体均为 500mm。

第三节　蒸压加气混凝土砌块构造

040301　蒸压加气混凝土砌块组砌（T 形墙）

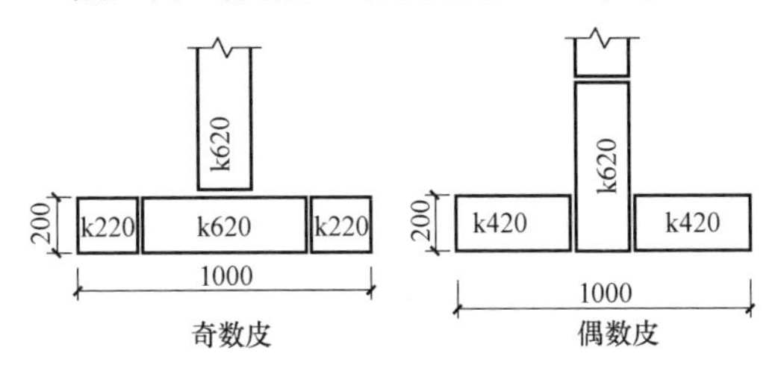

T 形墙组砌

T 字形墙组砌实例

工艺说明：

1. 本节以 200mm 厚墙体为例说明在转角处不设构造柱时组砌做法。范例组砌时采用 600×200×200（mm）、400×200×200（mm）、200×200×200（mm）等规格砌筑，用于说明组砌原则。

2. 砌块应上下错缝，交接处应“咬槎”搭砌，搭接长度不小于砌块长度 1/3，最小搭接长度应不小于 100mm。

3. 在砌筑前按照设计图纸中墙体的长度、厚度、高度等，确定采用的砌块的规格，按照模数提前排出组砌的式样。

040302 蒸压加气混凝土砌块组砌（十字形墙）

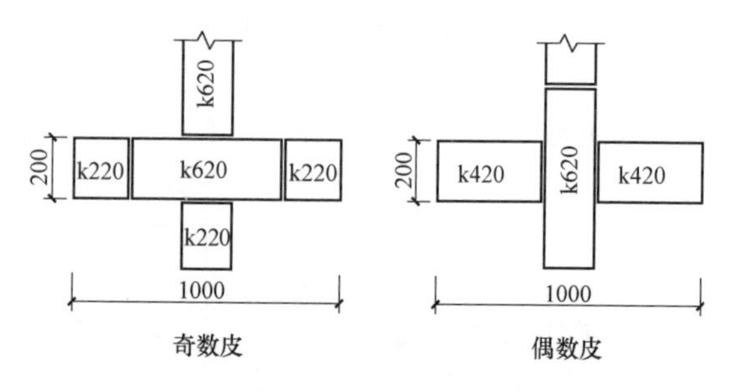

十字形墙组砌做法

十字形墙组砌做法实例

工艺说明：

1. 本节以200mm厚墙体为例，说明在十字形墙体不设构造柱时组砌做法。范例组砌时采用600×200×200（mm）、400×200×200（mm）、200×200×200（mm）等规格砌筑，用于说明组砌原则。

2. 砌块应上下错缝，交接处应“咬槎”搭砌，搭接长度不小于砌块长度1/3，最小搭接长度应不小于100mm。

3. 在砌筑前按照设计图纸中墙体的长度、厚度、高度等，确定采用的砌块的规格，按照模数提前排出组砌的式样。

040303　蒸压加气混凝土砌块组砌（L形墙）

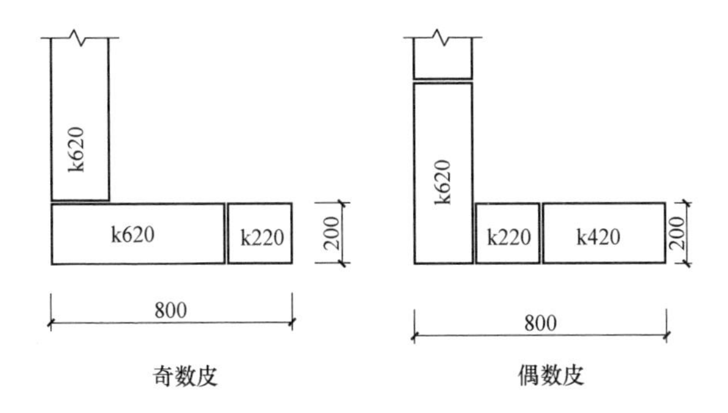

L形墙角部不设构造柱组砌构造

L形墙角部组砌实例

工艺说明：

1. 本节以200mm厚墙体为例，说明在L形墙体不设构造柱时节点组砌做法。范例组砌时，采用600×200×200（mm）、400×200×200（mm）、200×200×200（mm）等规格砌筑，用于说明组砌原则。

2. 砌块应上下错缝，交接处应“咬槎”搭砌，搭接长度不小于砌块长度1/3，最小搭接长度应不小于100mm。

3. 在砌筑前按照设计图纸中墙体的长度、厚度、高度等，确定采用的砌块的规格，按照模数提前排出组砌的式样。

040304　蒸压加气混凝土砌块门洞处构造 1

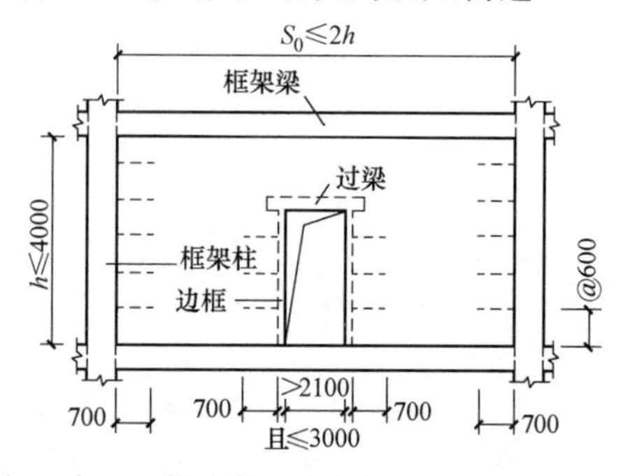

墙长不大于两倍墙高且墙高不大于 4000mm 做法

墙长不大于两倍墙高且墙高不大于 4000mm 实例

工艺说明：

1. 本节用于加气混凝土砌块墙体在非抗震设防时，墙体净长不大于两倍墙高且墙高不大于 4000mm 洞口构造做法。

2. 在洞口上部设置过梁，过梁在墙体上搭接长度为 250mm，门洞口两侧设置混凝土边框，锚入过梁，墙拉结筋锚入混凝土边框及框架柱中。

3. 门洞两侧的混凝土边框，宽度 60～100mm（设计确定），顶部为过梁，过梁在砌体上支座长度不小于 250mm，墙体底部设 200mm 高烧结实心砖或蒸压粉煤灰实心砖（卫生间等潮湿环境为混凝土坎台 200mm 高）。

4. 拉结筋的设置高度：按照砌体模数考虑设置，间距不应大于 600mm。

040305　蒸压加气混凝土砌块门洞处构造 2

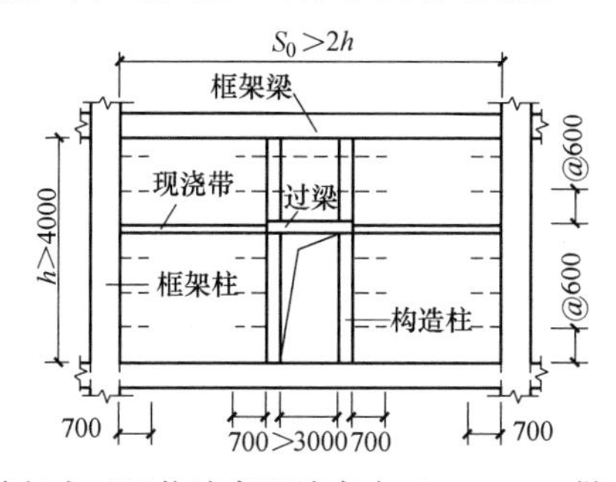

墙长大于两倍墙高且墙高大于 4000mm 做法

墙长大于两倍墙高且墙高大于 4000mm 示意

工艺说明：

1. 本节用于加气混凝土砌块墙体在非抗震设防时，墙体净长大于两倍墙高且墙高大于 4000mm 洞口构造做法。

2. 在洞口上部设置过梁，过梁在墙体上搭接长度为 250mm，门洞口两侧设构造柱锚入框架梁，墙拉筋锚入混凝土边框、构造柱及框架柱中。

3. 门洞两侧的混凝土构造柱，洞口顶部设过梁，过梁在砌体上支座长度不小于 250mm，墙体底部设 200mm 高烧结实心砖或蒸压粉煤灰实心砖（卫生间等潮湿环境为混凝土坎台 200mm 高）。

4. 拉结筋的设置高度：按照砌体模数考虑设置，间距不应大于 600mm。

040306 蒸压加气混凝土砌块门洞处构造 3

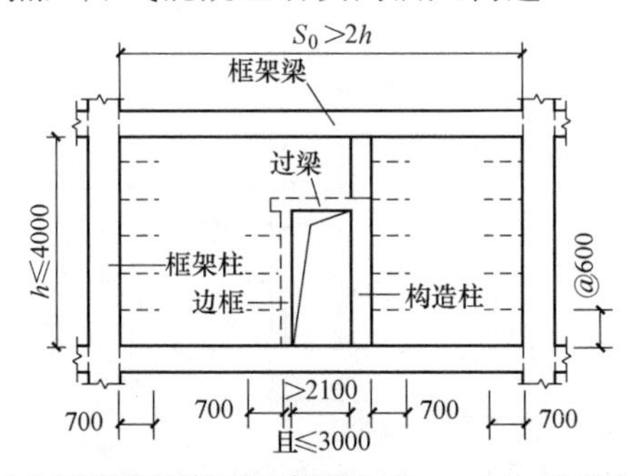

墙长大于两倍墙高且墙高不大于 4000mm 构造做法

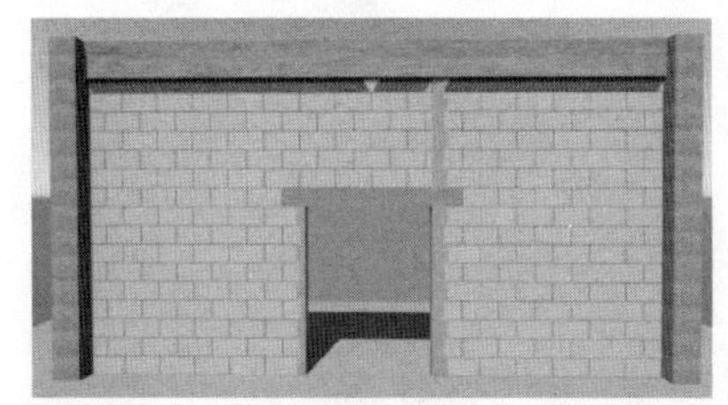

墙长大于两倍墙高且墙高不大于 4000mm 实例

工艺说明：

1. 本节用于加气混凝土砌块墙体在非抗震设防时，墙体净长大于两倍墙高且墙高不大于 4000mm 洞口构造做法。

2. 在洞口上部设置过梁，过梁在墙体上搭接长度为 250mm，门洞口一侧设置混凝土边框，另一侧设构造柱锚入框架梁，墙拉筋锚入混凝土边框、构造柱及框架柱中。

3. 门洞侧的混凝土边框，宽度 60～100mm（设计确定），顶部为过梁，过梁在砌体上支座长度不小于 250mm，墙体底部设 200mm 高烧结实心砖或蒸压粉煤灰实心砖（卫生间等潮湿环境为混凝土坎台 200mm 高）。

4. 拉结筋的设置高度：按照砌体模数考虑设置，间距不应大于 600mm。马牙槎设置：先退后进，每层高度不大于 300mm。

040307 蒸压加气混凝土砌块门洞处构造 4

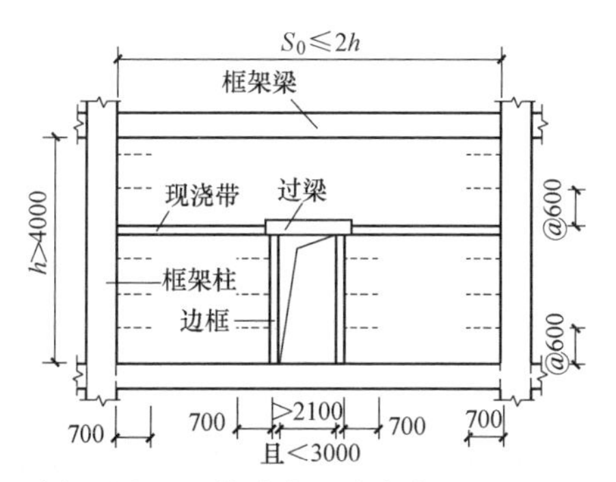

墙长不大于两倍墙高且墙高大于 4000mm

墙长不大于两倍墙高且墙高大于 4000mm 实例

工艺说明：

1. 本节用于加气混凝土砌块墙体在非抗震设防时，墙体净长不大于两倍墙高且墙高大于 4000mm 洞口构造做法。

2. 在洞口上部设置过梁，过梁在墙体上搭接长度为 250mm，门洞口两侧设置混凝土边框，墙拉筋锚入混凝土边框及框架柱中。

3. 门洞侧的混凝土边框，宽度 60～100mm（设计确定），顶部为过梁，过梁在砌体上支座长度不小于 250mm，墙体底部设 200mm 高烧结实心砖或蒸压粉煤灰实心砖（卫生间等潮湿环境为混凝土坎台 200mm 高）。

4. 拉结筋的设置高度：按照砌体模数考虑设置，间距不应大于 600mm。

第四节　施工构造做法

040401　门洞口局部嵌砌

加气混凝土砌块墙门洞口嵌砌实例

实心砖墙门洞口嵌砌实例

工艺说明：

1. 本节用于填充墙中加气混凝土砌块、石膏砌块或烧结空心砖等砌体材料时，门、窗框安装需要，砌体材料无法满足要求，采用局部嵌砌其他材料，如烧结实心砖、混凝土预制块体等。

2. 局部嵌砌材料强度应满足安装构配件的强度要求。

3. 局部嵌砌的位置应按照安装需要提前进行策划，嵌砌材料的品种、规格、尺寸应经安装单位确认。

4. 蒸压加气混凝土砌块、轻集料混凝土小型空心砌块不应与其他块体混砌，不同强度等级的同类块体也不得混砌。

040402 填充墙构造柱顶部簸箕口模板支设方法

构造柱模板支设

成型后

工艺说明：

1. 当填充墙采用顶部刚性连接时，构造柱应与顶部梁板连接紧密。模板支设时应采用簸箕口的式样，确保混凝土浇筑的质量。

2. 浇筑中应采用振捣棒进行振捣密实，达到拆模条件后，将凸出部分剔凿平整、干净。

040403　不能同时砌筑时加强措施

不能同时砌筑时采用预留拉结筋的加强措施

工艺说明：

1. 本节用于丁字形或十字形墙体在无法同时砌筑时，应采取的加强措施。

2. 按规范要求留设阳槎及拉结筋，保证墙面的整体性、稳定性。

040404　蒸压加气混凝土砌块构造柱处切角做法

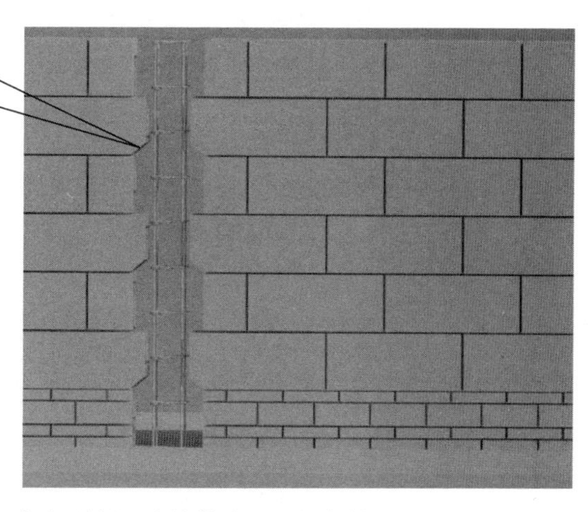

蒸压加气混凝土砌块构造柱处切角做法

工艺说明：

1. 本节用于蒸压加气混凝土砌块在构造柱部位的做法。

2. 切角控制斜向45°，切除部分为60mm×60mm，以确保浇筑混凝土密实。

3. 切角做法是有效保证构造柱混凝土密实的有效措施，供参考选择使用。

040405　安装栏杆扶手等配砌做法

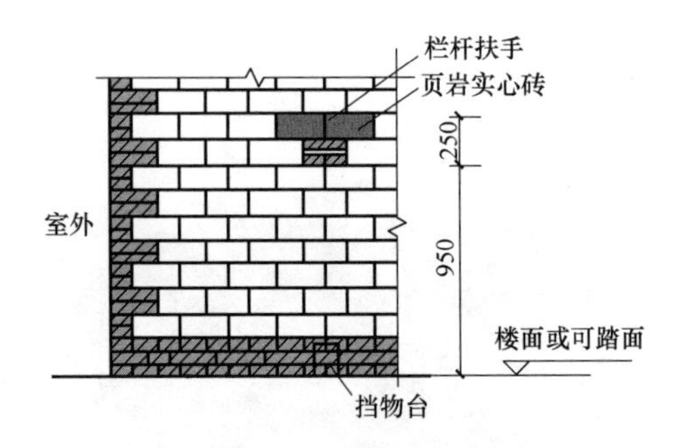

栏杆扶手等位置砌筑实心砖

栏杆扶手等位置砌筑实心砖实例

工艺说明：

1. 本节用于填充墙中加气混凝土砌块或烧结空心砖等砌体材料时，因用作外墙时安装栏杆扶手需要，砌体材料无法满足要求，采用局部嵌砌其他材料，烧结空心砖配砌烧结实心砖及混凝土预制块体，加气混凝土砌块配砌混凝土预制块体等。

2. 局部配砌材料强度应满足安装构配件的强度要求。

040406 安装外窗框时配砌

图 1 外窗框安装需要配砌实例

工艺说明：

1. 本节用于填充墙用于外墙，安装窗框及阳台外窗框时，设计采用加气混凝土砌块或烧结空心砖等砌体材料，砌体材料无法满足要求，采用局部嵌砌其他材料，如烧结实心砖、混凝土预制块体等。

2. 局部嵌砌材料强度应满足安装构配件的强度要求。

3. 局部嵌砌的位置应按照安装需要提前进行策划，嵌砌材料的品种、规格、尺寸应经安装单位确认。

040407　管道安装立管支架等砌体配砌

设备支架安装配砌实心砖

工艺说明：

1. 本节用于填充墙中烧结空心砖等砌体材料时，管道立管支架安装需要，设计的砌体材料无法满足要求，采用局部配砌其他材料，如烧结实心砖、混凝土预制块体等。

2. 局部配砌材料强度应满足安装构配件的强度要求。

3. 局部配砌的位置应按照安装需要提前进行策划，嵌砌材料的品种、规格、尺寸应经安装单位确认。

第五节 边框、连系梁、过梁、构造柱设置

040501 混凝土边框构造

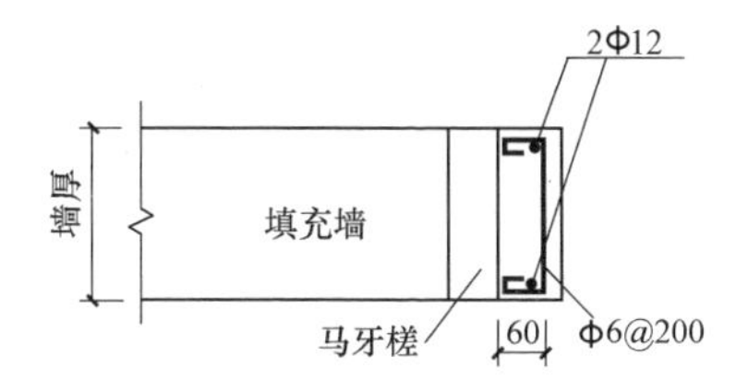

8、9度抗震设防时混凝土边框做法

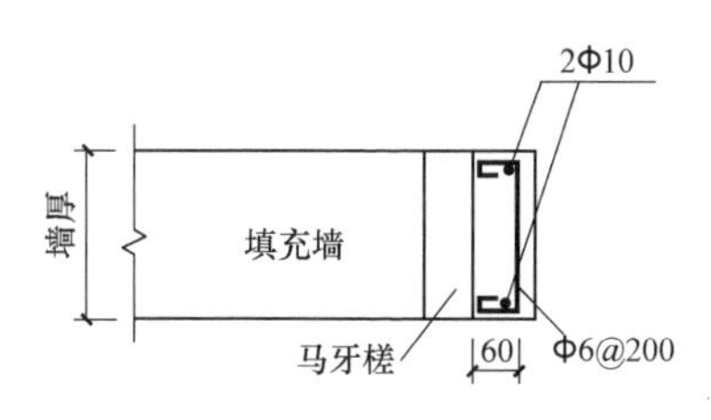

图1 6~7度抗震设防时混凝土边框做法

图2 混凝土边框示意

工艺说明：

1. 本节用于填充墙竖向混凝土边框的具体做法。

2. 图1为8、9度抗震设防时混凝土边框，截面尺寸墙厚×60（具体由设计确定），配筋为主筋2Φ12，箍筋为Φ6@200。

3. 图2为非抗震及6~7度抗震设防时混凝土边框，截面尺寸墙厚×60mm（具体由设计确定），配筋为主筋2Φ10，箍筋为Φ6@200。

040502 连系梁设置

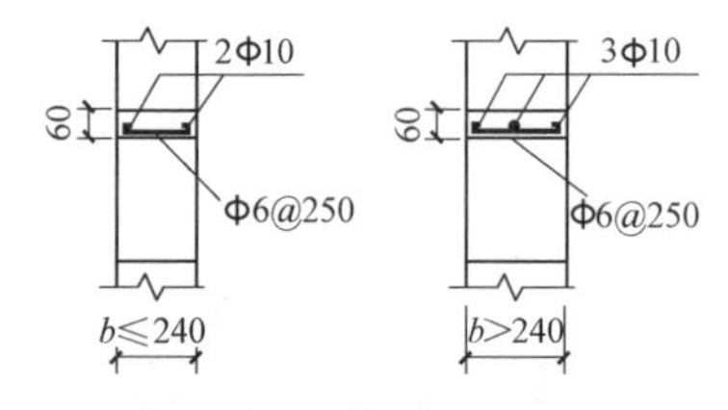

非抗震及6度抗震设防时

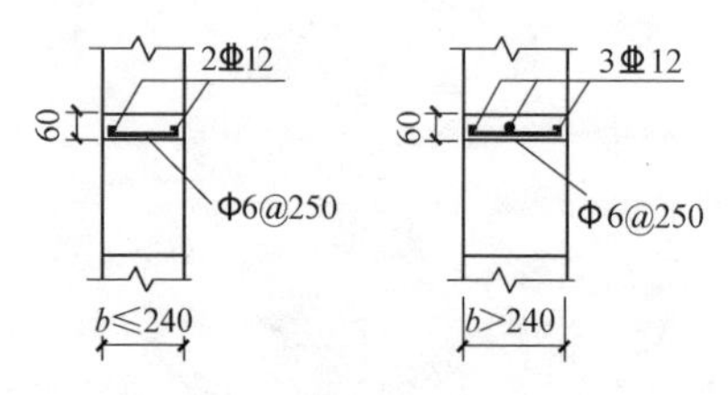

7、8度抗震设防时

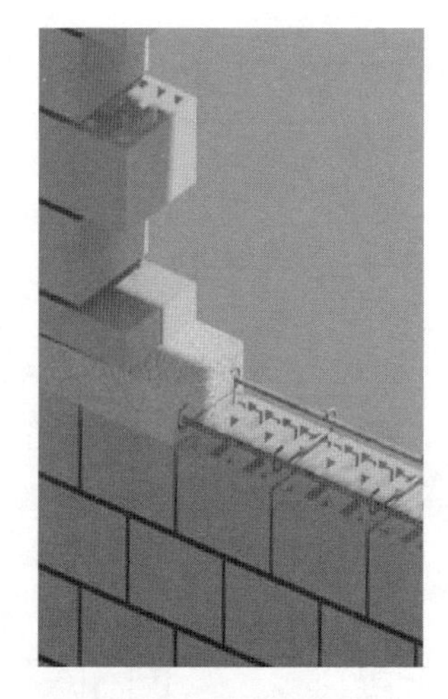

连系梁钢筋做法示意

工艺说明：

1. 本节用于非抗震及6度抗震设防及抗7、8度抗震设防时的填充墙水平系梁的具体做法。

2. 图1水平系梁的截面尺寸墙厚×60mm（具体由设计确定），配筋为主筋2Φ10（当墙厚度大于250mm以上为3Φ10），箍筋为Φ6@250。

3. 图2水平系梁的截面尺寸墙厚×60mm（具体由设计确定），配筋为主筋2Φ12（当墙厚度大于250mm以上为3Φ12），箍筋为Φ6@250。

4. 图3为以烧结多孔砖为例时的抗震设防6度时的连系梁的实例，当连系梁与过梁连接时，连系梁的钢筋伸入过梁中400mm。

040503　连系梁设置（9 度设防）

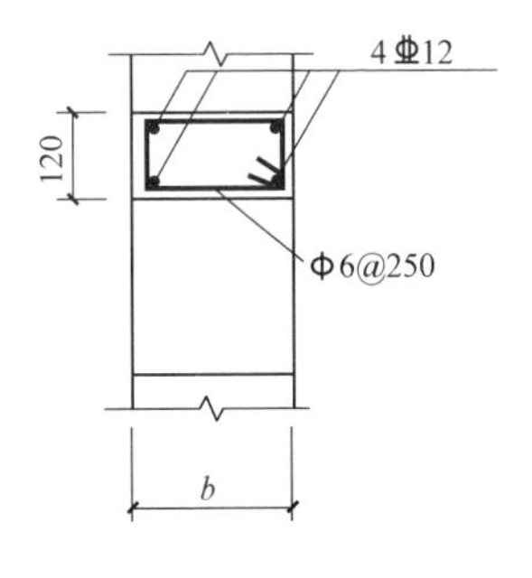

9 度抗震设防时水平系梁做法　　9 度抗震设防时水平系梁的实例

工艺说明：

1. 本节用于填充墙 9 度抗震设防时水平系梁的具体做法。

2. 水平系梁的截面尺寸墙厚×200mm（具体由设计确定），配筋为主筋 4Φ12，箍筋为Φ6@200。

3. 当连系梁与过梁连接时，连系梁的钢筋伸入过梁中 400mm。

040504 构造柱做法

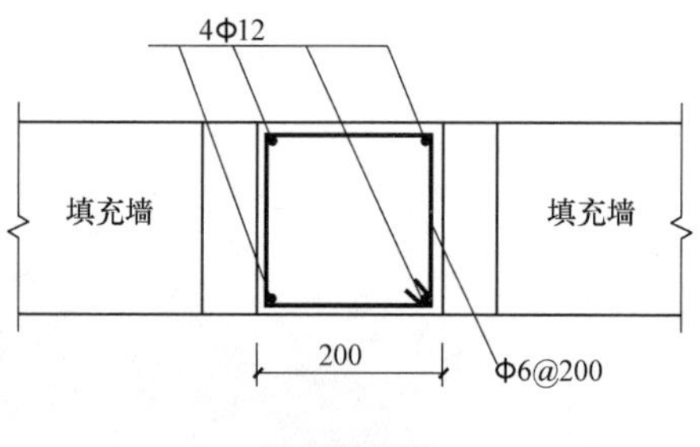

构造柱做法

构造柱实例

工艺说明：

1. 本节用于填充墙构造柱的具体做法。

2. 构造柱截面尺寸墙厚×200mm（具体由设计确定），配筋为主筋4Φ12，箍筋为Φ6@200。

3. 马牙槎先退后进，退回尺寸为60mm，每个马牙槎高度根据砌块的类型确定，不大于300mm。

040505　丁字墙处构造柱钢筋做法

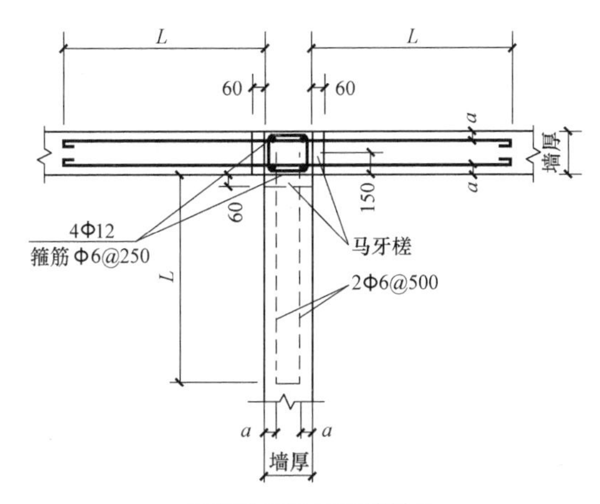

丁字墙构造柱钢筋做法

丁字墙构造柱钢筋做法实例

工艺说明：

1. 本节用于填充墙构造柱在丁字形墙的具体做法。

2. 本节构造柱适用于墙体厚度不大于 240mm 的填充墙。

3. 构造柱截面尺寸按照设计。

4. 墙体拉结筋为示意，按照设计及相关标准执行。

040506 小型空心砌块填充墙芯柱构造

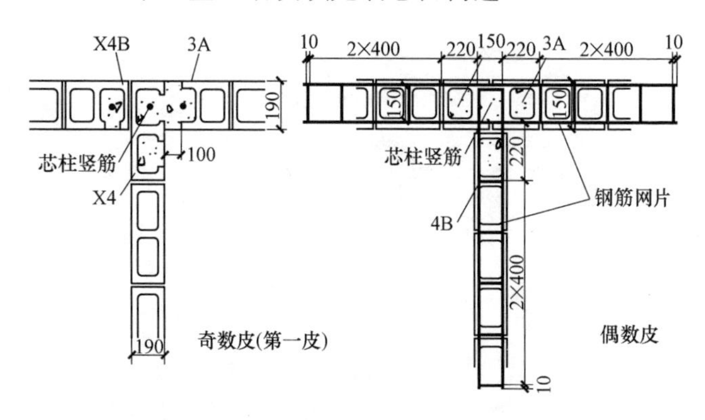

小型空心砌块墙构造柱钢筋做法实例

工艺说明：

1. 本节用于采用小型空心砌块填充墙的芯柱做法。

2. 芯柱的设置按照设计要求留设，本节仅说明常规做法。

3. 水平网片参照配筋砌体相关内容。

040507　水平系梁预留钢筋

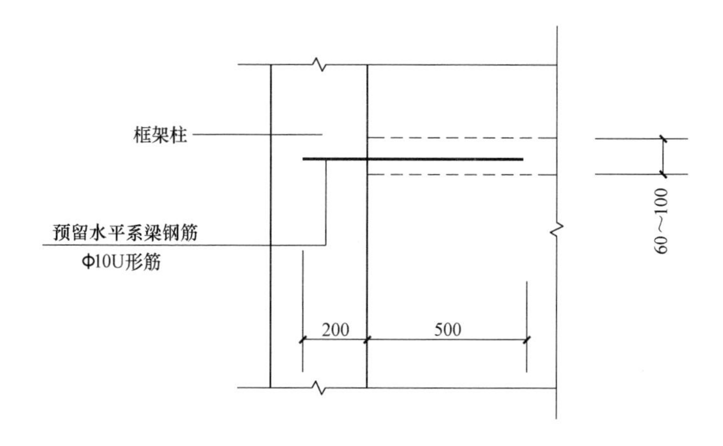

水平系梁预留钢筋做法

工艺说明：

1. 本节用于水平系梁钢筋预留构造做法。

2. 根据设计或相关图集、抗震设防等级及位置选用系梁的截面尺寸、配筋。

040508 过梁预留钢筋

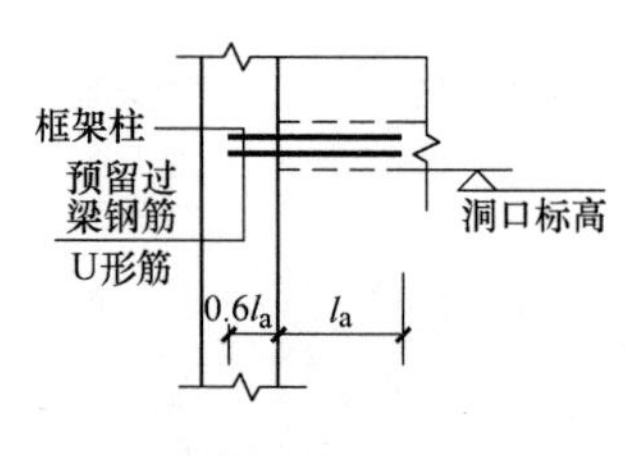

过梁预留钢筋做法

填充墙过梁表

净跨 l_n(mm)	梁高 h(mm)	主筋	分布筋
800	90	2Φ8	Φ6@200
1000	90	2Φ8	Φ6@200
1200	90	2Φ8	Φ6@200
1500	190	2Φ8	Φ6@200
1800	190	2Φ8	Φ6@200
2100	190	2Φ10	Φ6@200
2400	190	2Φ12	Φ6@200
2700	190	2Φ12	Φ6@200

注：梁长$=l_n+500$，梁宽＝墙厚

工艺说明：

1. 本节用于过梁钢筋预留构造做法。
2. 过梁配筋按照设计或上表内要求执行。

040509　无洞口填充墙墙体构造柱、水平系梁布置

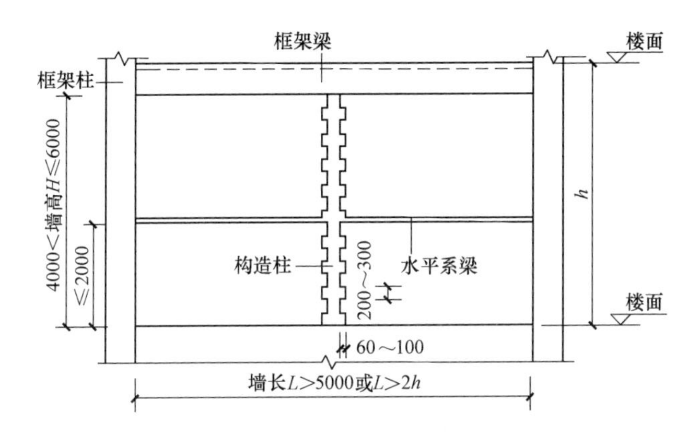

无洞口构造柱及水平系梁的构造

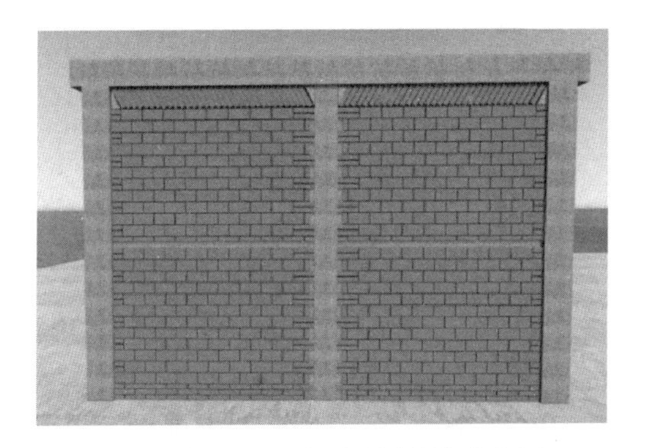

无洞口构造柱及水平系梁的构造实例

工艺说明：

1. 本节用于无洞口填充墙，墙体4000mm<墙高H≤6000mm且墙长L>5000mm或墙长L>2h时，构造柱、现浇带布置。

2. 在墙中部设构造柱，沿高度从楼面小于等于2000mm设置水平系梁。

040510 填充墙无洞口墙体构造柱、水平系梁布置

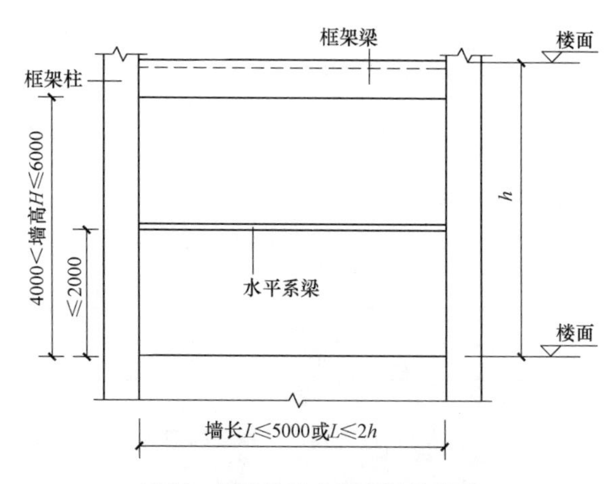

无洞口构造柱及水平系梁的构造

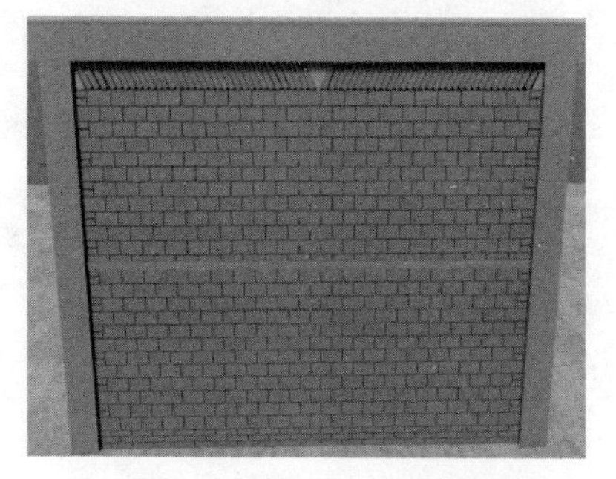

无洞口构造柱及水平系梁的构造实例

工艺说明：

1. 本节用于填充墙无洞口墙体，4000mm 墙高 $<H\leqslant$ 6000mm 且墙长 $L>$5000mm 或墙长 $L>2h$ 时，构造柱、现浇带的布置。

2. 在墙高不大于 2000mm 高度设置水平现浇带，不设置构造柱。

第六节　拉结筋、构造柱、系梁、过梁、钢筋设置做法

040601　施工洞口过梁、拉结筋设置

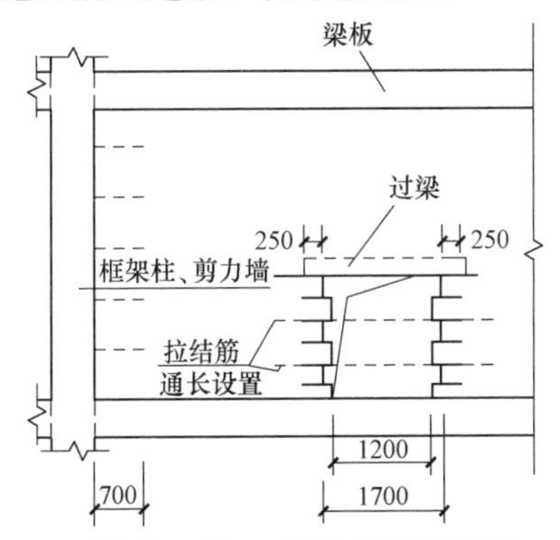

预留施工洞口过梁及拉结筋做法

预留施工洞口实例

工艺说明：

1. 本节用于施工洞口墙体的构造做法，以宽度 1200mm 洞口为例说明。

2. 施工洞口砌体应做成“阳槎”，顶部设置过梁，过梁按照洞口宽度选择过梁截面尺寸及配筋，拉结筋按照间距不大于 600mm 设置。

3. 洞口高度不应超过 2000mm，高度≥2000mm 的洞口按照门洞要求设置过梁及构造柱。

040602 转角处拉结筋设置（不设构造柱）

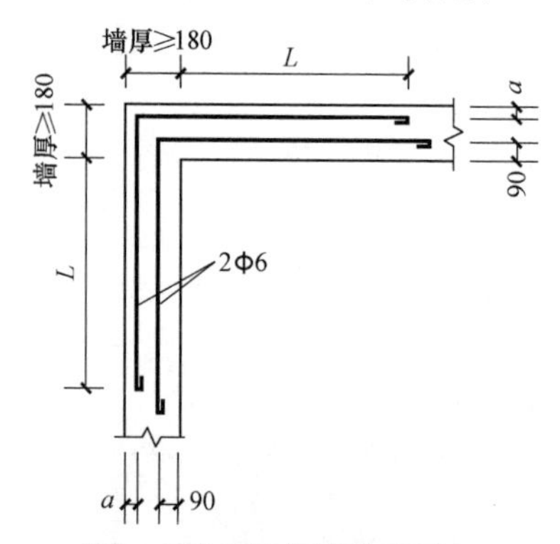

图 1 转角处拉结筋的设置

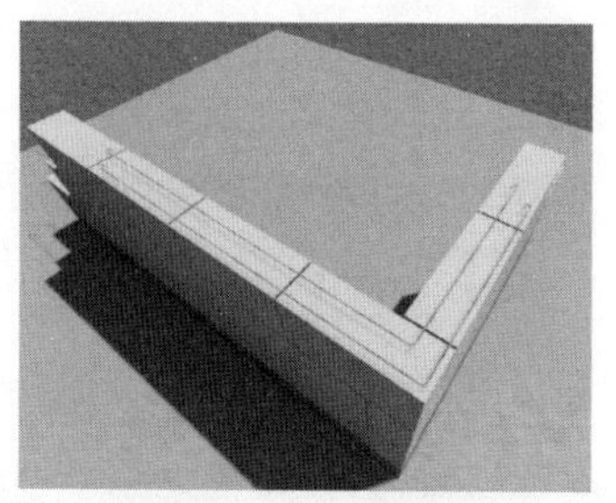

图 2 转角处拉结筋的设置实例

工艺说明：

1. 本节用于转角处不设构造柱的墙体拉结筋的构造做法。

2. 图 1 为墙厚小于 240mm 厚墙体转角部位的拉结筋设置，其中 L 根据抗震等级要求取值，a 根据设计对保护层的要求，通常情况取 20mm。

3. 图 2 为墙厚小于 240mm 厚墙体丁字形墙拉结筋构造做法。其中，L 根据抗震等级要求取值，非抗震设防时不小于 700mm，6 度、7 度抗震设防时宜沿墙全长贯通（由设计确定），8 度、9 度设防时应全长贯通，抗震设防时转角处不设置构造柱时，拉结筋应全长贯通。a 根据设计对保护层的要求，通常情况取 20mm。

040603　丁字墙处拉结筋设置（不设构造柱）

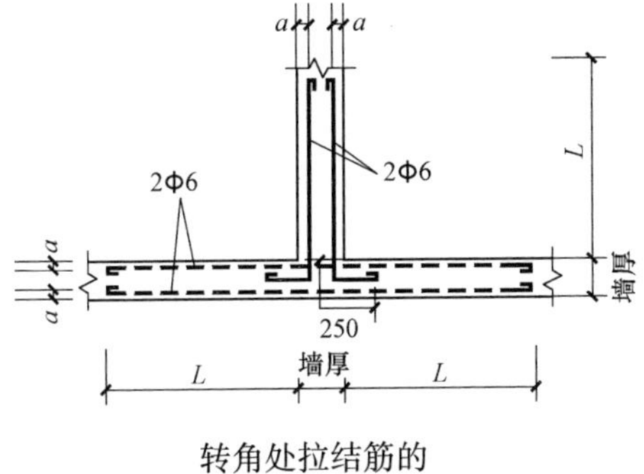

转角处拉结筋的

转角处拉结筋的设置实例

工艺说明：

1. 本节用于转角处不设构造柱的墙体拉结筋的构造做法。

2. 图 1 为墙厚小于 240mm 厚墙体转角部位的拉结筋设置。其中，L 根据抗震等级要求取值，a 根据设计对保护层的要求，通常情况取 20mm。

3. 图 2 为墙厚小于 240mm 厚墙体丁字形墙拉结筋构造做法。其中，L 根据抗震等级要求取值，非抗震设防时不小于 700mm，6 度、7 度抗震设防时宜沿墙全长贯通（由设计确定），8 度、9 度设防时应全长贯通，抗震设防时转角处不设置构造柱时，拉结筋应全长贯通。a 根据设计对保护层的要求，通常情况取 20mm。

040604 十字形墙拉结筋设置（不设构造柱）

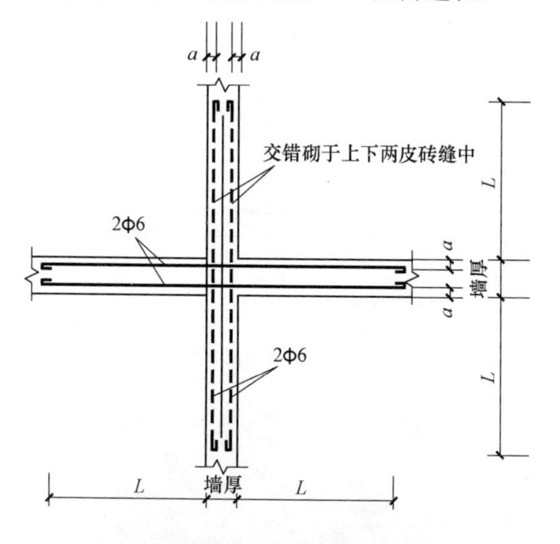

十字转角处拉结筋做法

十字墙转角处拉结筋做法实例

工艺说明：

1. 本节用于不设构造柱的十字形墙体拉结筋的构造做法。

2. 十字形墙拉结筋构造做法，在拉结筋设置时，十字交叉点不应叠放设置，应交错砌于上下两皮砖缝中。

040605 框架柱、剪力墙上拉结筋、系梁、过梁钢筋植筋留置做法

剪力墙上拉结筋植筋打眼

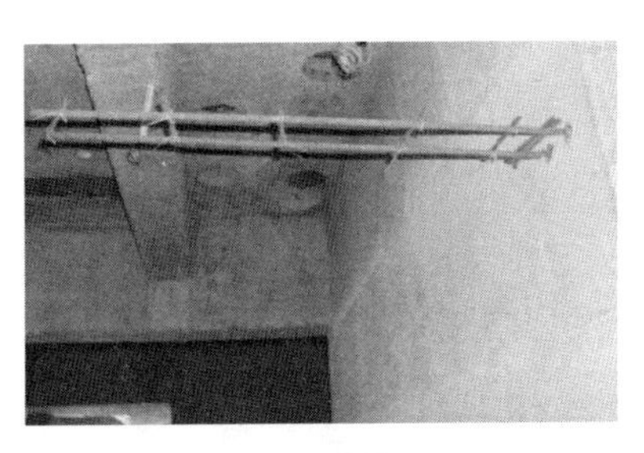

过梁植筋

框架柱、剪力墙上拉结筋植筋

过梁植筋

工艺说明：

1. 本节用于预留拉结筋、连系梁、过梁钢筋采用化学植筋时的留置做法。

2. 采用化学植筋法，应进行实体检测，锚固钢筋拉拔试验的轴向受拉非破坏承载力检验值应符合相关要求。

3. 采用化学植筋法时，应避开剪力墙、框架梁、柱中钢筋的位置，并尽量保证钢筋位置准确。

040606 框架柱中构造柱主筋定位植筋留置做法

梁模上构造柱钢筋定位及实体效果

构造柱钢筋植筋实例

工艺说明：

1. 本节用于构造柱主筋采用化学植筋时的留置做法。

2. 可在梁板浇筑混凝土前对构造柱主筋的可行位置进行标定，避开框架梁钢筋的位置，以保证植筋位置准确。

3. 当采用化学植筋法时，应进行实体检测，锚固钢筋拉拔试验的轴向受拉非破坏承载力检验值应符合相关要求。

040607　框架梁（板）构造柱埋件设置

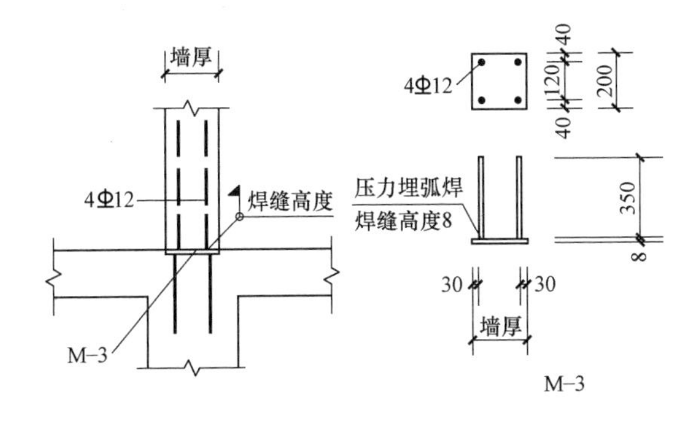

框架梁（板）构造柱埋件设置做法

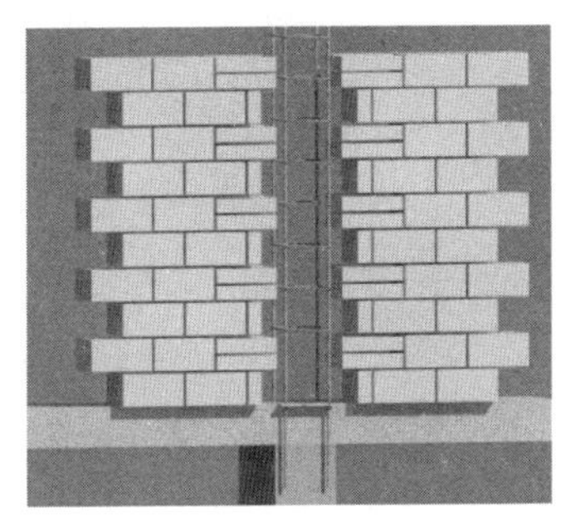

框架梁（板）构造柱埋件设置做法示意

工艺说明：

1. 本节用于在框架梁（板）预埋埋件用以连接构造柱主筋的构造做法，用于梁板顶部、底部构造柱钢筋连接。

2. 构造柱主筋埋件采用 8mm 厚钢板，锚筋Φ12，锚入柱内 350mm，锚筋与钢板采用压力埋弧焊，焊缝高度不小于 8mm。

3. 构造柱主筋与预埋件钢板焊接，焊缝高度不小于 6mm。

040608 框架柱用于连接水平现浇混凝土系梁埋件设置

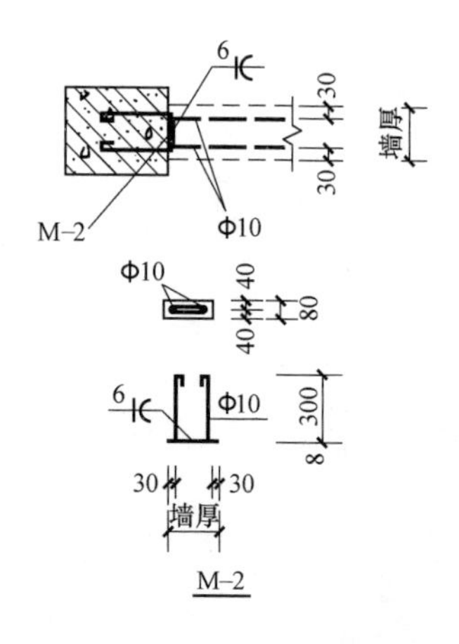

系梁埋件设置

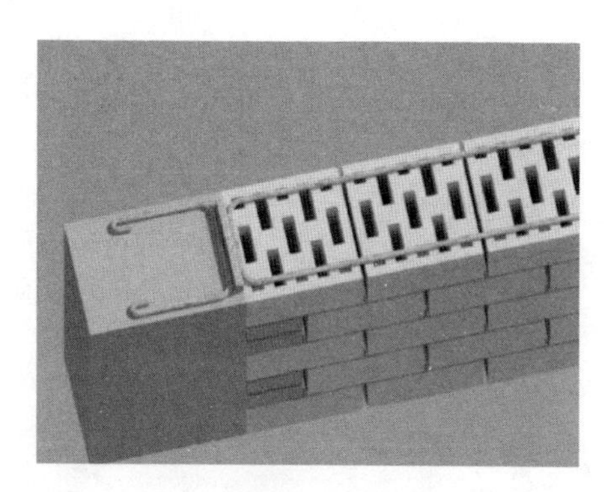

系梁埋件做法示意

工艺说明：

1. 本节用于在框架梁（板）预埋埋件用以连接构造柱主筋的构造做法，用于梁板顶部、底部构造柱钢筋连接。

2. 构造柱主筋埋件采用8mm厚钢板，锚筋Φ12，锚入柱内350mm，锚筋与钢板采用压力埋弧焊，焊缝高度不小于8mm。

3. 构造柱主筋与预埋件钢板焊接，焊缝高度不小于6mm。

040609　混凝土小型空心砌块拉结设置

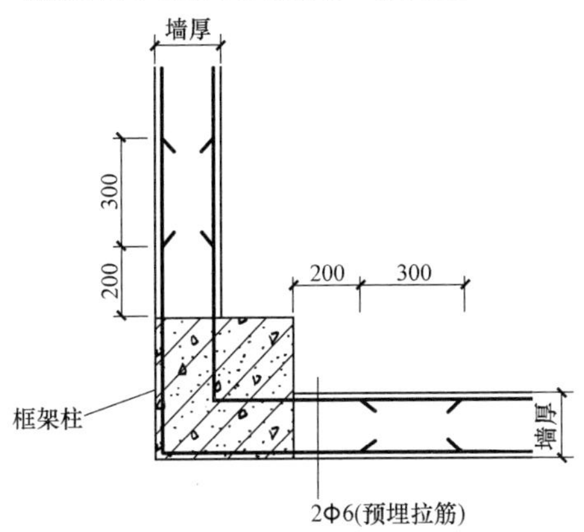

混凝土小型空心砌块拉结做法

混凝土小型空心砌块拉结做法示意

工艺说明：

1. 本节用于小砌块填充墙与框架柱的拉结。

2. 拉筋钢筋预埋在框架柱中，沿竖向 400mm 设置一道，一般情况下预埋 2Φ6 的钢筋。当墙的厚度大于 240mm 时，预埋 3Φ6。

3. 拉结筋伸入小砌块墙内的长度不宜小于 500mm，并与砌块墙中的压筋搭接，搭接长度不小于 300mm。

040610 全包框架外墙拉结构造 1

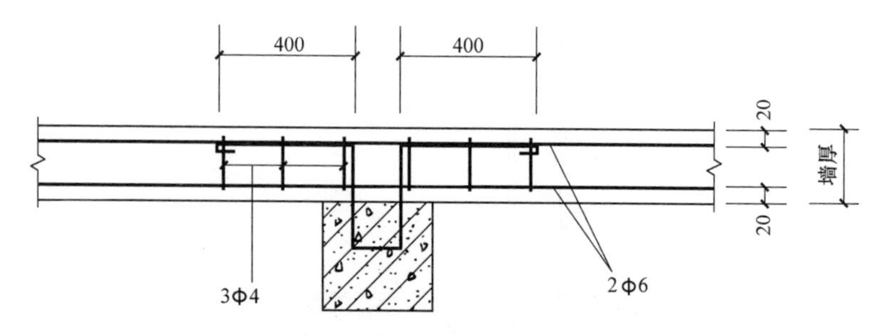

全包框架外墙拉结构造

全包框架外墙拉结构造示意

工艺说明：

1. 本节用于填充墙外包框架柱时，拉结筋在框架柱的锚固固定及连接。

2. 墙体中的拉结筋与预埋在框架柱中的拉结筋搭接，搭接长度为400mm，设置3Φ4分布筋。

040611　全包框架外墙拉结构造 2

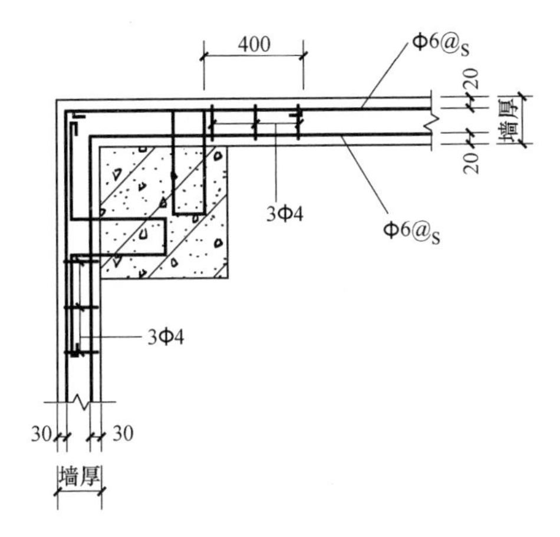

全包框架外墙拉结构造

全包框架外墙拉结构造实例

工艺说明：

1. 本节用于填充墙外包框架柱时，与框架角柱的拉结筋预埋、连接。

2. 墙体中的拉结筋与预埋在框架柱中的拉结筋搭接，搭接长度为 400mm，设置 3Φ4 分布筋。

第七节　填充墙与顶部构造节点

040701　填充墙顶部构造（框架与填充墙不脱开构造）

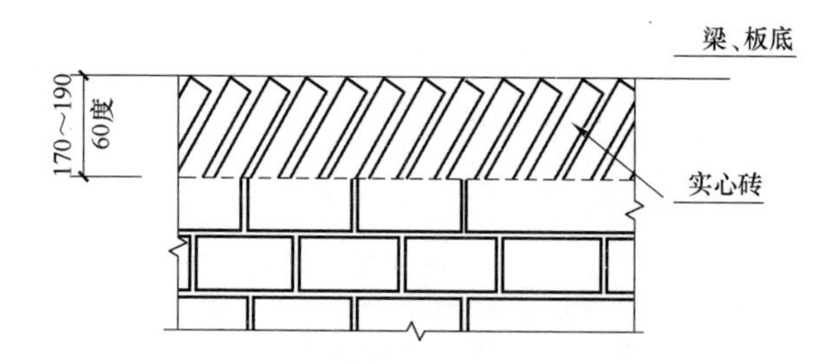

填充墙顶部构造

填充墙顶部构造

工艺说明：

1. 本节用于框架梁板与填充墙顶部不脱开构造。

2. 小砌块填充墙墙顶与上部结构接触处宜采用一皮混凝土砖或斜砌砖顶紧。

3. 上部宜预留170～190mm，斜砌砖宜按照45°～60°角度砌筑，端部及中部宜设置混凝土预制三角块体。

040702　填充墙顶部构造（框架与填充墙不脱开构造）

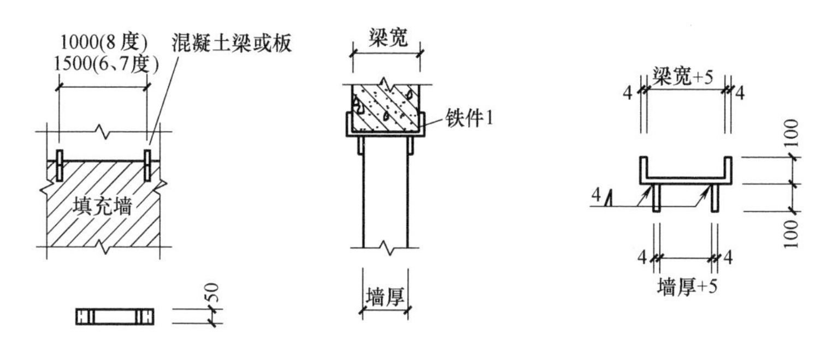

填充墙顶部构造

填充墙顶部构造实例

工艺说明：

1. 本节用于框架梁板与填充墙顶部不脱开构造。

2. 当6、7度抗震设防时，铁件间距为1500mm；当为8度抗震设防时，铁件间距为1000mm。

040703 墙柱（梁）间隙构造

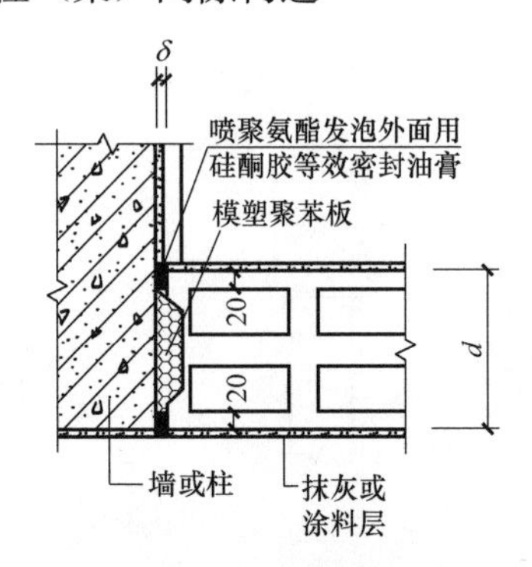

墙柱（梁）间隙构造

墙柱（梁）间隙构造实例

工艺说明：

1. 本节以烧结空心砖为例说明填充墙与柱墙梁板间隙的构造。

2. 混凝土柱或墙与填充墙砌体竖向采用柔性连接时，缝隙内采用模塑聚苯板隔离，端部 20mm 厚采用喷聚氨酯发泡材料填充，外表面用硅酮胶等效密封油膏。

3. 在顶部水平连接部位，留置一皮砌块高度加缝隙高度，填塞模塑聚苯板或喷聚氨酯发泡胶，两端头留 20mm 用聚氨酯发泡，表面采用硅酮胶等效油膏密封。

第八节　线盒、线管设置做法

040801　填充墙（加气混凝土砌块）线管及接线盒安装构造

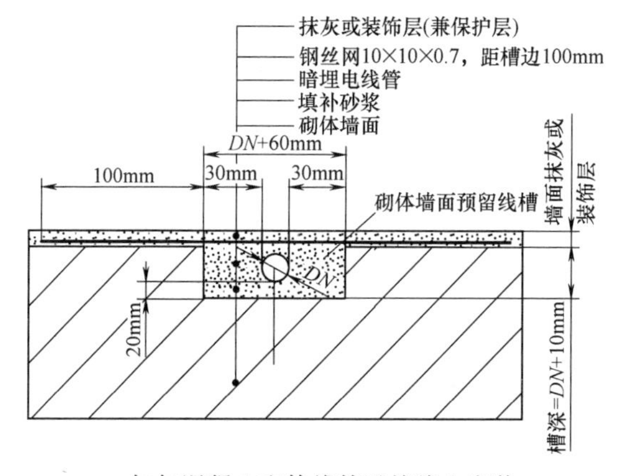

加气混凝土砌体线管及接线盒安装

成型实例

工艺说明：

1. 本节用于在加气混凝土砌块墙体上安装线管线盒的做法。

2. 上图分别是线管采用专用设备切割开槽开孔，安装固定线管后采用钉子、钢丝固定线管后，表面固定10mm×10mm钢丝网防裂。

040802 烧结空心砖线管及接线盒安装构造

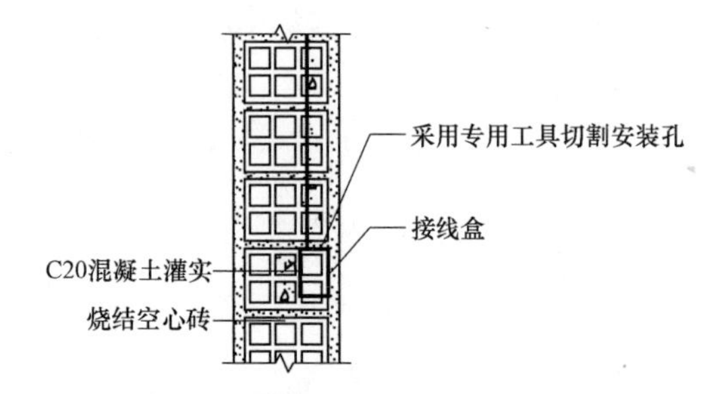

烧结空心砖砌体线管及接线盒安装

成型实例

工艺说明：

1. 本节用于在烧结空心砖砌块墙体上安装线管线盒的做法。

2. 上图分别是线管采用专用设备切割开槽开孔，安装固定线管后采用钉子、钢丝固定线管后，采用C20以上的细石混凝土填塞，表面固定10mm×10mm钢丝网防裂。

3. 不得设水平穿行暗管或预留水平沟槽，管道如穿过墙垛、壁柱时，采用带孔的混凝土块砌筑。

040803 混凝土小型空心砌块线管、线盒安装

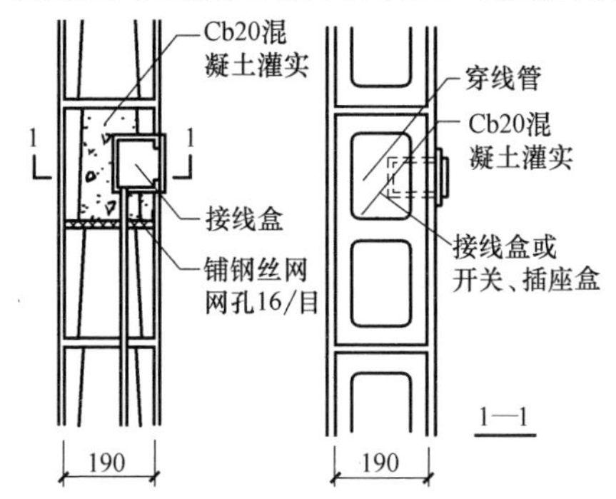

混凝土小型空心砌块砌体线管及接线盒安装

混凝土小型空心砌块砌体线管及接线盒安装实例

工艺说明：

1. 本节用于混凝土小型空心砌块填充墙预埋线管、线盒构造做法。

2. 墙体上的洞口及管线槽应在砌筑前进行策划，砌筑时预留，不得在完成的混凝土小型砌块墙体上切割、剔凿。

3. 砌块应采用无齿锯切割整齐，线槽采用C20细石混凝土灌实。

4. 墙体上严禁横向开槽。

第五章　石砌体工程

第一节　毛石及料石砌体

050101　梯形毛石基础构造节点

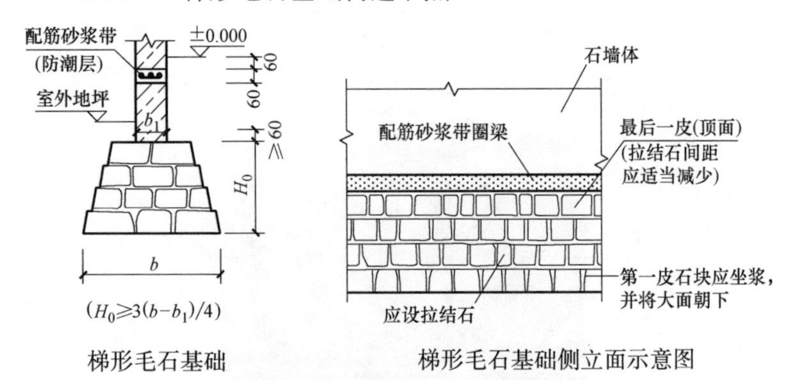

梯形毛石基础　　梯形毛石基础侧立面示意图

工艺说明：

1. 梯形毛石基础高度 H_0 的规定，$H_0 \geqslant 3(b-b_1)$ /4。

2. 砌筑过程中，上下石块要错缝砌筑，第一皮石块应坐浆并将大面朝下，每一皮石砌体中都应按规范标准设置拉结石，最后一皮拉结石的布置间距应适当减少。

050102　阶梯形毛石基础构造节点

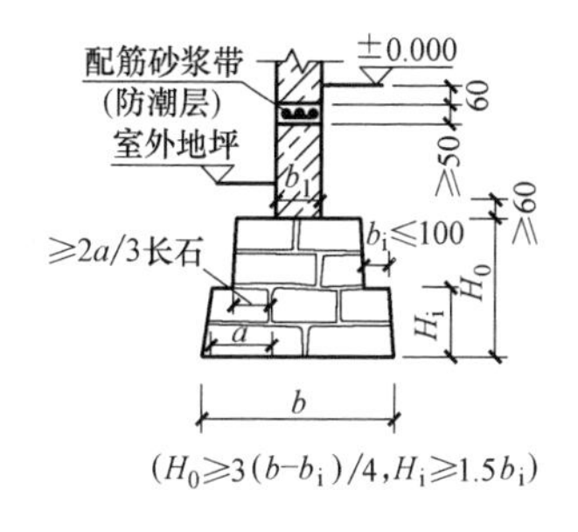

阶梯形毛石基础

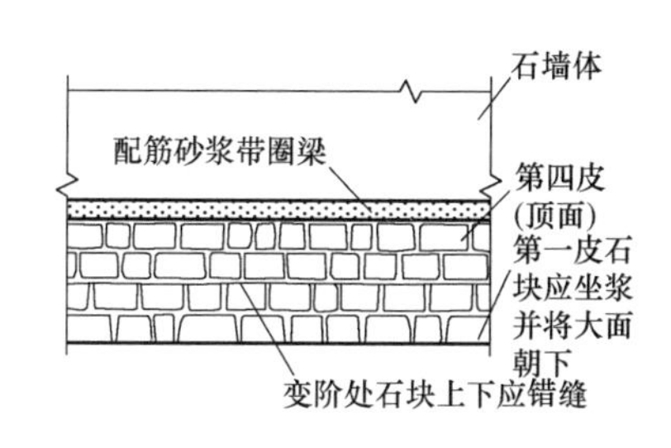

阶梯形毛石基础侧立面示意图

工艺说明：

1. 阶梯形毛石基础每阶高度 H_0、H_i 的规定：($H_0 \geqslant 3(b-b_1)/4$，$H_i \geqslant 1.5b_i$)，变阶处台阶宽度 $b_i \leqslant 100$mm，第二阶石块与第一阶石块的搭接长度不小于 2/3 第一阶石块长度。

2. 砌筑过程中，变阶处石块上下要错缝，第一皮石块应坐浆并将大面朝下。

050103　毛料石基础构造节点

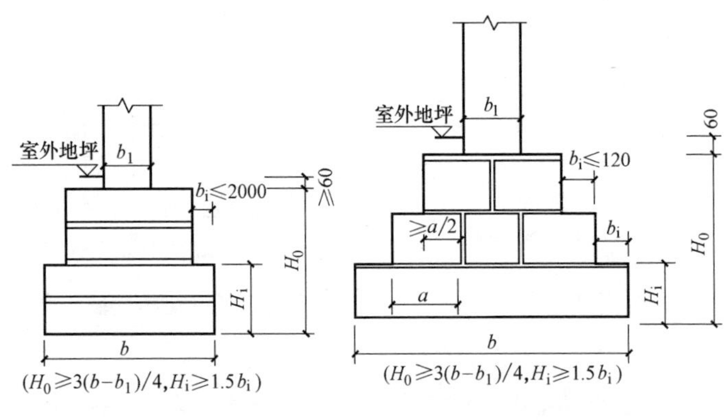

毛料石基础两皮一阶　　　　毛料石基础一皮一阶

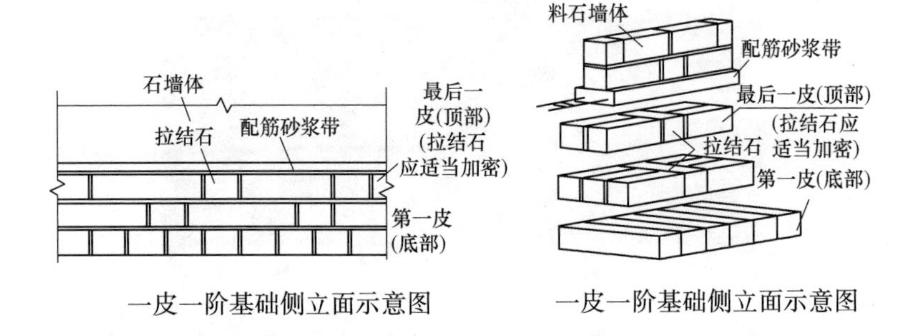

一皮一阶基础侧立面示意图　　　　一皮一阶基础侧立面示意图

工艺说明：

1. 上图为毛石基础两皮一阶和一皮一阶砌筑方法，基础砌筑高度规定为：($H_0 \geqslant 3(b-b_1)/4$，$H_i \geqslant 1.5b_i$)。

2. 基础采用一皮一阶砌筑时，第二皮和第三皮要设置拉结石，第三皮的拉接石要适当加密，如图第三皮石块与第二皮石块的搭接长度不小于1/2第二皮石块长度，基础台阶宽度 $b_i \leqslant 120$mm。

050104　平毛石墙拉结石砌法

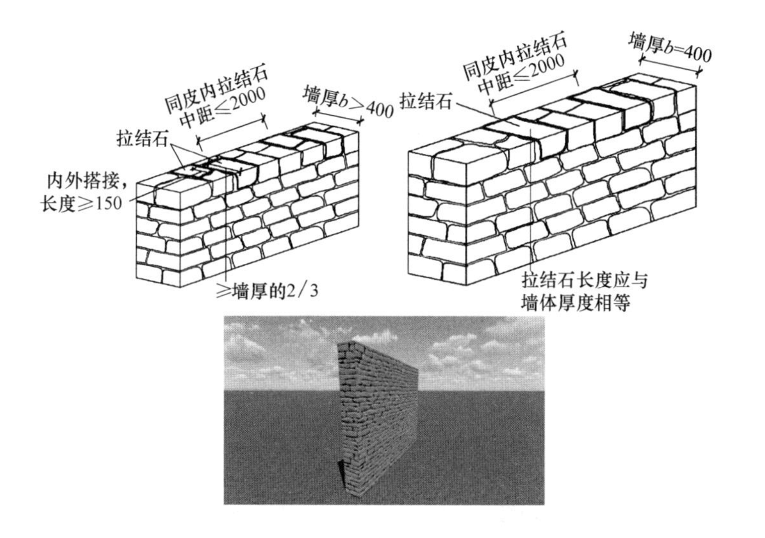

工艺说明：

1. 平毛石墙砌筑时宜分皮卧砌，各皮石块间应利用自然形状敲打修整，使之与先砌石块基本吻合、搭砌紧密；应上下错峰，内外搭接，不得采用外面侧立石块中间填心的砌筑方法；中间不得夹砌过桥石、铲口石和斧刃石。

2. 平毛石砌体的灰缝厚度宜为20～30mm，石块间不得直接接触；石块间空隙较大时应先填塞砂浆后用碎石块嵌实，不得采用先摆碎石后塞砂浆或干填碎石块的砌法。

3. 平毛石第一皮和最后一皮，墙体转角和洞口处，应采用较大的平毛石砌筑。

4. 平毛石砌体必须设置拉结石，拉结石应均匀分布，互相错开；拉结石宜每0.7m墙面设置一块，且同皮内拉结石的中距不应大于2m。

050105 平毛石墙转角砌法（T形）

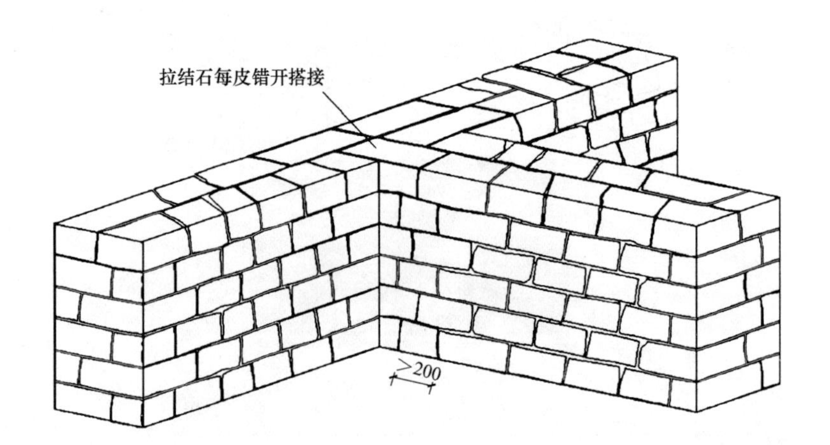

工艺说明：

1. 本节平毛石墙砌筑与050104配合使用。
2. 第一皮石块的长度应大于200mm。

050106　平毛石墙转角砌法（L形）

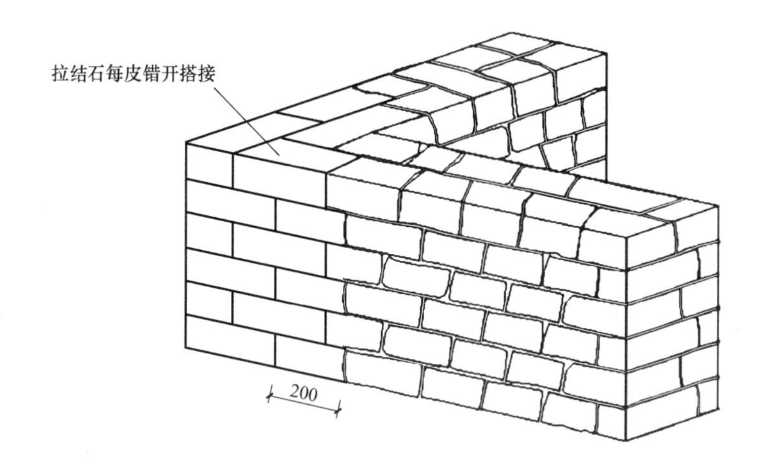

工艺说明：

1. 本节平毛石墙砌筑与050104配合使用。
2. 第一皮石块的长度应大于200mm。

050107 平毛石墙转角砌法（十字形）

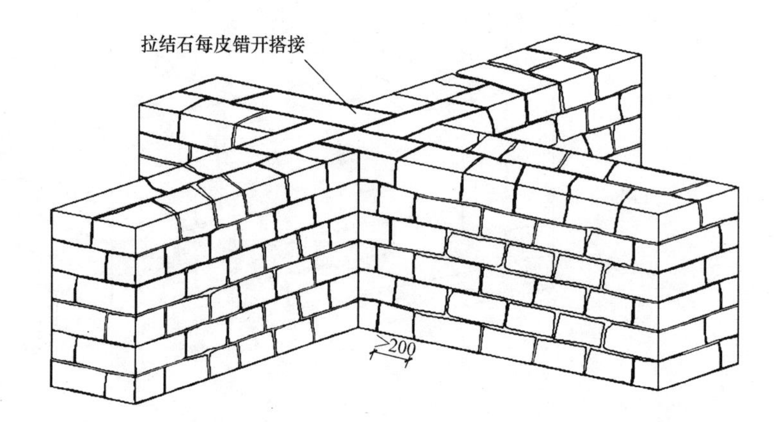

工艺说明：

1. 本节平毛石墙砌筑与 050104 配合使用。
2. 第一皮石块的长度应大于 200mm。

050108　料石墙丁顺叠砌

工艺说明：

1. 料石墙砌筑时，应放置平稳；砂浆铺设厚度应略高于规定灰缝厚度，其高出厚度：细料石、半细料石为3～5mm，粗料石、毛料石宜为6～8mm。

2. 料石墙上下皮应错缝搭砌，错缝长度不宜小于料石长度的1/3。

3. 有垫片料石砌体砌筑时，应先满铺砂浆，并在其四角安置主垫，砂浆应高出主垫10mm，待上皮料石安装调平后，再沿灰缝两侧均匀塞入副垫。主垫不得采用双垫，副垫不得用锤击入。

4. 料石砌体的竖缝应在料石安装调平后，用同样强度等级的砂浆灌注密实，竖缝不得透空。

5. 石砌墙体在转角和内外墙交接处应同时砌筑。对不能同时砌筑而又必须留置的临时间断处，应砌成斜槎。斜槎的水平长度不应小于高度的2/3，严禁砌成直槎。

050109　料石墙二顺一丁

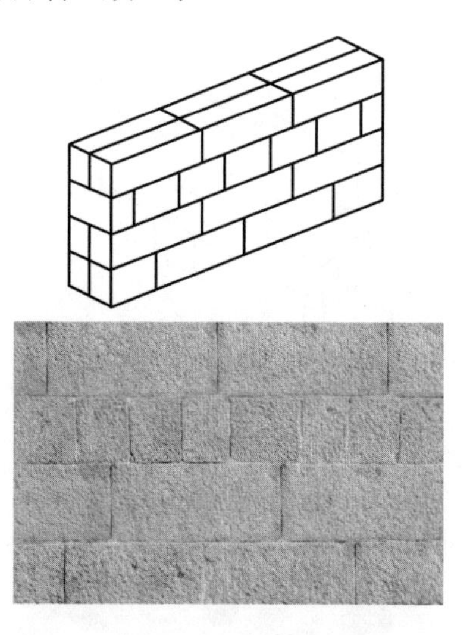

工艺说明：

1. 料石墙砌筑时，应放置平稳；砂浆铺设厚度应略高于规定灰缝厚度，其高出厚度：细料石、半细料石为3～5mm，粗料石、毛料石宜为6～8mm。

2. 料石墙上下皮应错缝搭砌，错缝长度不宜小于料石长度的1/3。

3. 有垫片料石砌体砌筑时，应先满铺砂浆，并在其四角安置主垫，砂浆应高出主垫10mm，待上皮料石安装调平后，再沿灰缝两侧均匀塞入副垫。主垫不得采用双垫，副垫不得用锤击入。

4. 料石砌体的竖缝应在料石安装调平后，用同样强度等级的砂浆灌注密实，竖缝不得透空。

5. 石砌墙体在转角和内外墙交接处应同时砌筑。对不能同时砌筑而又必须留置的临时间断处，应砌成斜槎。斜槎的水平长度不应小于高度的2/3，严禁砌成直槎。

050110　料石墙丁顺组砌

工艺说明：

1. 料石墙砌筑时，应放置平稳；砂浆铺设厚度应略高于规定灰缝厚度，其高出厚度：细料石、半细料石为3～5mm，粗料石、毛料石宜为6～8mm。

2. 料石墙上下皮应错缝搭砌，错缝长度不宜小于料石长度的1/3。

3. 有垫片料石砌体砌筑时，应先满铺砂浆并在其四角安置主垫，砂浆应高出主垫10mm，待上皮料石安装调平后，再沿灰缝两侧均匀塞入副垫。主垫不得采用双垫，副垫不得用锤击入。

4. 料石砌体的竖缝应在料石安装调平后，用同样强度等级的砂浆灌注密实，竖缝不得透空。

5. 石砌墙体在转角和内外墙交接处应同时砌筑。对不能同时砌筑而又必须留置的临时间断处，应砌成斜槎。斜槎的水平长度不应小于高度的2/3，严禁砌成直槎。

050111　料石墙全顺叠砌

工艺说明：

1. 料石墙砌筑时，应放置平稳；砂浆铺设厚度应略高于规定灰缝厚度，其高出厚度：细料石、半细料石为3～5mm，粗料石、毛料石宜为6～8mm。

2. 料石墙上下皮应错缝搭砌，错缝长度不宜小于料石长度的1/3。

3. 有垫片料石砌体砌筑时，应先满铺砂浆，并在其四角安置主垫，砂浆应高出主垫10mm，待上皮料石安装调平后，再沿灰缝两侧均匀塞入副垫。主垫不得采用双垫，副垫不得用锤击入。

4. 料石砌体的竖缝应在料石安装调平后，用同样强度等级的砂浆灌注密实，竖缝不得透空。

5. 石砌墙体在转角和内外墙交接处应同时砌筑。对不能同时砌筑而又必须留置的临时间断处，应砌成斜槎。斜槎的水平长度不应小于高度的2/3，严禁砌成直槎。

第二节 挡 土 墙

050201 毛石挡土墙砌筑

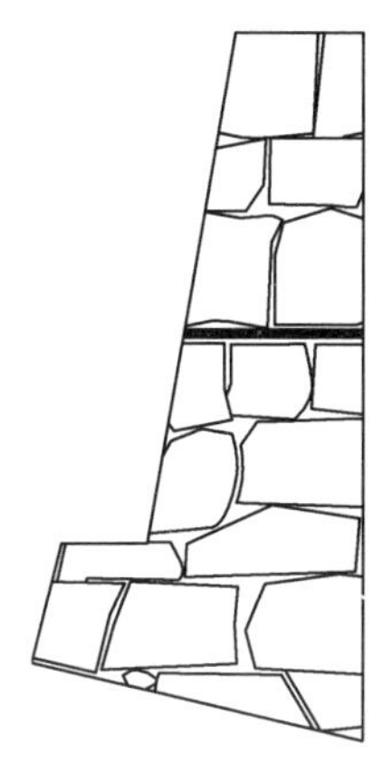

工艺说明：

1. 选用的毛石必须合格，要求无风化、无裂纹，中部最小厚度不小于200mm，强度等级不低于MU30；用M10级水泥砂浆砌筑时，不低于MU40，砌体的自重必须达到22kN/m³，毛石混凝土的毛石掺入量不大于总体积的30%。

2. 每砌3～4皮宜为一个分层高度，每个分层高度应找平一次。

3. 外露面的灰缝厚度不得大于40mm，两个分层高度的错缝不得小于80mm。

4. 砌筑挡土墙时，应按设计要求架立坡度样板收坡或收台，并应设置伸缩缝和泄水孔。

050202 料石挡土墙砌筑

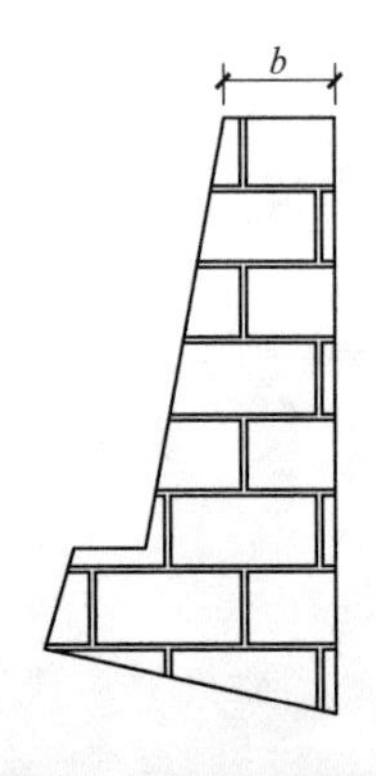

工艺说明：

1. 料石挡土墙宜采用同皮内丁顺相间的砌筑方式。当中间部分用毛石填筑时，丁砌料石伸入毛石部分的长度不应小于 200mm。

2. 砌筑挡土墙时，应按设计要求架立坡度样板收坡或收台，并应设置伸缩缝和泄水孔。

3. 挡土墙墙顶用水泥砂浆抹平，厚度 20mm。对路肩墙还可用 C15 级混凝土帽石，帽石厚度为 250～400mm，宽 500～700mm 并设有帽檐。挡土墙外露面用 M10 水泥砂浆勾缝。

050203　挡土墙伸缩缝设置

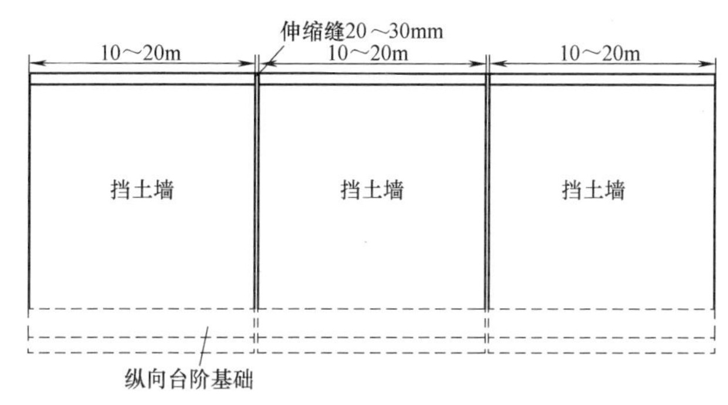

工艺说明：

1. 挡土墙每间隔10～20m应设置一道变形缝（或伸缩缝）。当墙身高度不一、墙后荷载变化较大或地基条件较差时，应采用较小的变形缝间隔。另在地基岩性变化时、墙高突变处和其他建筑物连接处应设沉降缝。

2. 变形缝宽度为20～30mm。缝内沿墙的内、外、顶三边填塞沥青麻筋或沥青木板，塞入深度不宜小于200mm。

050204 挡土墙泄水孔设置 1

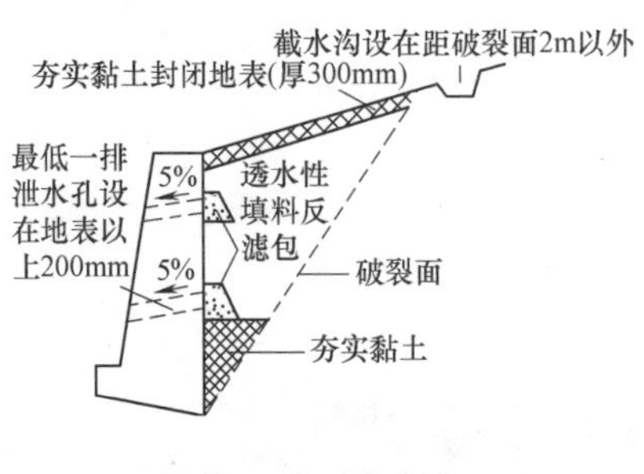

图 1 A 型泄水孔

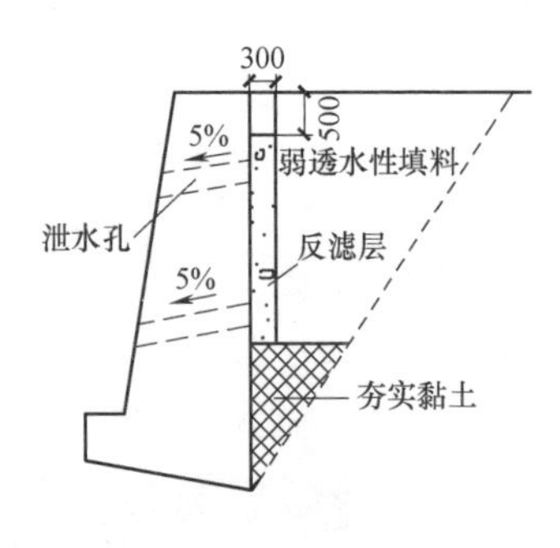

图 2 B 型泄水孔

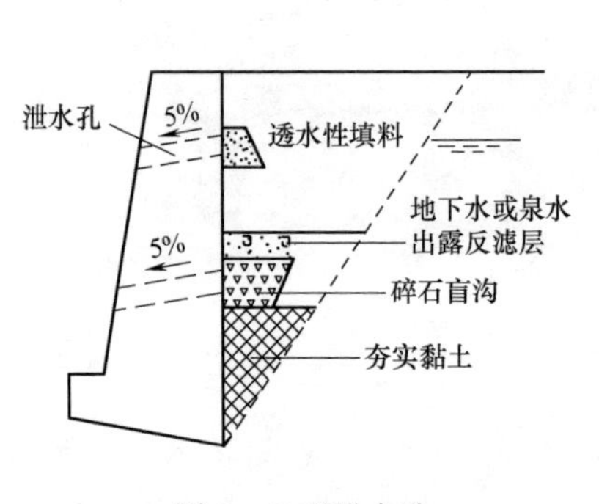

图 3 C 型泄水孔

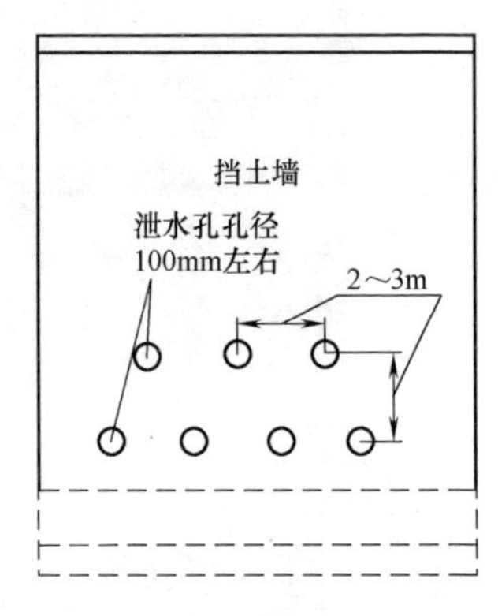

图 4 泄水孔平面布置图

050205　挡土墙泄水孔设置 2

工艺说明：

1. 泄水孔应在挡土墙的竖向和水平方向均匀设置，在挡土墙每米高度范围内设置的泄水孔水平间距不应大于 2m。

2. 泄水孔直径不应小于 50mm。

3. 泄水孔与土体之间应设置长宽不小于 300mm、厚不小于 200mm 的卵石或碎石疏水层。

050206 内侧回填土

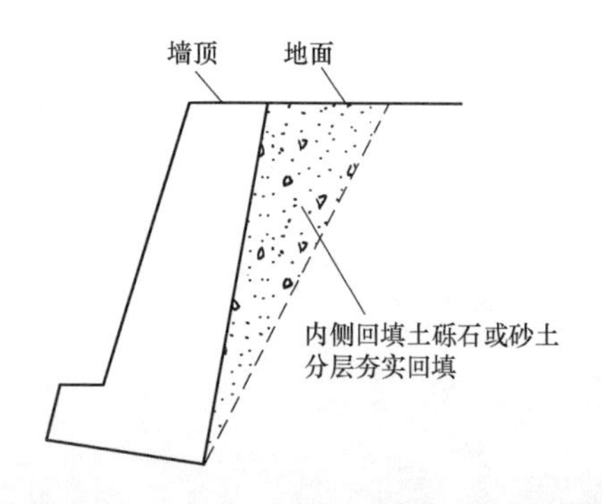

工艺说明：

1. 挡土墙内侧回填土应分层夯填压实，其密实度应符合设计要求。墙顶土面应有排水坡度。

2. 墙背填料根据附近土源，尽量选用抗剪强度高和透水性强的砾石或砂土。当选用黏性土作填料时，宜掺入适量的砂砾或碎石；不得选用膨胀土、淤泥质土、耕植土作填料。

第六章 隔墙板安装

第一节 轻钢龙骨内隔墙

060101 龙骨布置与搭接

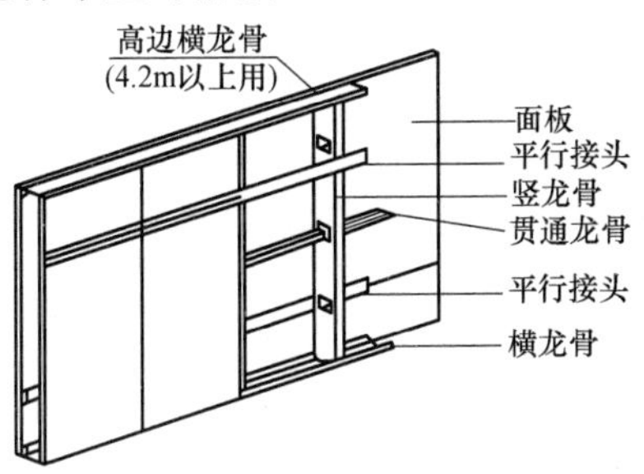

图1 内隔墙龙骨布置

工艺说明：

1. 沿弹线位置固定沿顶和沿地龙骨，各自交接后的龙骨，应保持平直。固定点间距应不大于1000mm，龙骨的端部必须固定牢固。边框龙骨与基体之间，应按设计要求安装密封条。

2. 当选用支撑卡系列龙骨时，应先将支撑卡安装在竖向龙骨的开口上，卡距为400～600mm，距龙骨两端的为20～25mm。

060102　面板接缝处理

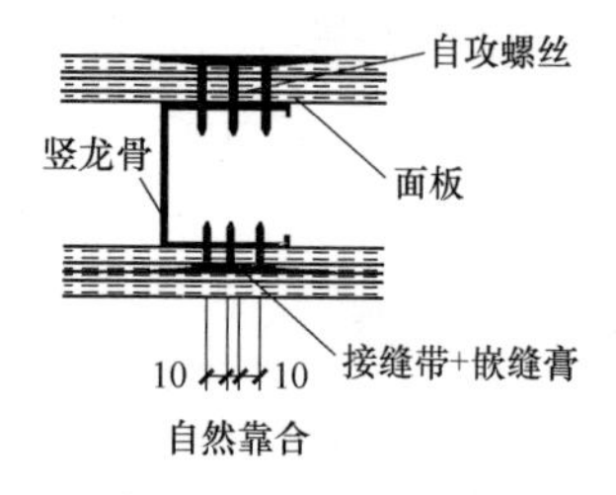

图1　面板水平接缝

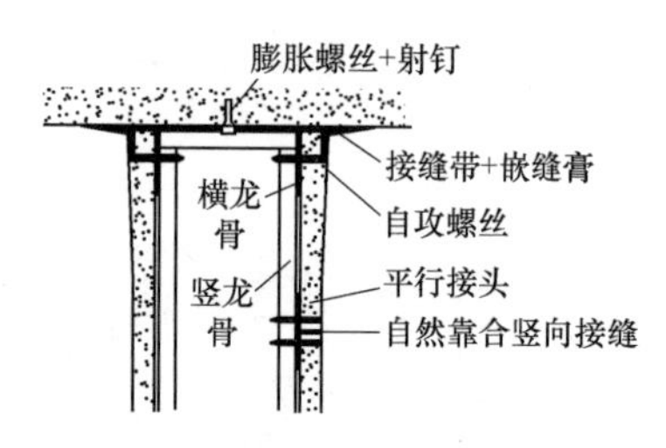

图2　面板竖向接缝

工艺说明：

1. 石膏板的接缝：石膏板应竖向铺设，长边接缝应落在竖向龙骨上。双面石膏罩面板安装，应与龙骨一侧的内外两层石膏板错缝排列，接缝不应落在同一根龙骨上，石膏板应采用自攻螺丝固定。周边螺丝的间距不应大于200mm，中间部分螺丝的间距不应大于300mm，螺丝与板边缘的距离应为10～16mm；石膏板的接缝，一般应为3～6mm，必须坡口与坡口相接。

2. 胶合板采用直钉或⋂型钉固定，钉距为80～150mm。胶合板、纤维板用木压条固定时，钉距不应大于200mm，钉帽应打扁，并钉入木压条0.5～1mm，钉眼用油性腻子抹平。

060103 隔墙与主体结构连接

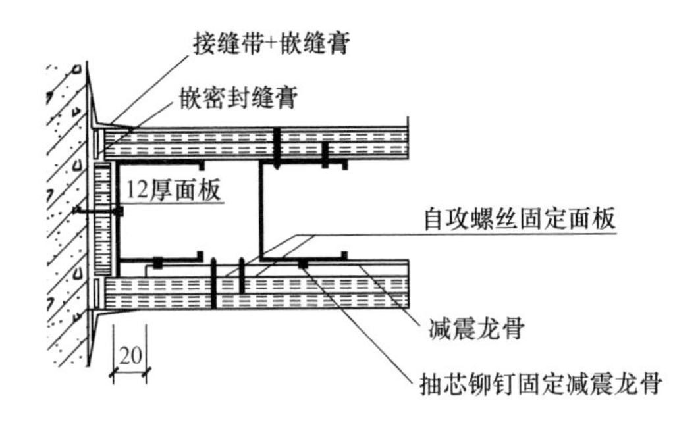

图1 隔墙与主体结构减震连接

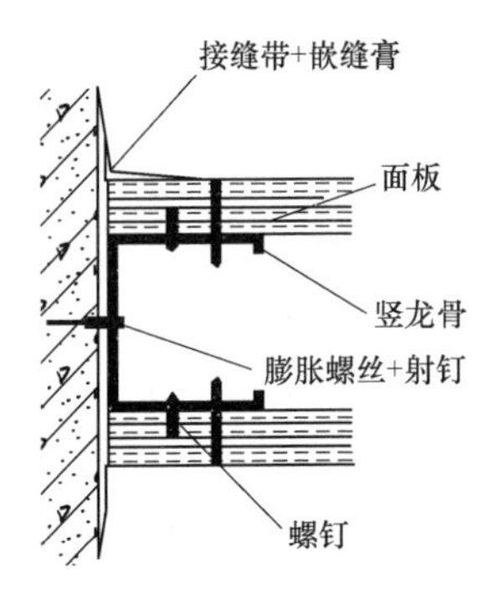

图2 隔墙与主体结构普通连接

工艺说明：

用射钉或膨胀螺栓将沿地、沿顶和沿墙龙骨等间距固定于主体结构上。射钉中距按0.6～1.0m布置，水平方向不大于0.8m，垂直方向不大于1.0m。射钉射入基体的最佳深度：混凝土基体为22～32mm，墙砌基体为30～50mm。龙骨接头要对齐顺直，接头两端50～100mm处均要设固定点。

060104　内隔墙与梁、板连接

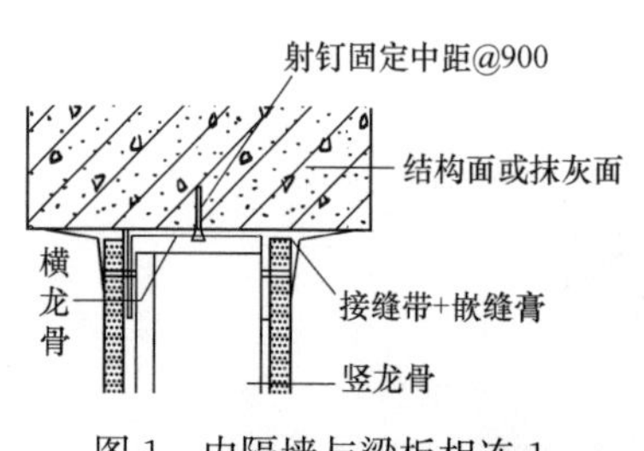

图1　内隔墙与梁板相连1

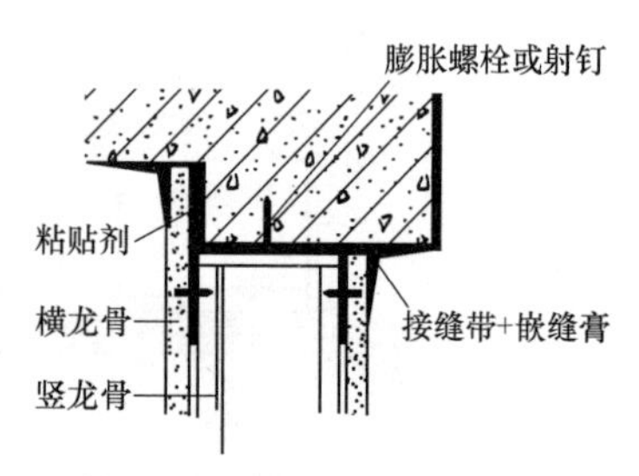

图2　内隔墙与梁板连接2

工艺说明：

在沿顶沿地龙骨之间插入竖龙骨（其长度应比天花板与地面的高度小10mm），竖龙骨中心间距为610mm（有特殊要求时应按设计要求布置）。竖龙骨应垂直，侧面应在同一平面上，不得扭曲错体。

龙骨的边框与建筑结构的连接可采用膨胀螺栓或射钉固定，间距不宜大于800mn。为加强墙体刚度而采用通贯龙骨时，其间距不宜大于1500mm。竖龙骨与横龙骨连接采用直径为4mm、长度为8mm的抽芯铆钉，或用专用的龙骨钳固定。

060105 内隔墙与地面连接

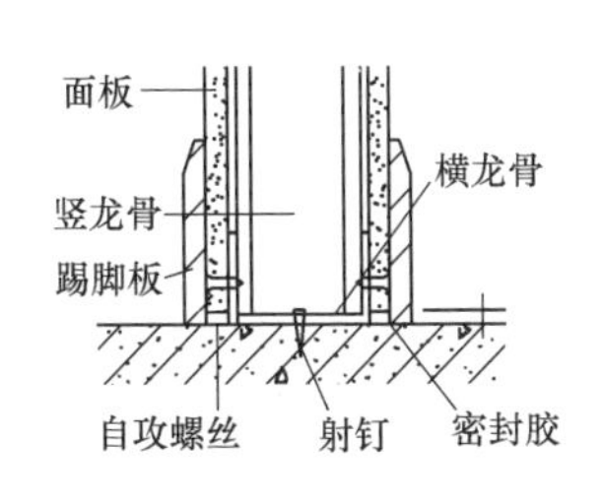

图1 内隔墙与地面射钉连接

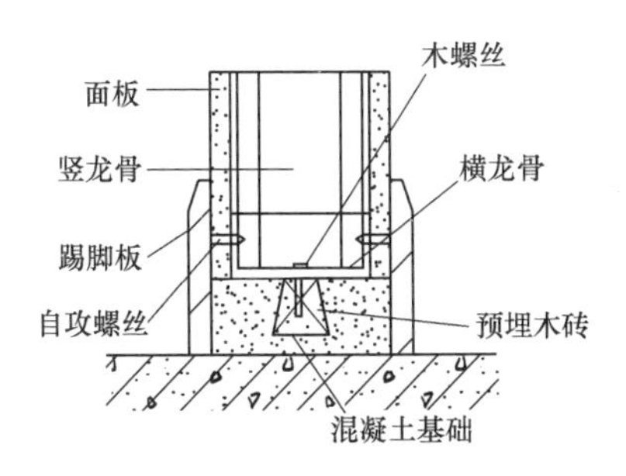

图2 内隔墙与地面预埋木砖连接

工艺说明：在沿顶沿地龙骨之间插入竖龙骨（其长度应比天花板与地面的高度小 10mm），竖龙骨中心间距为 610mm（有特殊要求时应按设计要求布置）。竖龙骨应垂直，侧面应在同一平面上，不得扭曲错体。

060106 门框龙骨加强构造

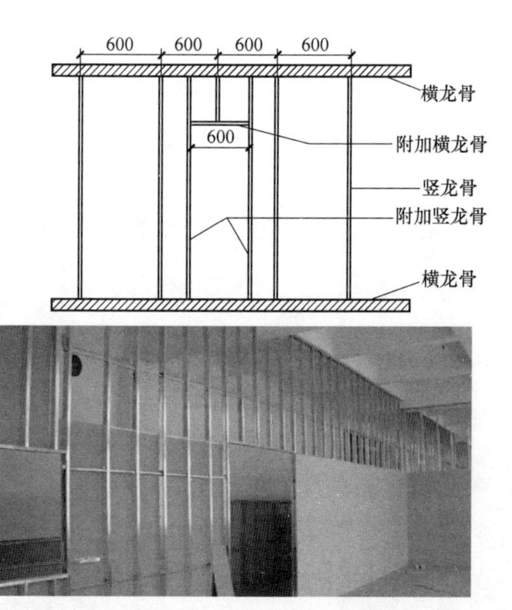

工艺说明：

木门框与竖龙骨的连接采用木螺钉固定，竖龙骨的上、下两端与沿地沿顶龙骨用抽芯铝铆钉固定，木门框的横梁与在其上部的横向沿地轻钢龙骨采用木螺钉固定。当门框宽度较大或门扇重量较大时，门框上部至沿顶龙骨之间应设置两根（或超过两根）的竖龙骨，同时上、下均加设U型龙骨斜撑。门框上部的石膏板接缝应切割小块，与门框旁石膏板错缝，其接缝设置在门框上部宽度范围内的竖龙骨上。

门框边的竖龙骨采用两根扣合的竖龙骨加强，在木框横梁上部至沿顶龙骨之间设置单根竖龙骨。钢门框须预留门洞，其作法与木门框门洞相同，预留门洞的尺寸宜略大于钢门框5mm。

060107　窗框龙骨加强构造

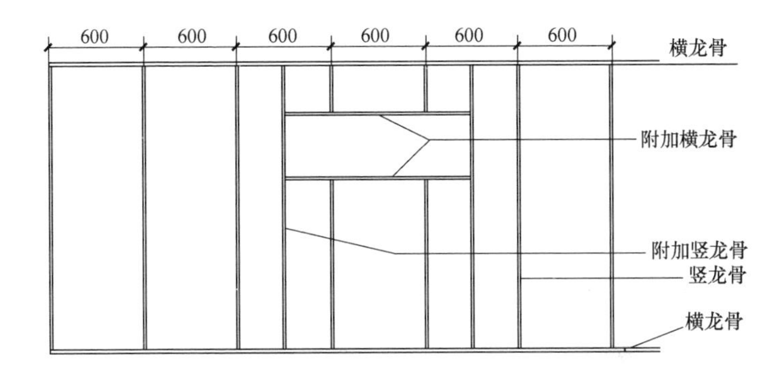

工艺说明：

窗框两侧要装加强龙骨（竖龙骨与沿顶沿地龙骨的复合）。装上加强龙骨后，龙骨中心间距 610mm 的原则保持不破坏。

当窗宽度较大时，窗框四周的轻钢龙骨宜改用厚 3mm 的薄壁型钢予以加强，一般可采用□100mm × 40mm × 3mm 或□100mm×50mm×20mm×3mm 等薄壁型钢。

060108 吊挂重物龙骨与挂件做法

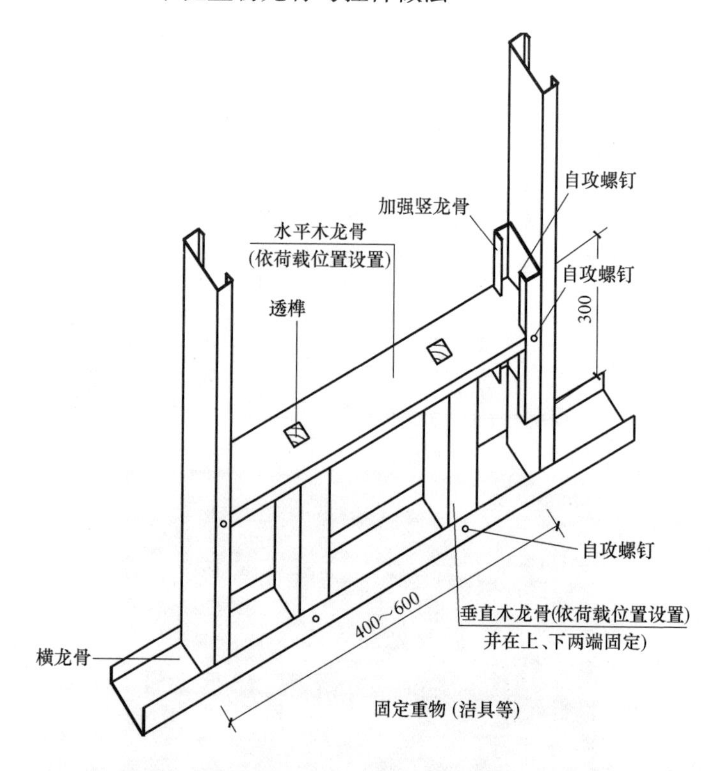

工艺说明：

如果需吊挂重件时（如吊柜、空调、水箱等），则必须加密龙骨的排布，或在龙骨内装上木夹板或薄钢板，以将负荷转移到龙骨架上，避免板材受破坏。

轻钢龙骨石膏板隔墙面上吊挂件的安装，可在竖龙骨上或在石膏板墙面上任意部位安装轻量的吊挂件（如画及镜框等）。在竖龙骨上增设小方木横撑，则在石膏板墙体上可承受中等重量的吊挂件（如碗柜及搁板等）。当安装暖气片、卫生器具等较重物件时，需预先用小角钢和钢板做成固定架，与竖龙骨固定连接。

060109　内穿暗装管线做法

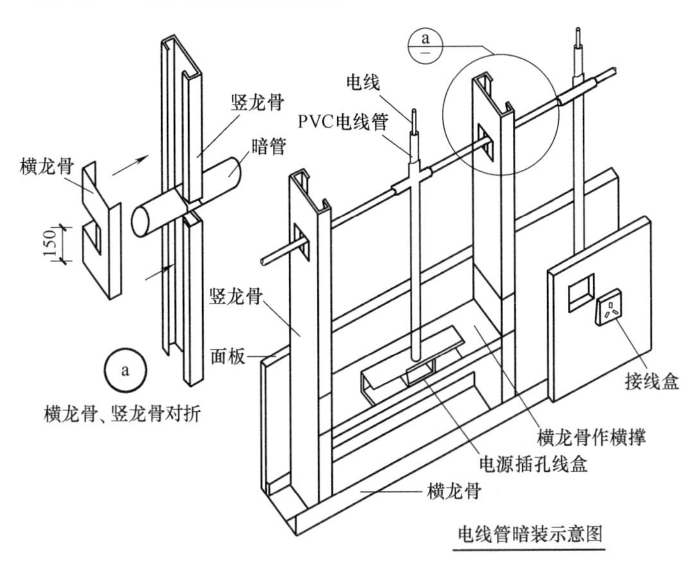

电线管暗装示意图

工艺说明：龙骨安装完毕，应按水电设计要求安装暗管、暗线及配件等。应根据管口位置和尺寸在有关龙骨上预开孔，但开孔的直径不大于龙骨宽度的 3/5。

060110 暗装管线、插座做法

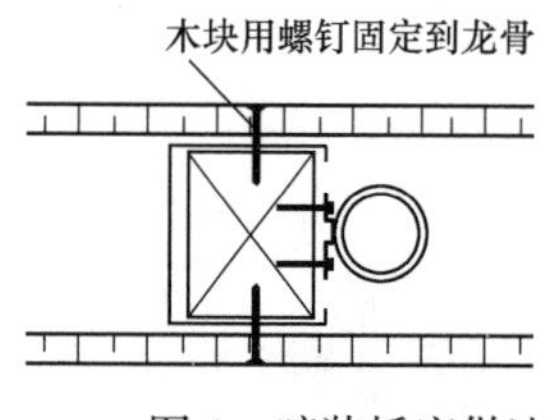

图 1 暗装插座做法

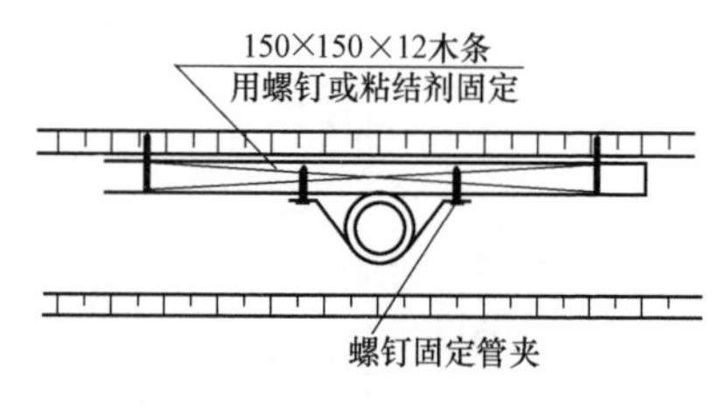

图 2 暗装管线

工艺说明：电线槽等直径不大于 160mm 的小型管道在架设时，可在石膏板表面切割，管道与石膏板之间应填充岩棉，洞口表面应留有 5mm 空隙，以建筑密封膏接缝，管线应在隔墙龙骨内穿管架设并有效固定，电源插孔线盒应固定于龙骨之上。

060111　玻璃、台面等与墙体固定做法

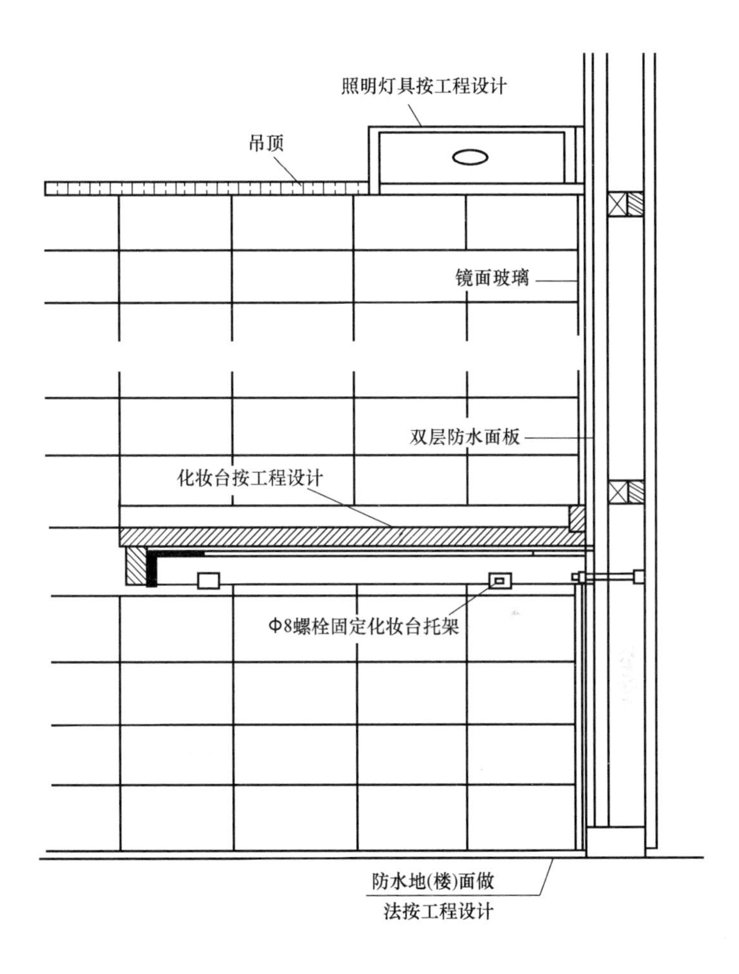

图1　台面与墙体固定做法

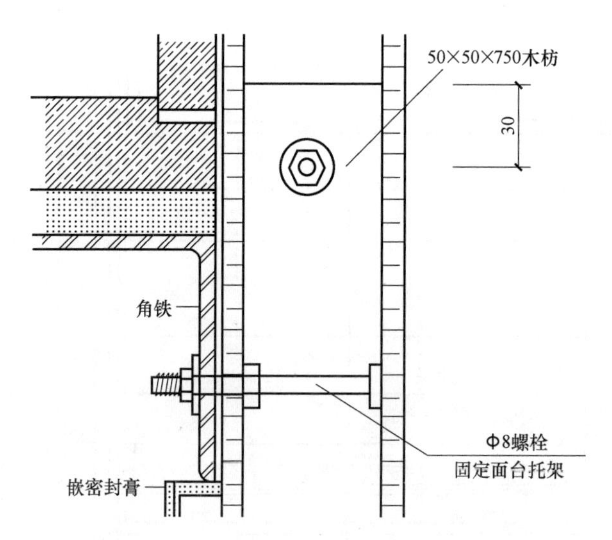

图 2　台面托架连接固定

工艺说明：

采用角钢支架，通过螺栓固定面台托架，螺栓要拧紧，角钢下部采用嵌缝胶对支架等进行保护。

060112　固定盆架与便槽、浅水池做法

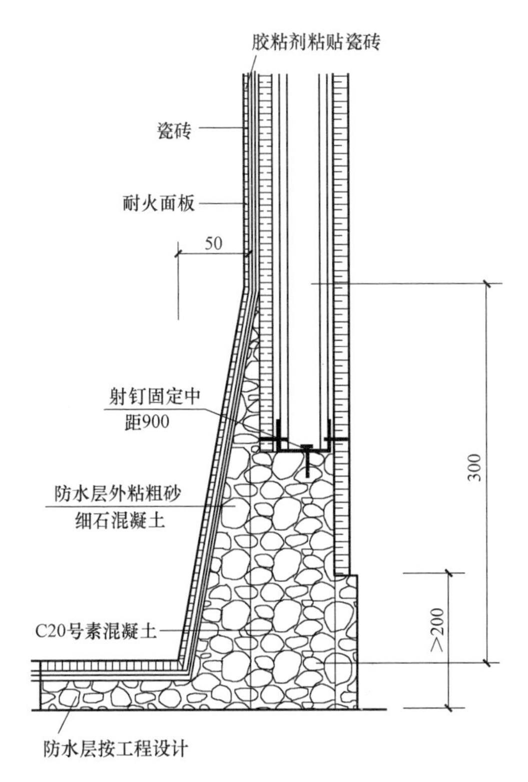

图 1　便槽、浅水池固定

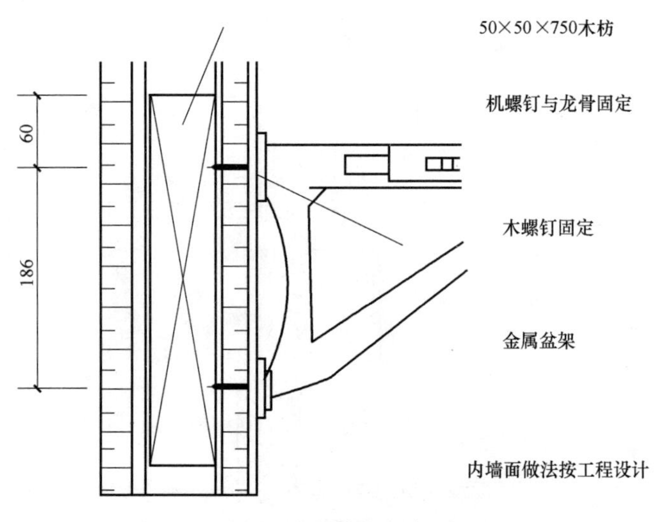

图2 金属盆架固定

工艺说明：

1. 注意提前做好设计，在安装部位预先埋设木方，以保证后期安装的牢固性。

2. 采用木螺钉固定，长度满足要求，间距均匀，保证位置的准确性。

060113　空调风管连接节点

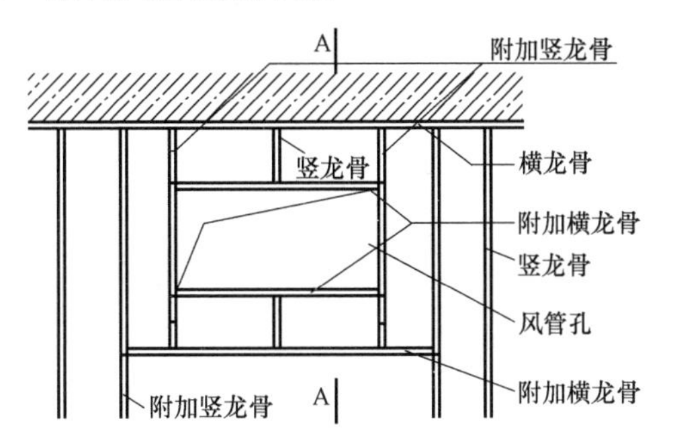

图 1　风管连接平面图

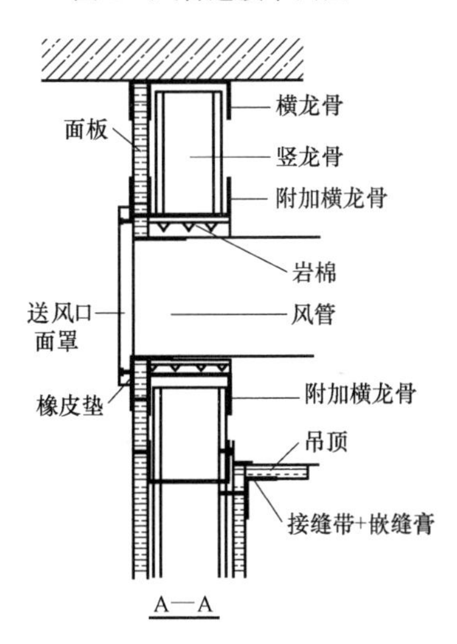

图 2　风管连接剖面图

工艺说明：

直径大于 160mm 的大型管道在架设时，应在洞口周围附加竖龙骨加以固定。空调风管在架设时，管道应用弹性套管固定于轻钢龙骨上，洞口表面应留有 5mm 空隙，以建筑密封膏接缝，表面覆以耐火纸面石膏板。

工艺说明：

1. L形连接：纵、横墙的交接形成L形接头时，在某一片墙的压型钢板网端头，按照门窗两侧做法设拐角网并穿C形龙骨加强，与之连接的压型钢板网和拐角网用22号铁丝、间距300mm绑扎连接，绑扎时铁丝必须穿透该钢板网凹槽相对形成的空腔一部分，并穿过拐角网裹住C形龙骨，确保绑扎连接牢固。

2. T形连接：纵、横墙的交接形成T形接头时，交接的网板用22号铁丝间距300mm绑扎连接，绑扎时铁丝必须穿透某一钢板网凹槽相对形成的空腔一部分，确保绑扎连接牢固，并在墙体的三个端头与节点间隔一个空腔的距离各设置C形龙骨加强。

3. 十字形连接：做法与T形连接相似，其中一片网板为贯通，与之垂直交叉连接的网板在节点处用22号铁丝间距绑扎连接，绑扎时铁丝穿过相交叉网板空腔，并在任意三个端头设置C形龙骨加强。

第二节　中空内模金属网水泥内隔墙

060201　金属网片搭接

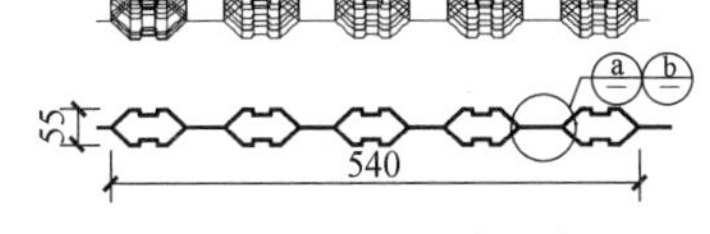

图1　金属网片搭接示意图

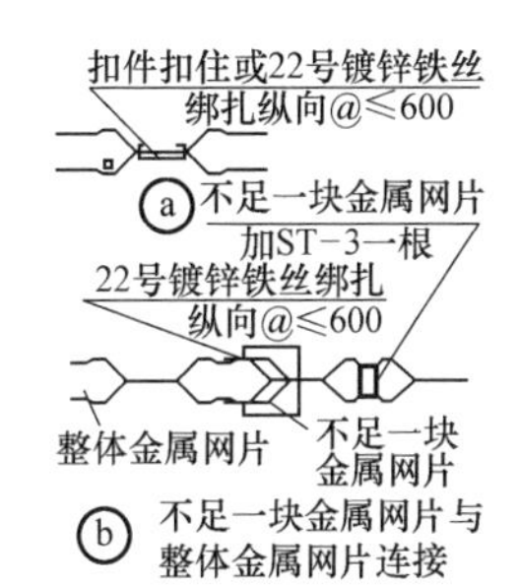

图2　金属网片搭接节点

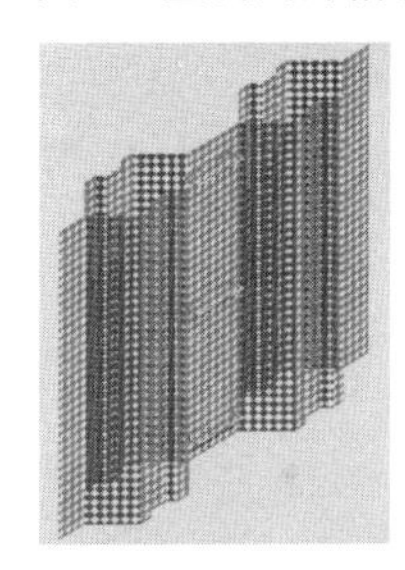

工艺说明：

1. 网片安装前，先在操作平台上将2片网片拼装好，并用22号镀锌铁丝每隔400mm拴一次，在每片网片内插入一根龙骨，其长度与网片一致，不得短于网片，与网片每隔500mm用22号镀锌铁丝绑扎一次。

2. 金属网片顺序从墙、柱的一边依次进行安装。每片网片上下与横龙骨用22号镀锌铁丝绑扎。

3. 相邻两片金属网片通过专用工具以弹簧扣固定（或用22号镀锌铁丝绑扎），间距不大于600mm。每块网片中设竖向龙骨一根，不足一块的网片应放在墙体中部，并加设一根龙骨。

060202 内隔墙连接节点

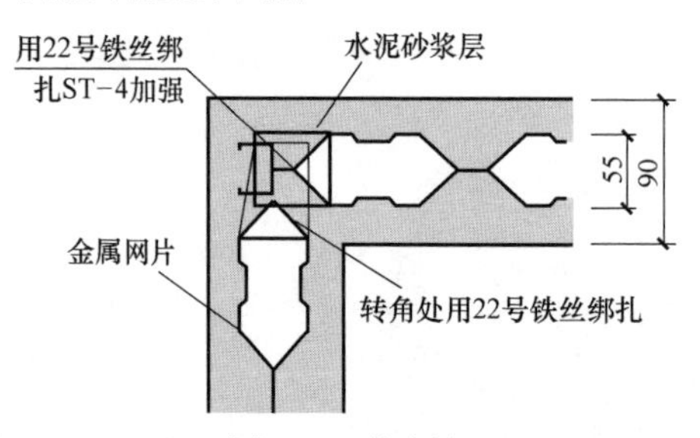

图1 L形连接

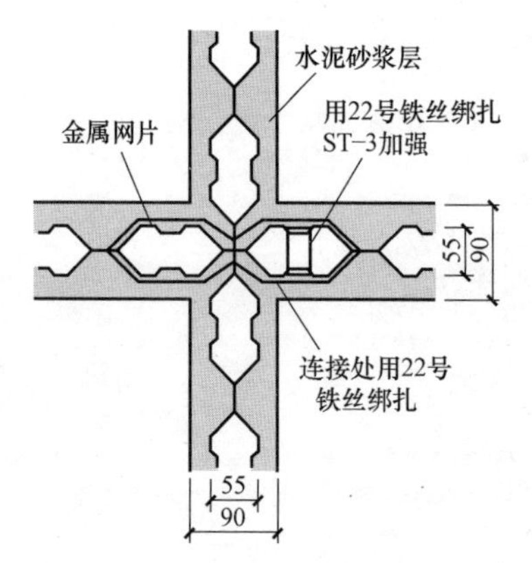

图2 十字形连接

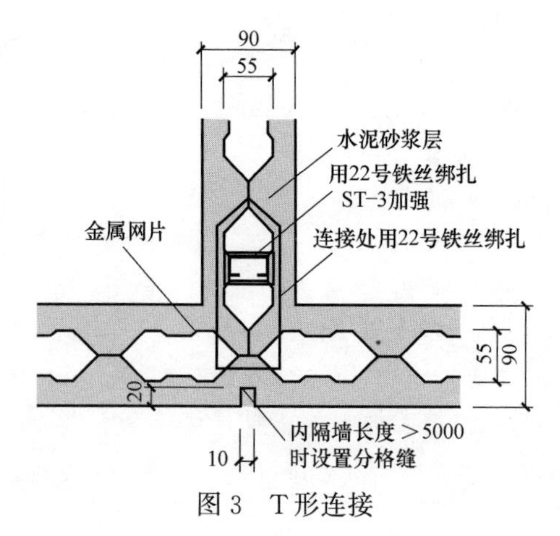

图3 T形连接

060203 内隔墙与主体连接节点

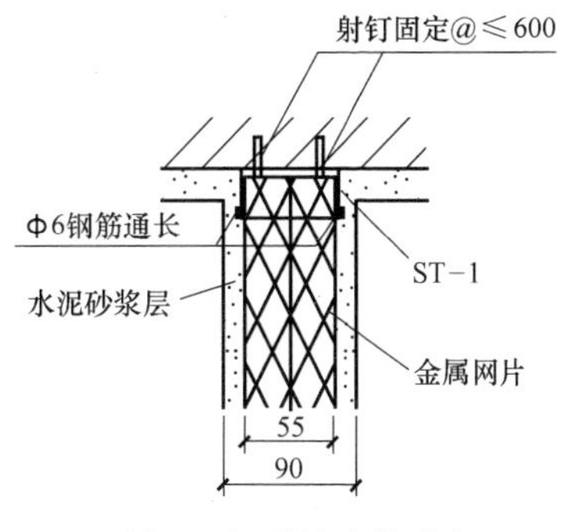

图1 与顶板连接示意

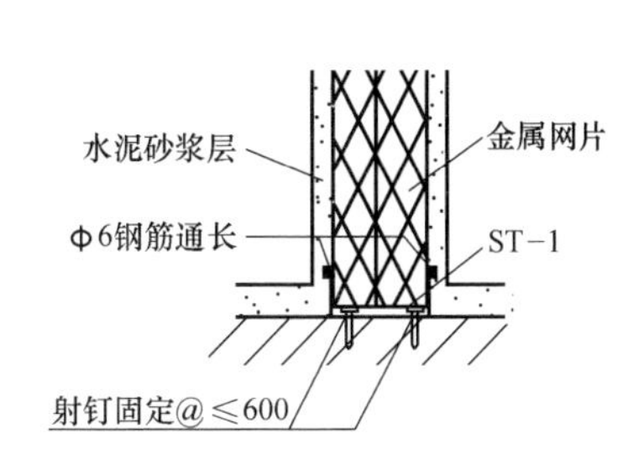

图2 与底板连接示意

工艺说明：

为防止梁柱与隔墙节点处出现裂缝，用网片进行补强，每侧搭接宽度大于等于200mm，网片与梁柱固定用Φ6金属膨胀管，间距为500mm。此法也可以用于隔墙与隔墙“十”及“L”连接，用22号铁丝固定，间距小于等于250mm。

060204　内隔墙与楼、地面连接节点

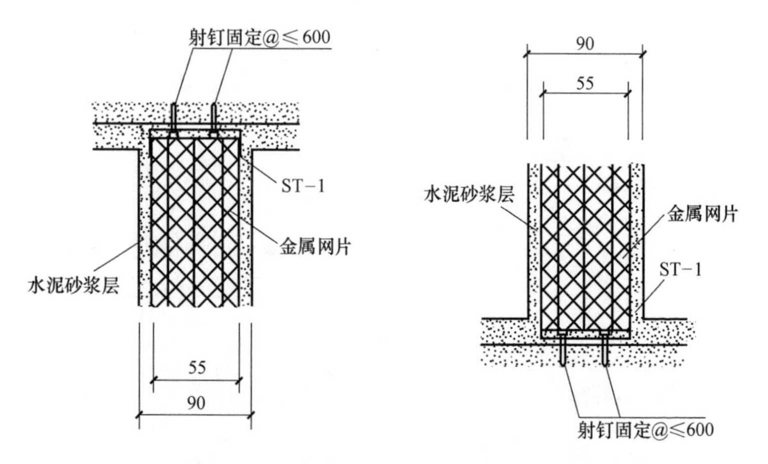

图1　与楼顶面连接示意　　　　图2　与地面连接示意

工艺说明：

1. 按照放线，用射钉将横龙骨与顶楼板或地面固定，其射钉间距不大于600mm。

2. 用射钉将边龙骨与主墙或柱固定，边龙骨外侧边与隔墙中轴线重合，其射钉间距为500mm。安装L形边龙骨时，其朝向要一致。

060205　门洞、窗洞加强构造

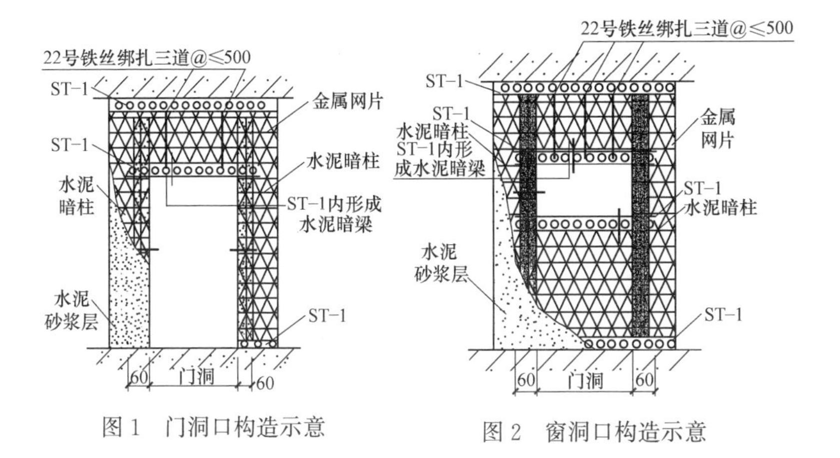

图1　门洞口构造示意　　图2　窗洞口构造示意

工艺说明：

1. 门窗侧洞口安装增强龙骨，洞口顶安装横龙骨，其长度比洞口每边伸长30mm。用22号铁丝绑扎三道，间距不大于500mm。

2. 门窗顶和侧面均使用固定件，间距不大于500mm。固定件使用射钉与水泥砂浆形成的暗柱连接。

060206 内隔墙与木门窗框连接节点

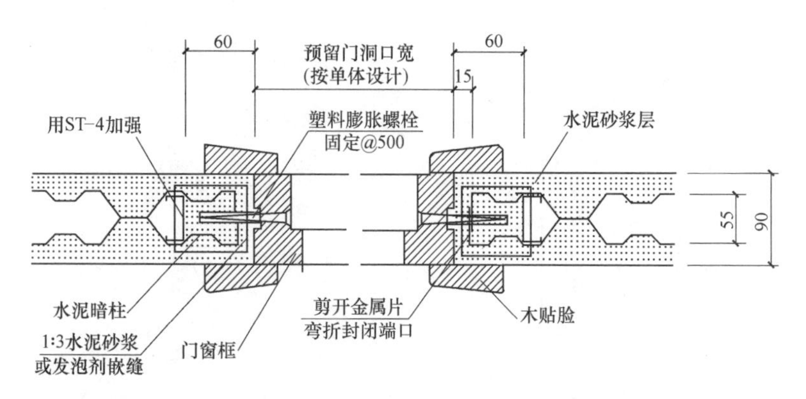

图1 平面连接示意

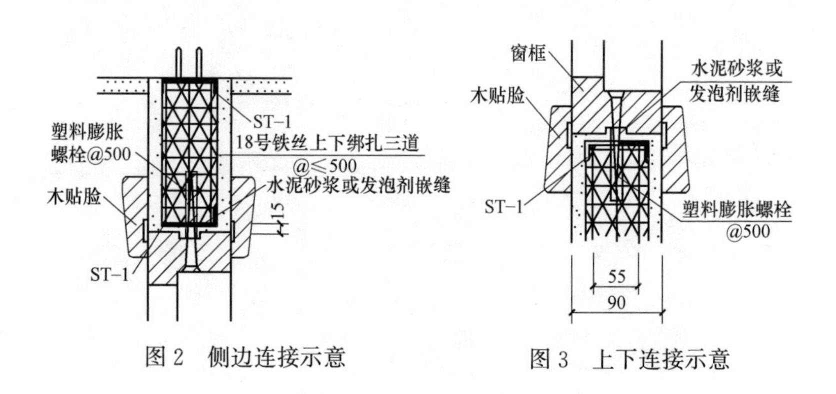

图2 侧边连接示意　　图3 上下连接示意

工艺说明：

为保证门窗洞口在粉刷前形成有效的框架结构，必须对门头的过梁和拐角网的暗柱先行填充水泥砂浆，并确保填实，且24h后才可进行粉刷施工。为防止门洞上口开裂，在门洞上方及两边各增加一条15mm宽的收缩缝。

060207　内隔墙与铝合金、塑料门窗框连接节点

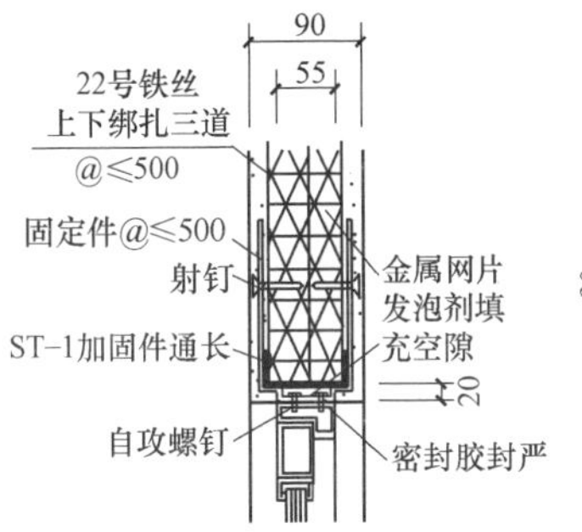

图 1　与铝合金门窗顶部连接

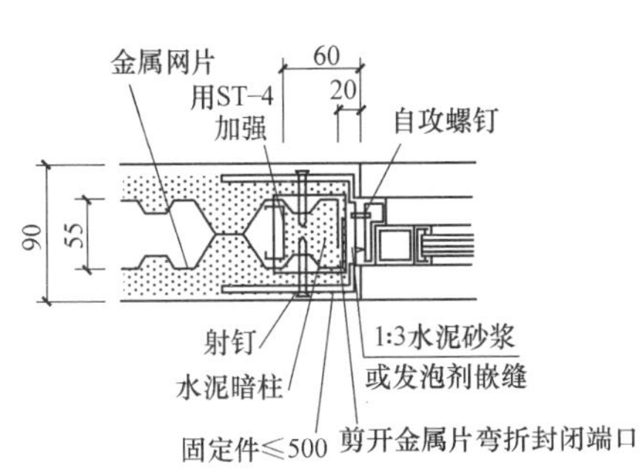

图 2　与铝合金门窗侧面连接

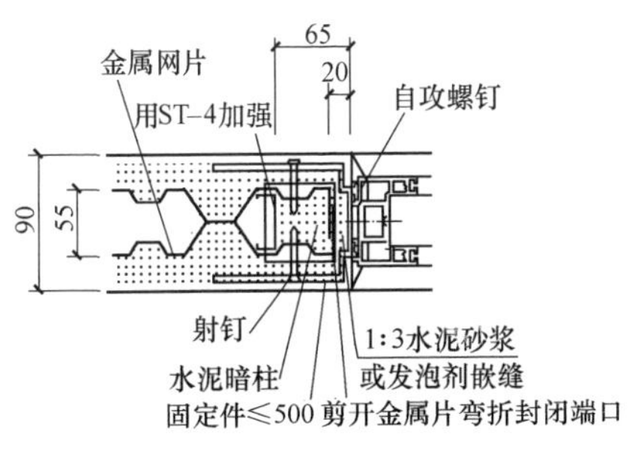

图 3　与塑料门窗侧面连接

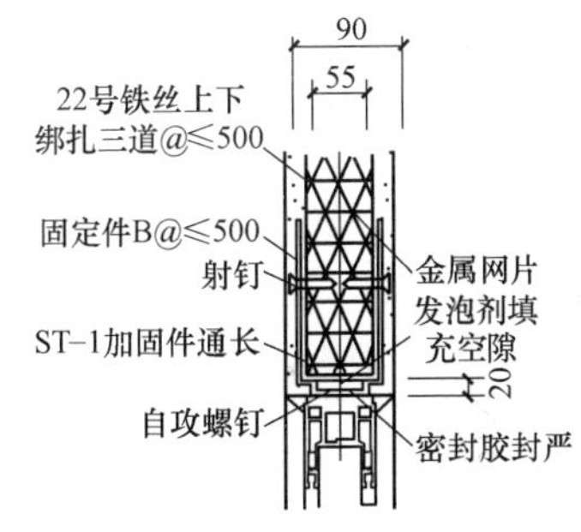

图 4　与塑料门窗顶部连接

工艺说明：

1. 门窗两侧是采用特制的拐角网加C型龙骨作补强，且C型龙骨开口处是对应门窗口，填上水泥砂浆后形成一个网片、龙骨、水泥砂浆包裹在一起的暗柱，其强度接近钢筋混凝土柱，特制的拐角网可防止在打孔时裂开。

2. 固定件用钢板制作，厚度0.8mm，安装在墙体端部，与门窗框连接。

060208 内隔墙与铝合金玻璃隔断连接节点

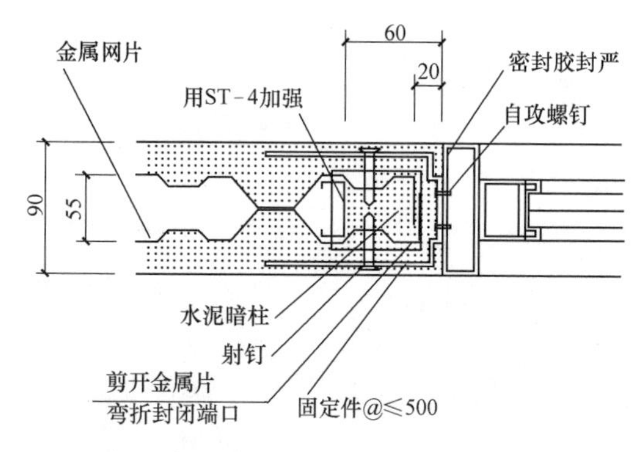

图1 与铝合金玻璃隔断侧面连接节点

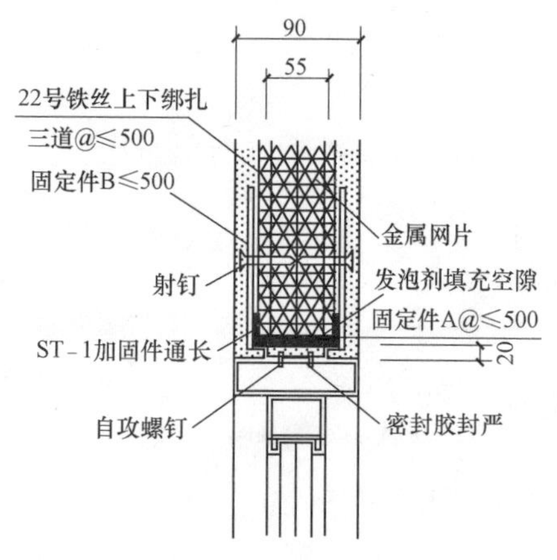

图2 与铝合金玻璃隔断上部连接节点

工艺说明：

铝合金框架与墙、地面固定可通过铁角件来完成。首先按隔墙位置线，在墙、地面上设置金属胀锚螺栓，同时在竖向、横向型材的相应位置固定铁角件，然后接好铁角件的框架固定在墙上或地上。

060209　设备吊挂连接节点

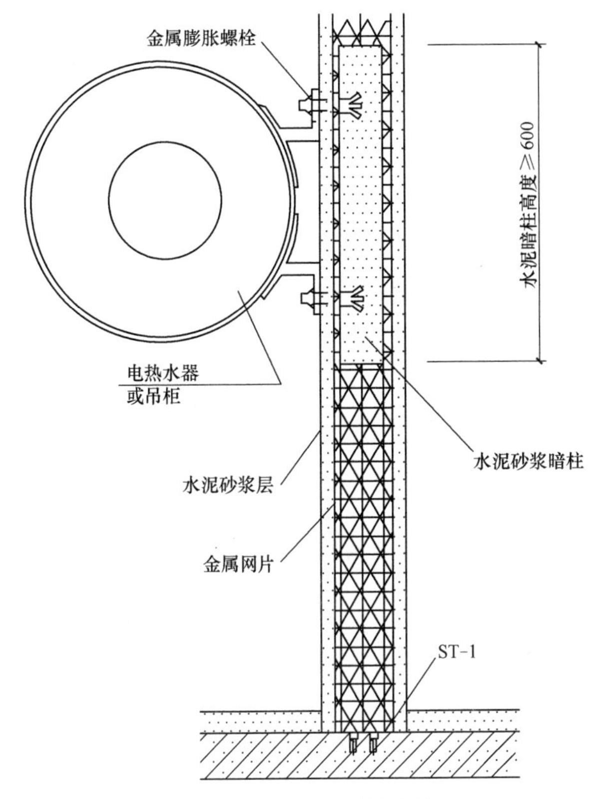

图 1　电热水器吊挂连接

工艺说明：

单点吊挂物超过 80kg 时，需先在吊挂重物处的金属网片内模中填充细石混凝土，待达到一定强度后再安装膨胀螺栓吊挂物品，如无法填充细石混凝土时，应采用多点吊挂，且吊挂点尽量选在网片凹槽的位置。

060210　洁具安装节点

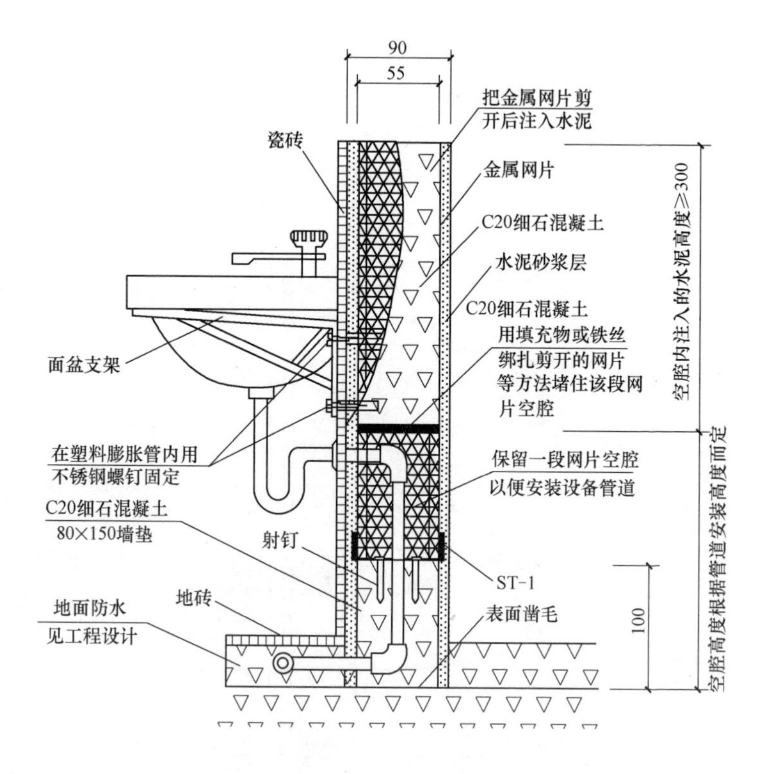

图 1　洁具安装节点

工艺说明：

1. 洗脸盆由型钢制作的台面构件支托，安装洗脸盆前检测台面构架是否稳固，检查台面石材预留孔洞的大小是否合适。

2. 洗脸盆与台面接合处，用密封膏抹缝，沿口四周不得渗漏。

060211　内隔墙预埋管线

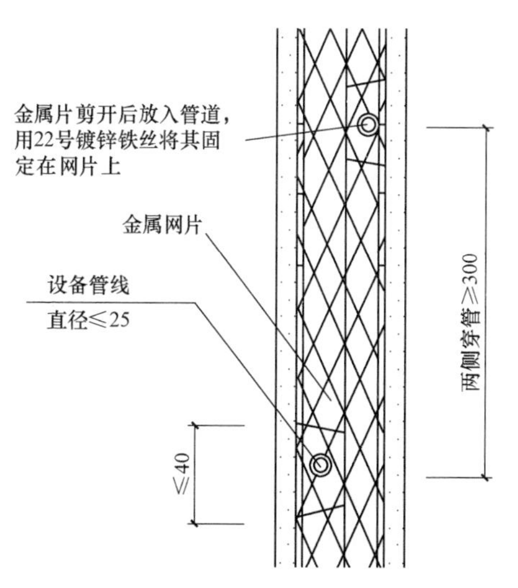

图 1　预埋管线示意图

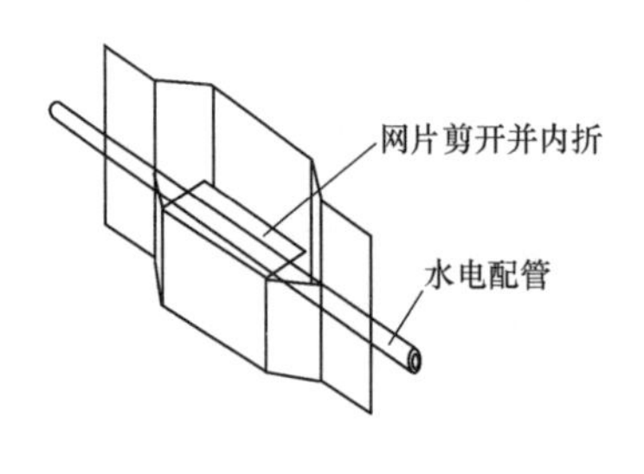

图2　接线盒示意图

工艺说明：

1. 网片组装完毕后进行水电配管，其立管应敷设在网片凹槽内，并用22号镀锌铁丝绑扎牢固，绑扎间距为500mm。

2. 网片上下水平管线的布管长度不应大于500mm，网片上开口应用剪刀或切割机裁剪后向内弯折，并加设宽为100～150mm的平网进行加固。水平布管时应单边布管，严禁将龙骨全部截断，龙骨截断面不应大于龙骨宽度的一半。当网片两边同时水平布管时两根水平管的水平高差大于300mm，其水平横管的直径不应大于25mm。

3. 对于长度及宽度均大于400mm的预留孔洞，在网片上应进行加固处理；对于小于400mm的预留孔洞，可先在网片上用油漆标出，待抹灰结束后裁剪，填肋抹灰预留孔洞处不抹灰。

4. 在穿墙孔洞处网片裁剪时，应当用剪子将孔洞网片剪破成十字形，严禁将网片剪成洞口形状，当管道敷设后，将网片再围在管道上，并用绑扎丝绑扎牢靠。

5. 开关及插座、接线盒等管线可预埋在中空内模网片，用22号镀锌铁丝与中空内模网片绑扎牢固，并用水泥砂浆卧牢，不得有松动。

第三节　轻集料混凝土条板、水泥条板、石膏条板内隔墙

060301　轻混凝土、水泥、石膏条板连接节点

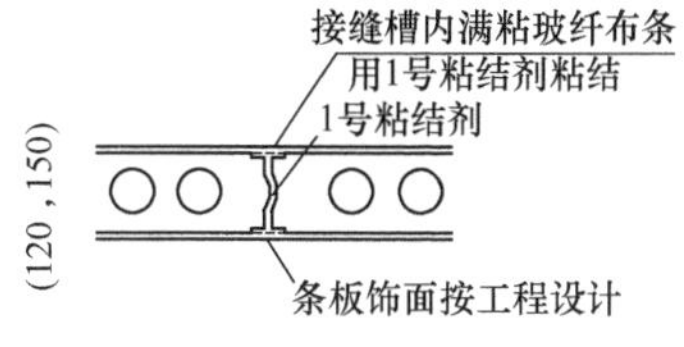

图 1　条板一字连接形式 1

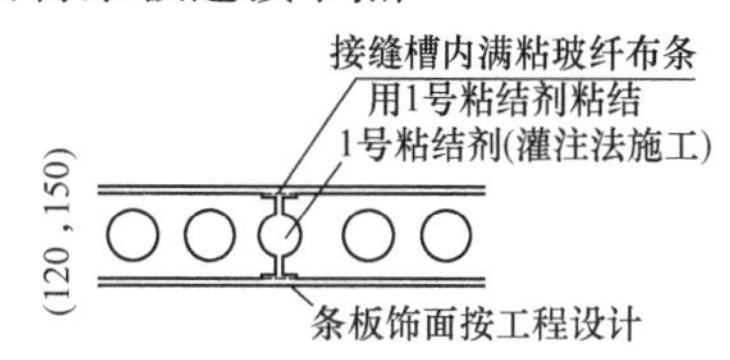

图 2　条板一字连接形式 2

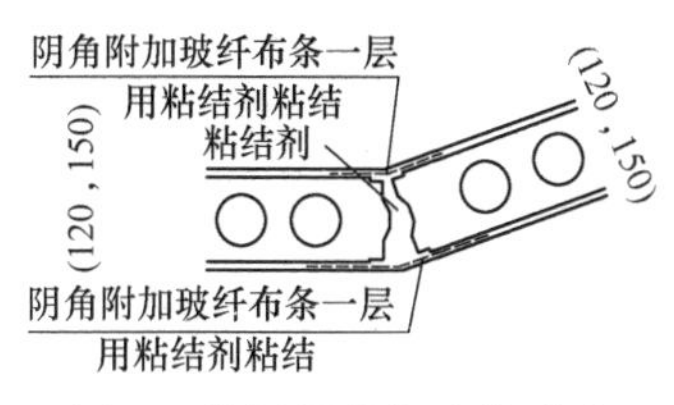

图 3　条板任意角连接形式

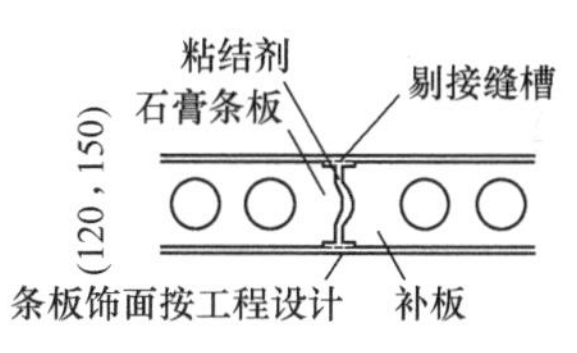

图 4　条板与补板连接形式

工艺说明：

1. 条板粘接前要对表面进行处理，清除表面的浮尘，保证条板的粘接牢固。条板隔墙板与板之间的横向连接可采用榫接、平接、双凹槽对接等方式；

2. 板与板之间对接缝隙内填满，灌实粘结材料，企口接缝处可粘贴耐碱玻璃纤维网格布条或无纺布条防裂，亦可采用加设拉结钢筋加固及其他防裂措施。

3. 安装条板隔墙时，条板应按隔墙长度方向竖向排列，排板应采用标准板。当隔墙端部尺寸不足一块标准板宽时，可按尺寸要求切割补板，补板宽度应不小于200mm。

4. 在限高以内安装条板隔墙时，竖向接板不宜超过一次，相邻条板拼接位置应错开300mm以下，错缝范围可为300～500mm。

5. 条板对接部位加连接件、定位钢卡，做好定位、加固、防裂处理。

060302 轻混凝土、水泥、石膏板与墙柱连接节点

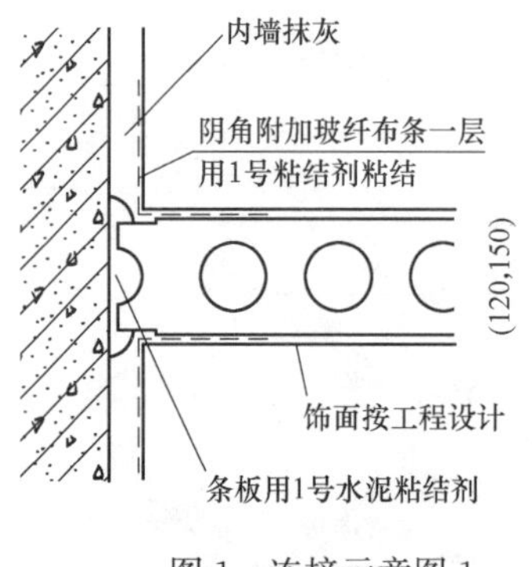

图1 连接示意图1

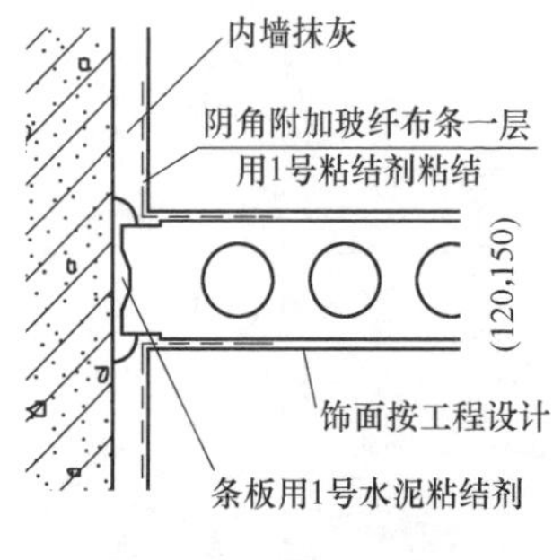

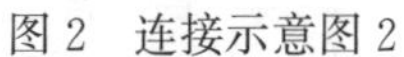

图2 连接示意图2

工艺说明：

施工前清理连接墙面及条板侧面，满涂水泥粘接剂，并将条板与墙柱顶紧。

060303　轻混凝土、水泥、石膏条板与梁板连接节点

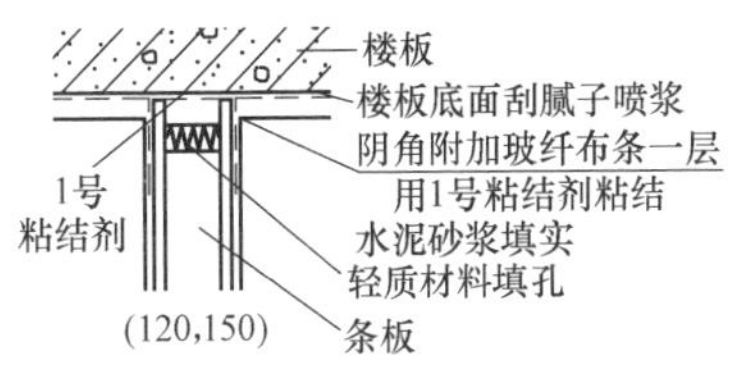

图 1　条板与板底连接节点

图 2　条板与梁底连接节点

工艺说明：

在安装隔墙板时，一定要注意使条板对准预先在顶板和地板上弹好的定位线，在安装过程中随时用 2m 靠尺及塞尺测量墙面的平整度，用 2m 托线板检查板的垂直度。粘结完毕的墙体，应立即用 C20 干硬性混凝土将板下口堵严，当混凝土达到 10MPa 以上，撤去板下木楔，并用同等强度的干硬性砂浆灌实。

060304 轻混凝土、水泥、石膏条板与楼地面连接节点

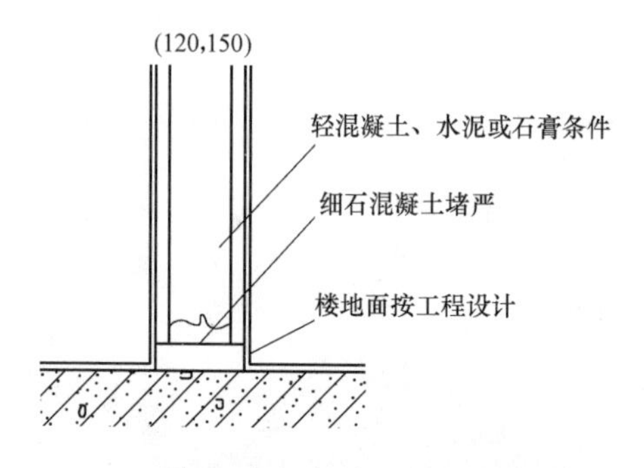

图 1 条板与楼地面连接节点

工艺说明：

1. 对施工作业面进行清理，以便施工能顺利进行，施工后的作业区也应及时清理干净。

2. 首先应按排板图在地面及顶棚板面弹上安装位置墨线，条板应从主体墙、柱的一端向另一端顺序安装；有门洞口时，宜从门洞口的两侧安装。

3. 条板下端距地面的预留安装间隙宜保持在 30～60mm，根据需要调整；在条板隔墙与楼地面空隙处，采用细石混凝土填实。

060305 轻混凝土、水泥、石膏条板与门窗框连接节点

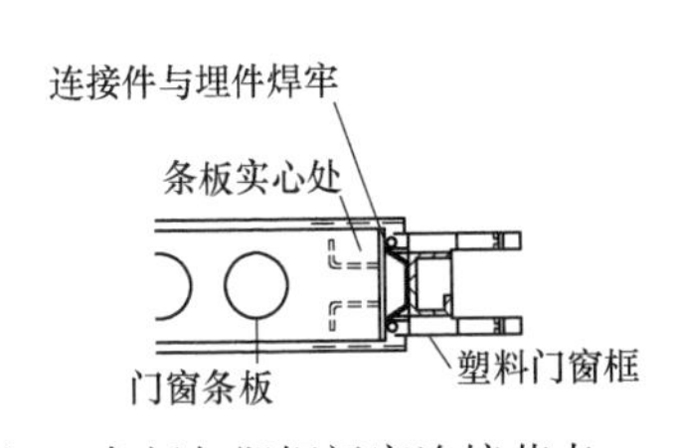

图 1 条板与塑钢门窗连接节点

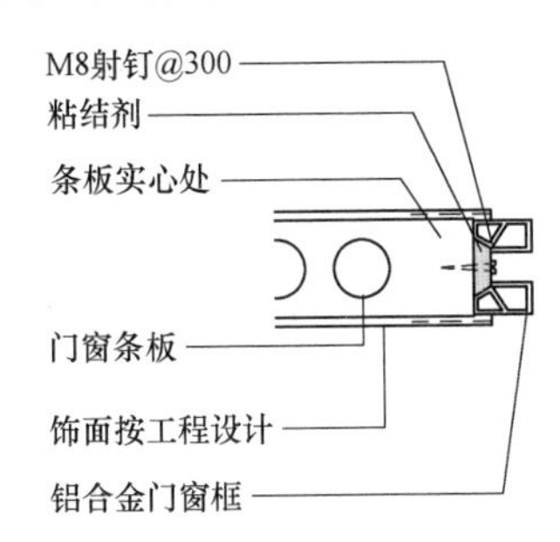

图 2 条板与铝合金门窗连接节点

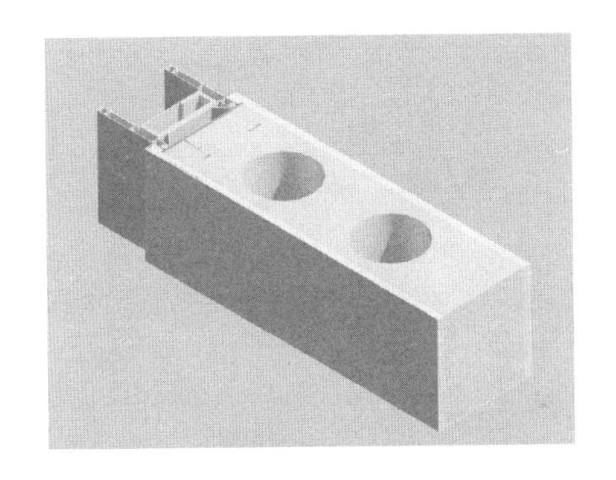

工艺说明：

1. 采用空心条板作门、窗框板时，距板边 120～150mm 不得有空心孔洞；可将空心条板的第一孔用细石混凝土灌实。

2. 应根据门窗洞口大小确定固定位置和数量，每侧的固定点应不少于 3 处。

3. 门框两侧采用门框条板（带钢埋件），墙体安装完毕后将门框立入预留洞内并焊接即可，木门框需要在连接处用木螺丝拧上 3mm×40mm 扁铁，然后与条板埋件焊接。门框与墙板间隙用粘结剂腻子塞实、刮平。

060306　轻混凝土、水泥、石膏条板预埋件、吊挂件节点

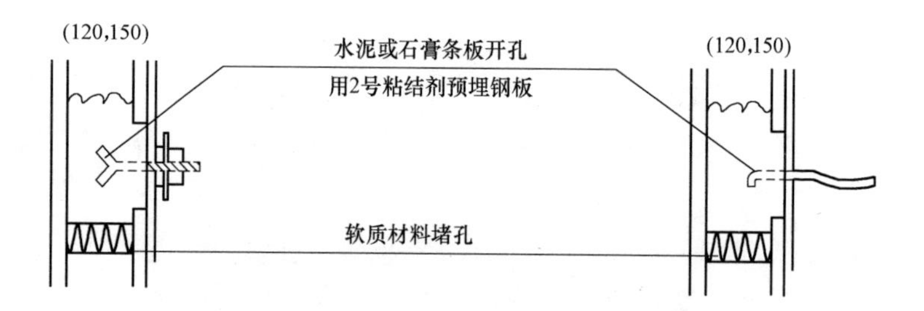

工艺说明：

条板隔墙上需要另挂重物和设备时，不得单点固定，单点吊挂力应小于1000N，并应在设计时考虑加固措施，两点的间距应大于300mm。预埋件和锚固件均应做防腐或防锈处理，并避免预埋铁件外露。

质量控制：用于条板之间拼接缝、条板与主体裁口缝填缝、预埋木块、电器开关、插座盒粘结的接缝密封嵌缝胶结料宜采用低碱水泥配制。

060307　轻混凝土、水泥、石膏条板电气开关、插座节点

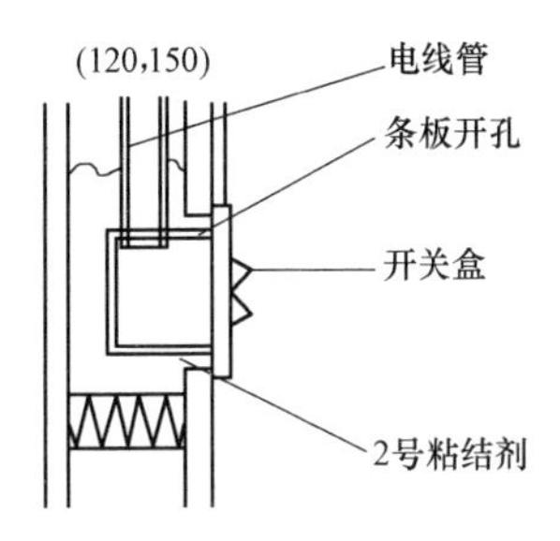

图 1　暗线开关安装节点

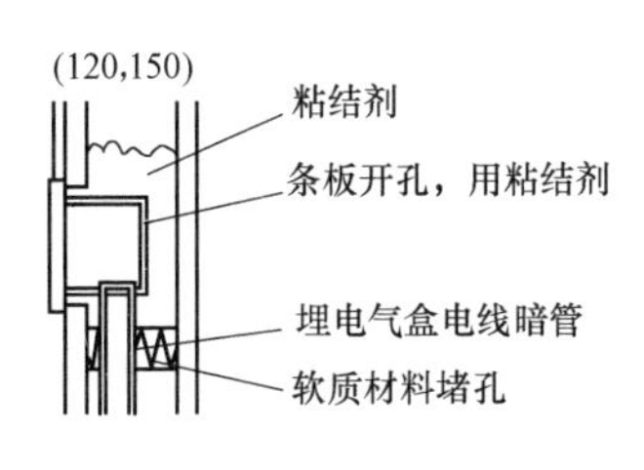

图 2　暗线插座安装节点

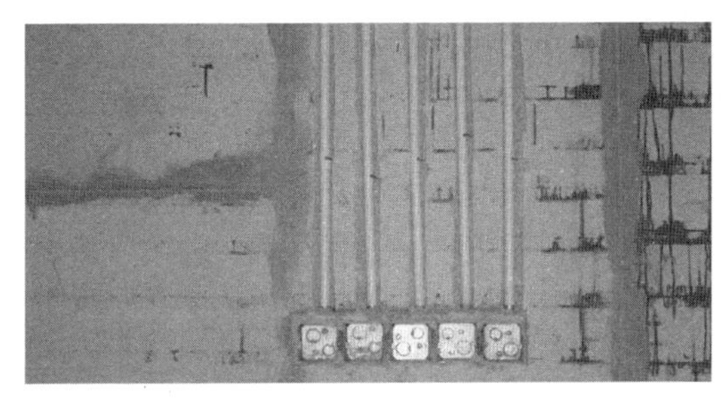

工艺说明：

当在条板隔墙上横向开槽、开设敷设电气暗线、暗管、开关盒时，选用隔墙的厚度应大于 90mm。墙面开槽深度应不大于墙厚的 2/5，开槽长度不得大于隔墙长度的 1/2。严禁在隔墙两侧同一部位开槽、开洞，其间距应错开 150mm 以上。水电埋管铺设应与隔墙板安装同步进行，隔墙板面需要开口时，应在安装前钻孔，洞口不得大于 80mm×80mm；

单层条板隔墙内不宜设计暗埋配电箱、控制柜，可采用明装方式或局部设计双层条板，严禁穿透隔墙安装。配电箱、控制柜宜选用薄型箱体。单层条板隔墙内不宜横向暗埋水管。

060308 轻混凝土、水泥、石膏条板分户隔墙保温做法

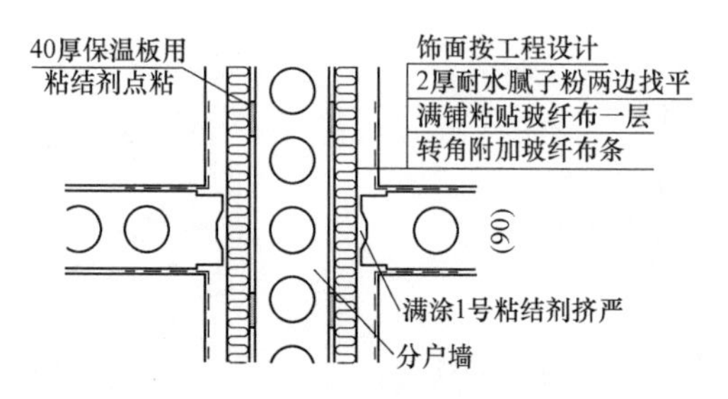

图1 单层条板保温做法

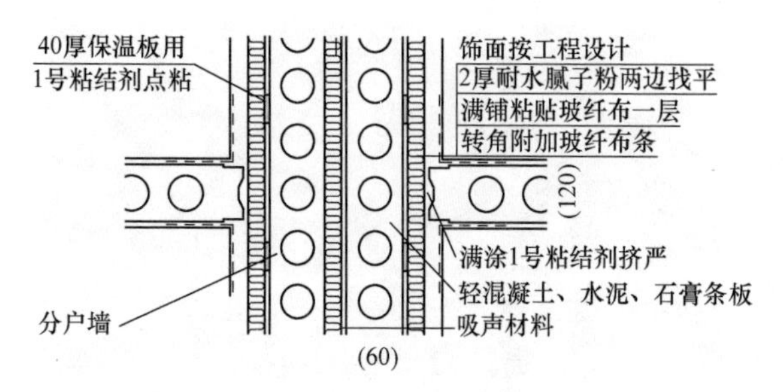

图2 双层条板保温做法

工艺说明：

1. 应根据不同条板隔墙的技术性能及不同建筑使用功能和使用部位的不同选用单层条板隔墙、双层条板隔墙。

2. 双层条板隔墙选用条板的厚度不宜小于60mm，隔墙的两板间距宜设计为10～50mm，可作为空气层或填入吸声、保温材料等功能材料。

3. 对有保温要求的分户隔墙相关施工做法和选用指标应符合国家现行建筑节能标准、规范《严寒和寒冷地区建筑节能设计标准》JGJ 26—2010、《夏热冬暖地区居住建筑节能设计标准》JGJ 75—2003和《夏热冬冷地区居住建筑节能设计标准》JGJ 134—2010的规定。

第四节　硅镁加气水泥条板、粉煤灰泡沫水泥条板内隔墙

060401　硅镁、泡沫水泥条板连接节点

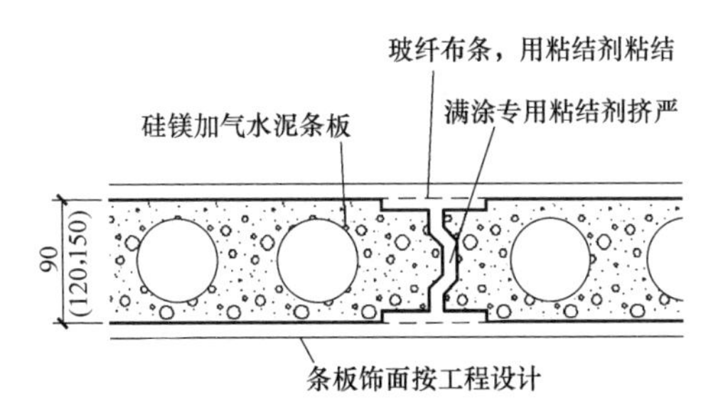

图1　条板一字连接

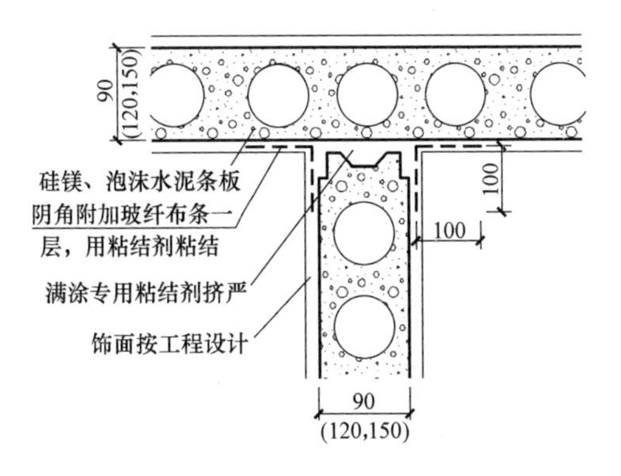

图2　条板T形连接

工艺说明：

清理干净条板企口上的灰尘或杂物，将板榫槽对准榫头拼接，保持条板与条板之间紧密连接。板缝间隙应揉挤严密，把挤出的粘接剂刮平，缝隙不大于5mm，待收缩干燥后打磨板缝，再贴防裂胶带，3d后可续下道工序。

060402　硅镁、泡沫水泥条板与墙柱连接节点

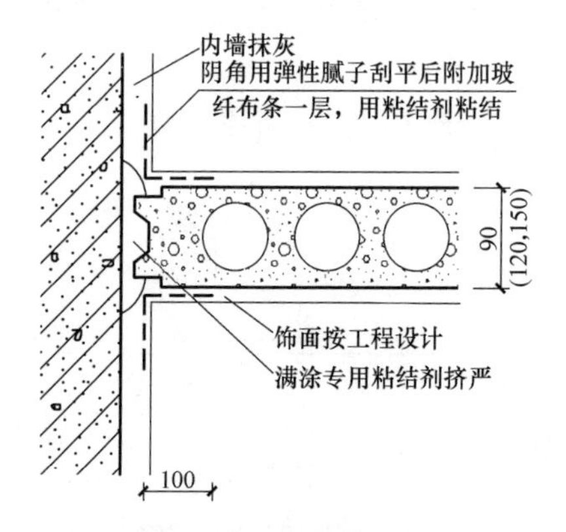

图 1　条板与墙体连接

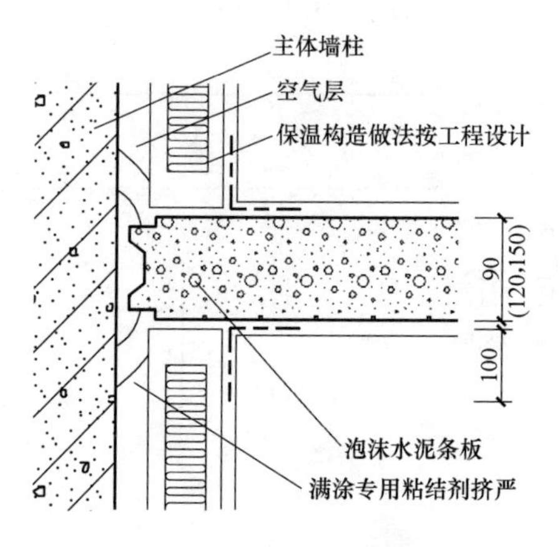

图 2　条板与保温墙体连接

工艺说明：

条板与顶板梁、墙柱的接缝处，均应加设 U 形抗震镀锌钢板卡。在墙柱位置宜每隔 600～800mm 设置 1 块，顶板梁钢板卡设置位置为每 2 块条板隔墙的交界处。钢板卡厚度为 2～3mm，通过射钉或膨胀螺栓与梁板或墙柱固定。

060403　硅镁、泡沫水泥条板与梁板连接节点

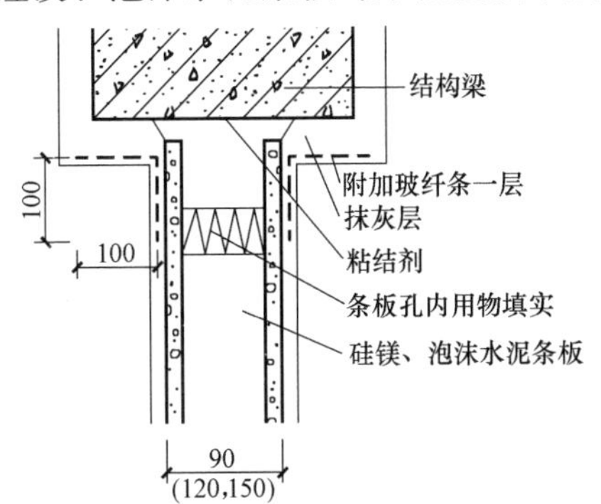

图 1　条板与梁底连接

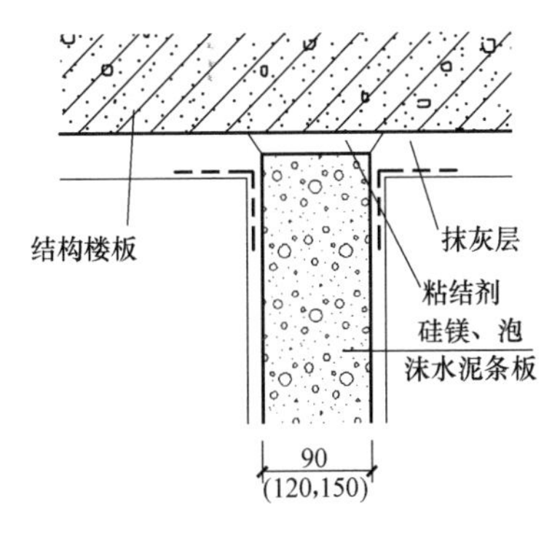

图 2　条板与楼板底面连接

工艺说明：

安装时在条板的企口处，板的顶面均匀刮满厚度不小于 15mm 的粘接剂；上下对准在梁板上所弹的墨线立板，用撬杠将板向上顶紧，利用木楔调整位置，打入木楔的位置应选择在条板的实心肋位置，每块条板设置两个木楔，将板垂直向上挤压，顶紧梁、板，使条板就位，底部用木楔固定好。然后吊线锤检查条板的垂直度，用铝合金靠尺检查平整度，通过调整木楔将条板调整到位。

060404 硅镁、泡沫水泥条板与地面连接做法节点

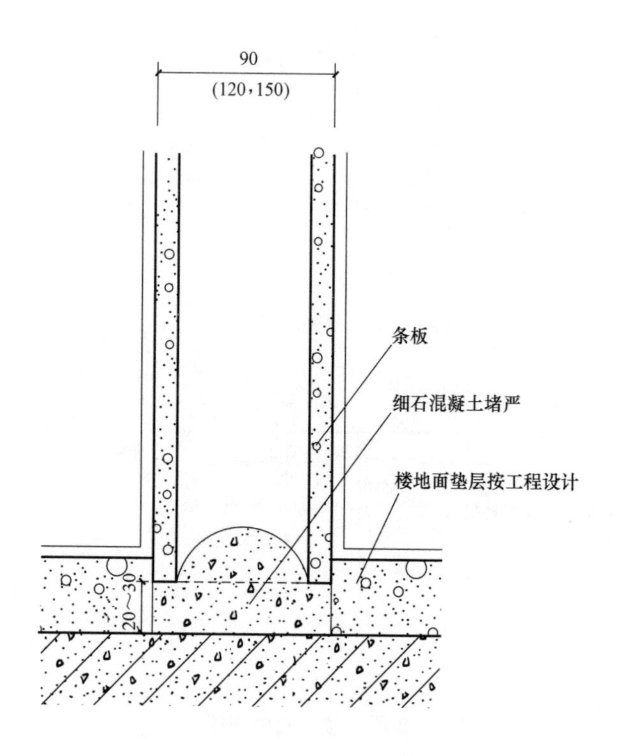

工艺说明：

条板顶紧上部梁、板就位，底部用木楔固定好。然后吊线锤检查条板的垂直度，用铝合金靠尺检查平整度，通过调整木楔将条板调整到位，使用 C20 细石混凝土将板底底缝填塞密实，并进行养护，3d 后打掉木楔，再将楔口用水泥砂浆补好。条板底面与混凝土楼板的接缝厚度控制在 5～10mm。

060405　硅镁、泡沫水泥条板隐蔽钢筋连接节点

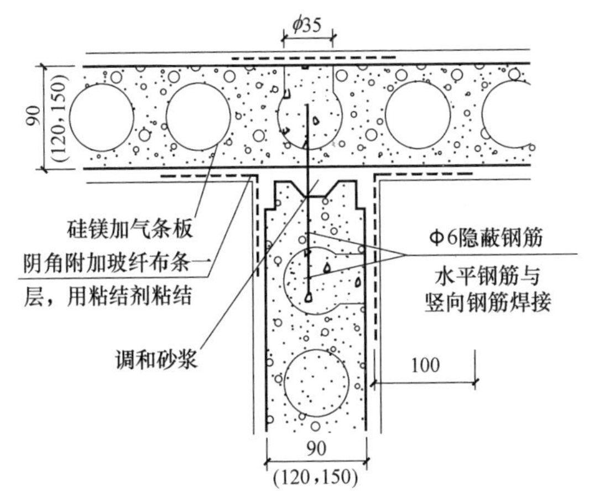

图1　条板丁字连接

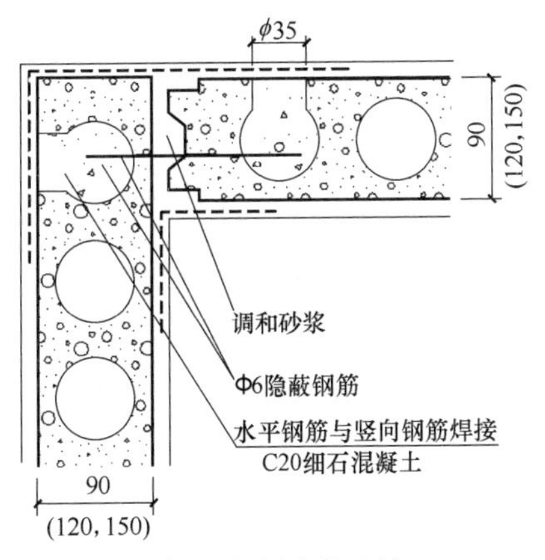

图2　条板直角连接

工艺说明：

条板直角连接或丁字连接均在连接相邻的两个孔洞内采用直径6mm的圆钢横向与竖向进行焊接连接，并采用C20细石混凝土进行灌孔。

060406 硅镁、泡沫水泥条板抗震构造节点

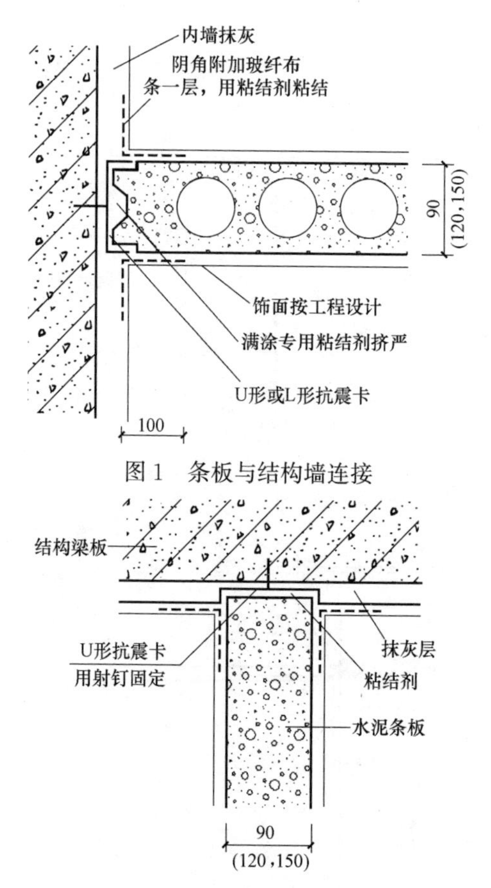

图1 条板与结构墙连接

图2 条板与结构梁板连接

工艺说明：

条板与顶板梁、墙柱的接缝处，均应加设U形抗震镀锌钢板卡。在墙柱位置宜每隔600～800mm设置1块，顶板梁钢板卡设置位置为每2块条板隔墙的交界处。钢板卡厚度为2～3mm，通过射钉或膨胀螺栓与梁板或墙柱固定。

060407　硅镁、泡沫水泥条板与门窗框连接节点

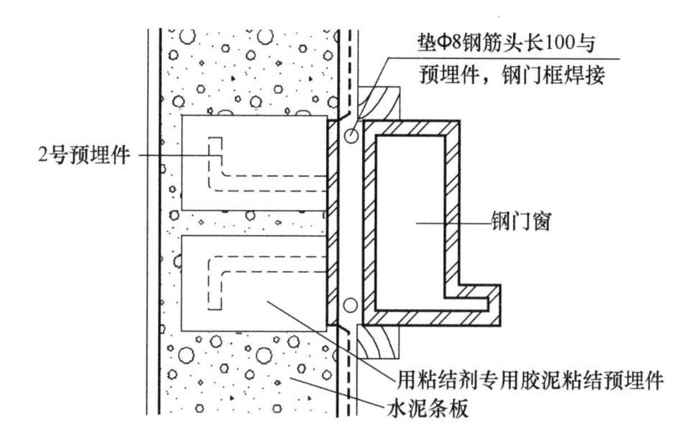

图1　条板与钢门窗连接

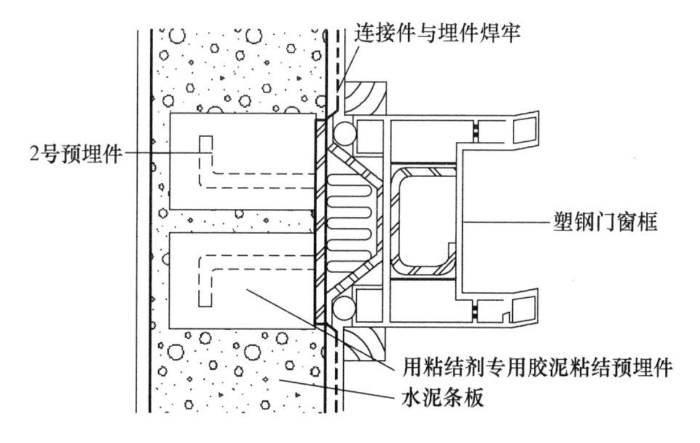

图2　条板与塑钢门窗连接

工艺说明：

条板与钢门框、塑钢门框连接，将门框内预装的铁卡与墙板预埋件焊接，再用抽芯铝铆钉将门窗框与铁卡拧紧。木门框安装在条板内预埋木砖。

060408 硅镁、泡沫水泥条板预埋件、吊挂件连接节点

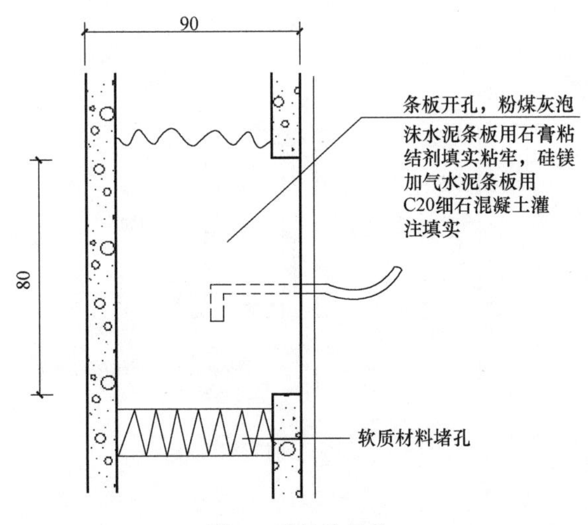

图1 暖气片挂钩

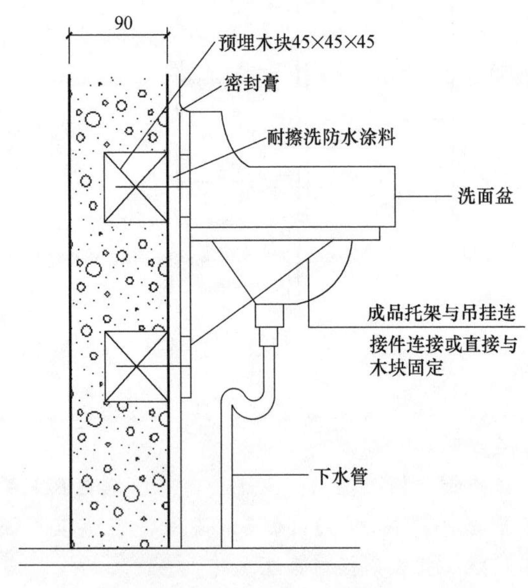

图2 洗面盆安装示意图

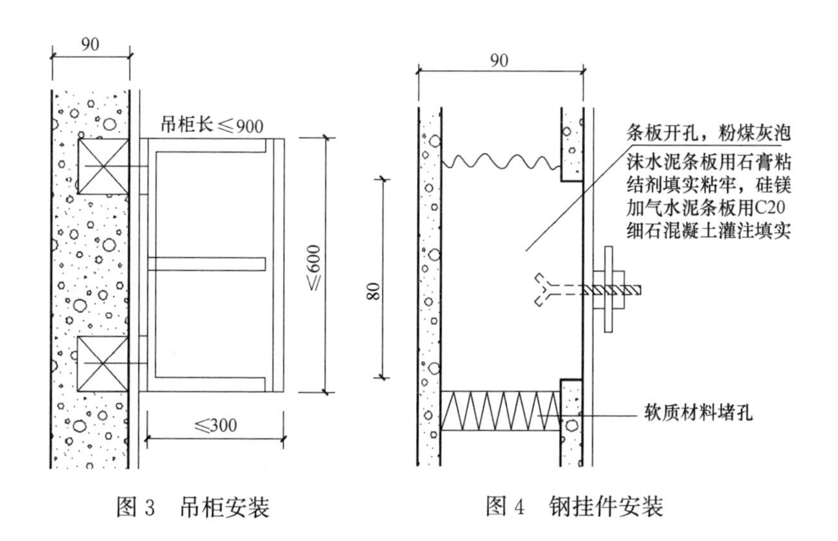

图3 吊柜安装　　图4 钢挂件安装

工艺说明：

条板上吊挂重物时，需要在条板上安装预埋件或木砖。在条板上开孔，开孔尺寸为木砖尺寸45mm或80mm，将预埋件埋入，填入胶粘剂或细石混凝土固定牢固，条板下空心处用软质泡沫材料堵孔，防止混凝土等掉落。

060409 硅镁、泡沫水泥条板电气开关、插座安装节点

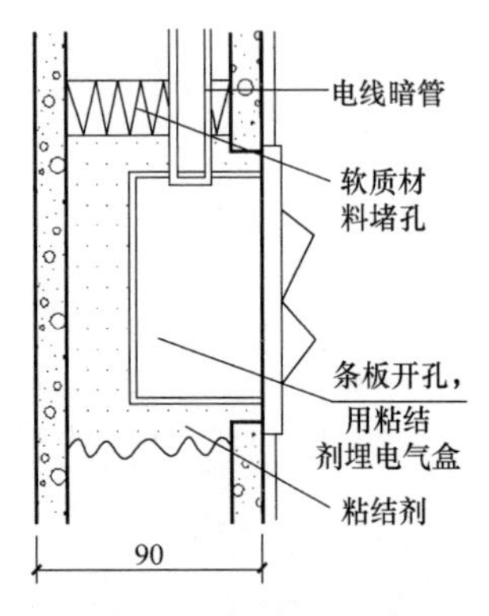

图 1 暗线开关安装

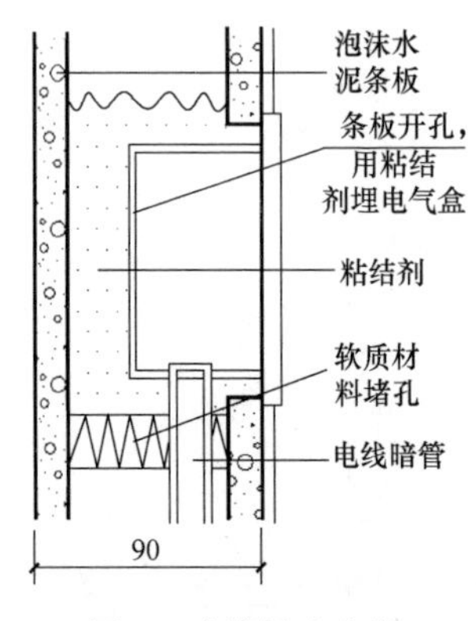

图 2 暗线插座安装

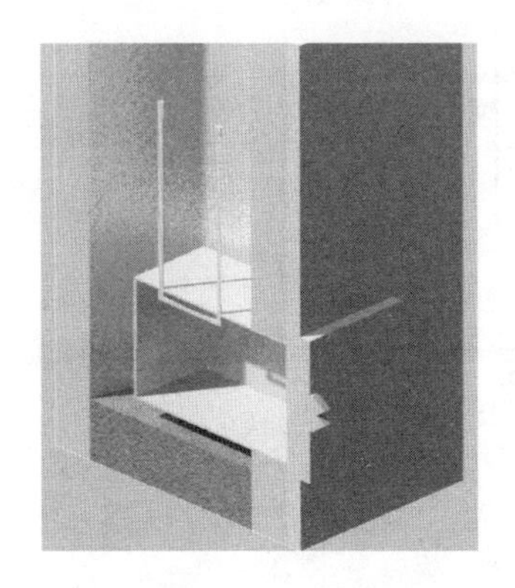

工艺说明：

开槽、开洞铺设暗线、开关盒，应在隔墙条板安装完毕7d后进行，先弹线定位，使用电钻开孔或专用切割工具开槽，不得随意开凿，严禁在条板隔墙两侧同一部位开槽、打洞。槽口、洞口应位置准确，套割方正、边缘整齐，电器开关、插座等用粘结剂粘牢，表面与隔墙板面平齐。电器接线开关、插座等四周，应用充填料抹平。

060410　硅镁、泡沫水泥条板分户隔墙保温做法

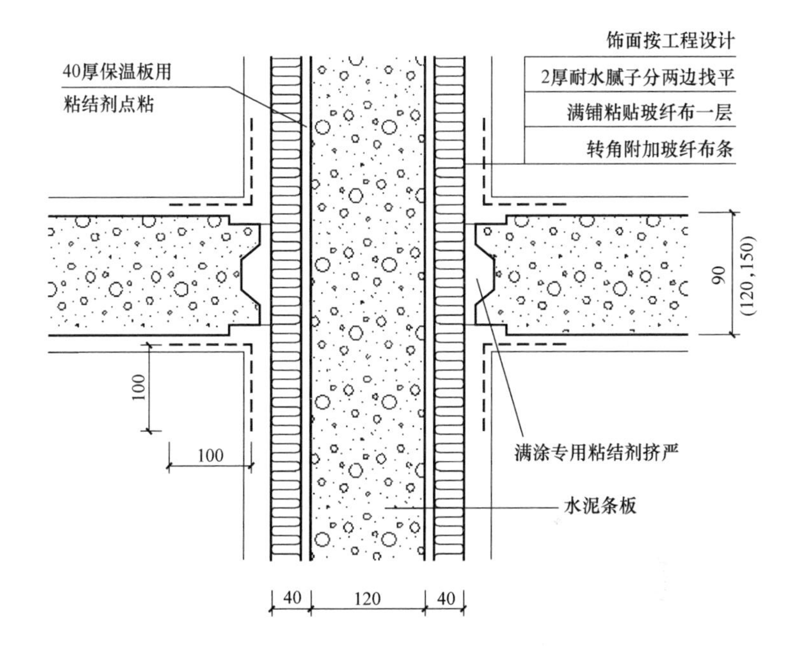

工艺说明：

单层条板用作分户隔墙，厚度不得小于120mm，保温板采用粘结剂进行点粘，两侧隔板要与隔墙顶紧并按要求安装连接牢固，上下均采用钢卡进行连接固定。

第五节　植物纤维复合条板内隔墙

060501　植物纤维条板连接节点

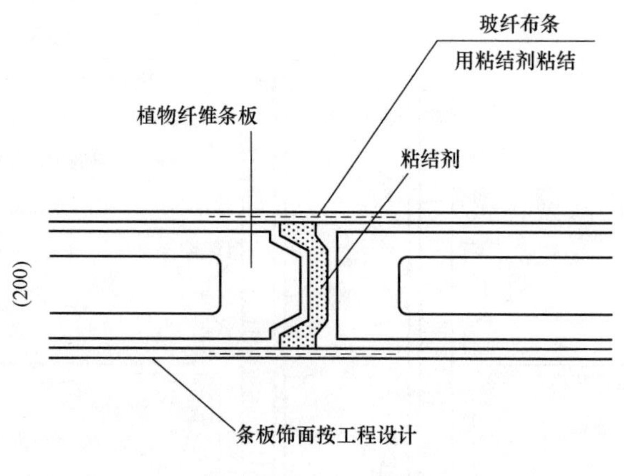

图 1　条板一字连接

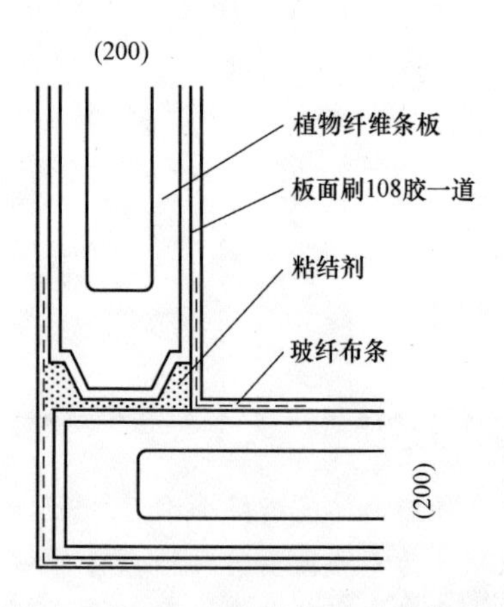

图 2　条板直角连接

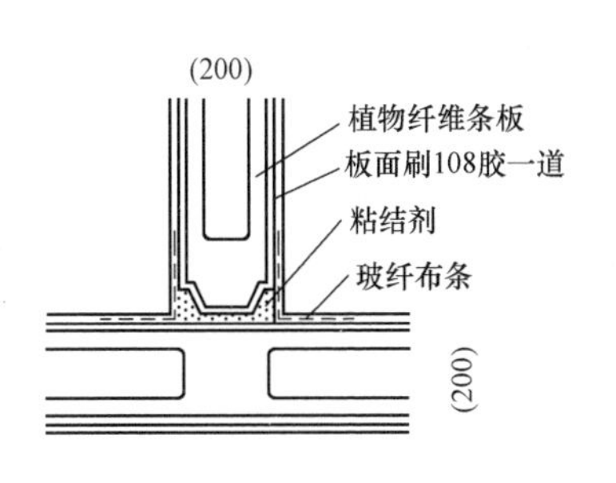

图3　条板T形连接

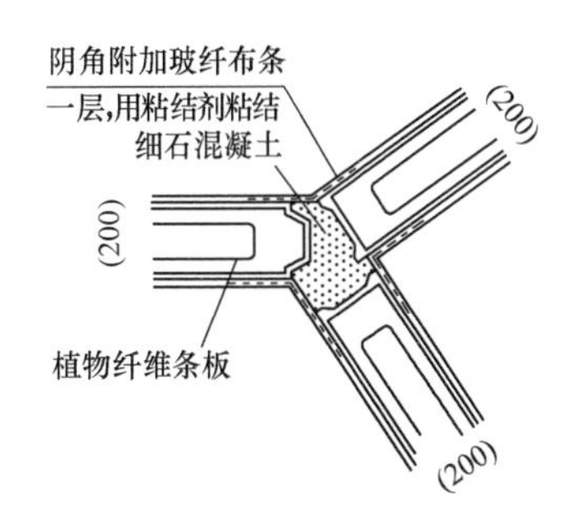

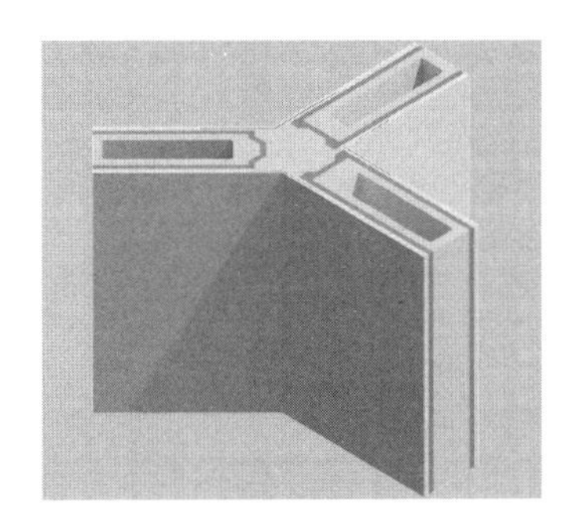

图4　条板三叉形连接

工艺说明：条板连接采用四种方式，依据不同部位进行选择，施工前将条板、基层清理干净，光滑表面凿毛、刷净，凸出部位及灰渣剔除，局部低凹处，用水泥砂浆或细石混凝土找平。板与板之间的对接缝隙内应填满、灌实粘结材料，板缝间隙应揉挤严密，被挤出的粘结材料应刮平勾实。

060502 植物纤维条板与墙柱连接节点

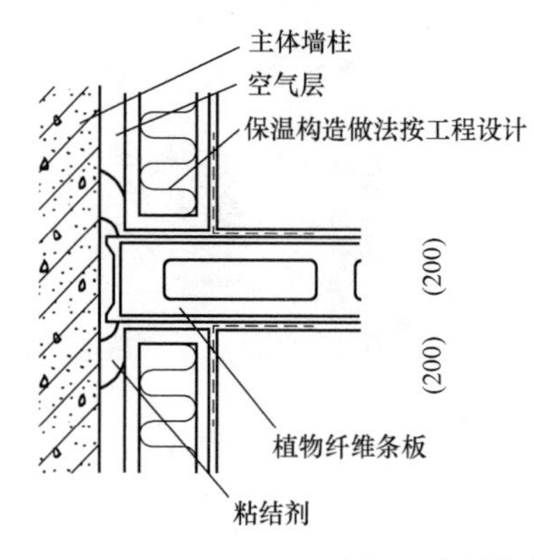

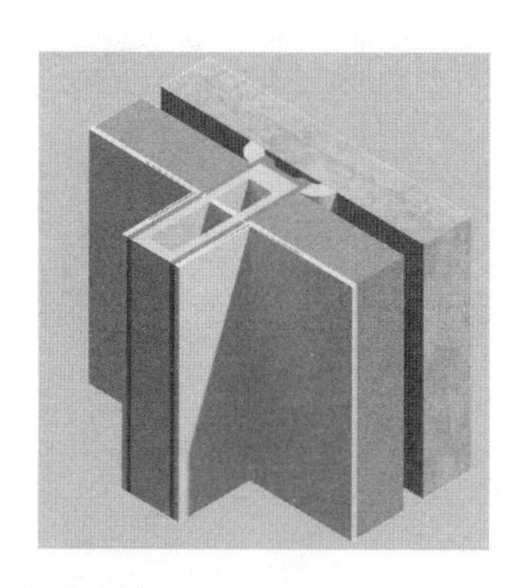

图1 条板与保温墙柱连接

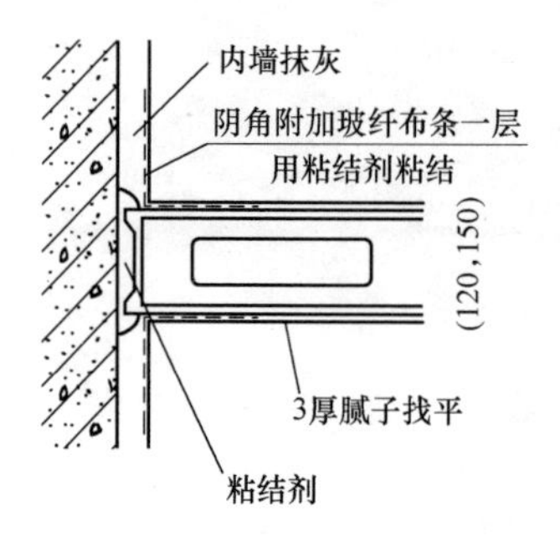

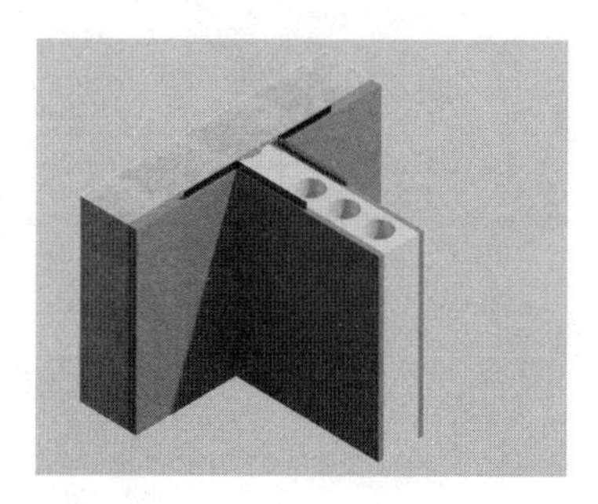

图2 条板与墙柱连接

工艺说明：

1. 保温层做法要严格按照设计要求进行施工；

2. 在与轻质隔墙板板墙相交的柱面或墙面顶紧，并挤满粘结剂，抹灰前要在阴角部位附加玻纤布，确保抹灰不出现裂缝。

060503　植物纤维条板与梁板连接节点

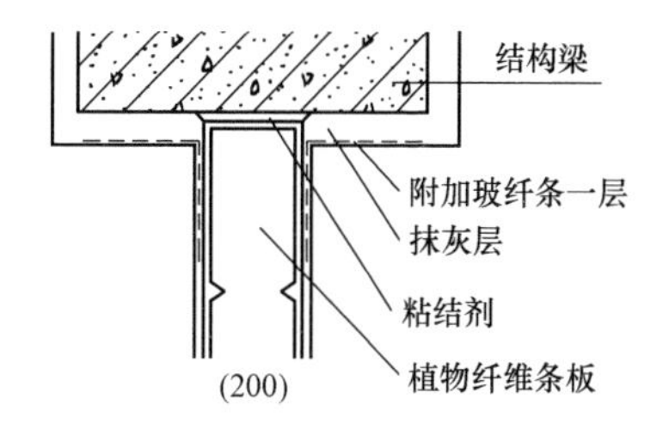

图 1　条板与结构梁连接

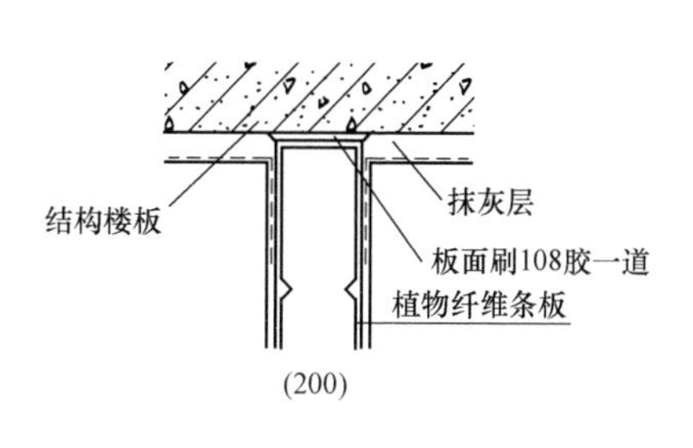

图 2　条板与结构楼板连接

工艺说明：

接板安装的条板隔墙，条板上端与顶板、结构梁的接缝处应满刷粘结剂或 108 胶，并在安装时挤紧接触面，保证安装质量，必要时加设钢卡进行固定，且每块条板不应少于 2 个固定点。

060504 植物纤维条板与地面连接、踢脚线做法

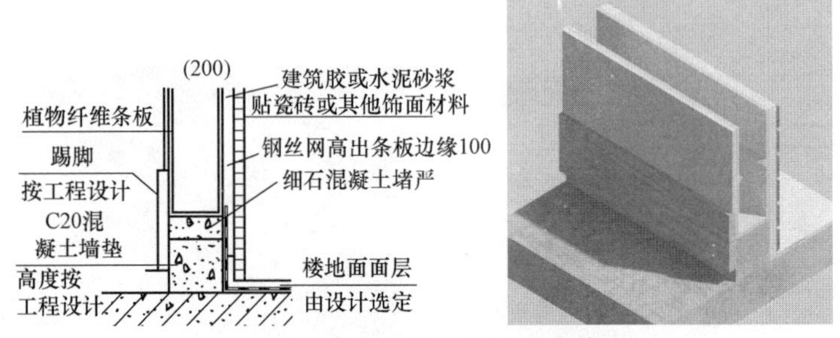

图1 条板与卫生间地面连接

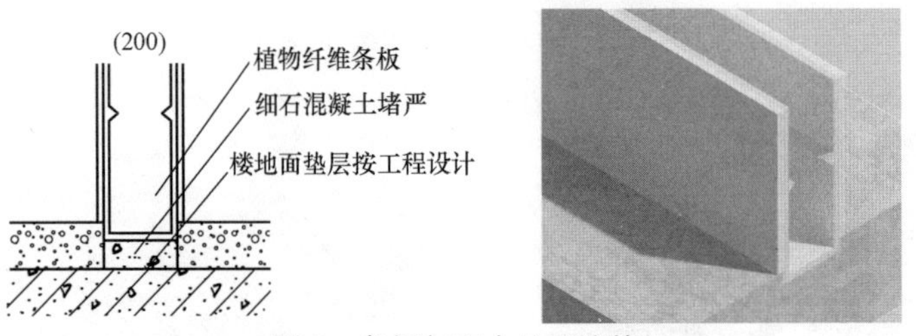

图2 条板与室内地面连接

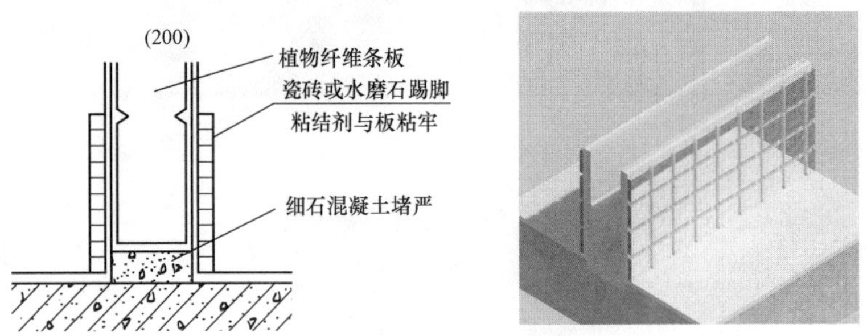

图3 条板粘贴瓷砖或水磨石踢脚做法

工艺说明：

条板隔墙下端与楼地面结合处宜留出安装空间，预留空隙在40mm及以下的宜填入1∶3水泥砂浆，40mm以上的宜填入干硬性细石混凝土，撤除木楔的预留空隙应采用相同强度等级的砂浆或细石混凝土填塞、捣实。

060505　植物纤维条板抗震构造节点

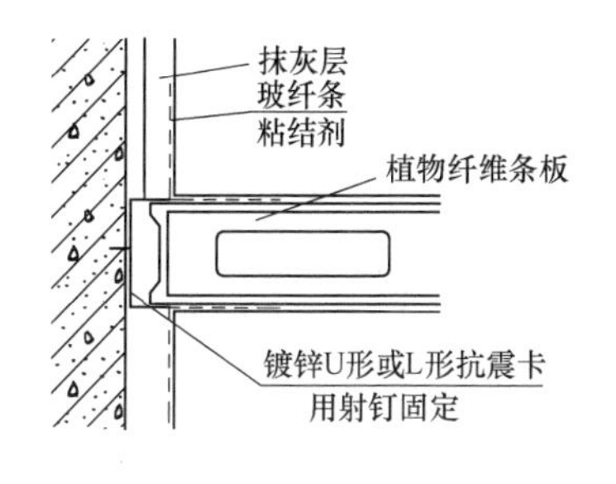

图1　条板与结构墙柱抗震构造

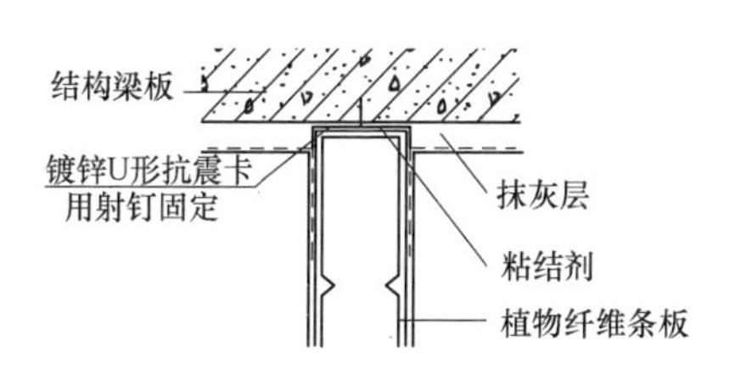

图2　条板与结构梁板抗震构造

工艺说明：

在抗震设防地区，条板隔墙与顶板、结构梁、主体墙和柱的连接应采用镀锌钢板卡件，并使用胀管螺钉、射钉固定。钢板卡件固定应符合下列要求：

1. 条板隔墙与顶板、结构梁的接缝处，钢卡间距不应大于600mm。

2. 条板隔墙与主体墙、柱的接缝处，钢卡可间断布置，间距不应大于1m。

3. 接板安装的条板隔墙，条板上端与顶板、结构梁的接缝处应加设钢卡，每块条板不应少于2个，并应大于600mm。

060506 植物纤维条板与门窗框连接节点

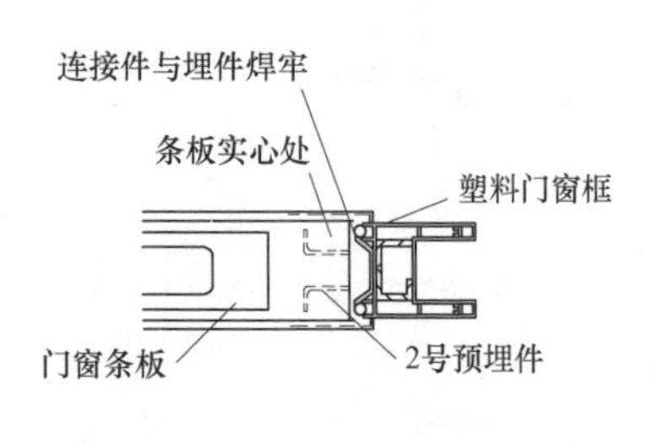

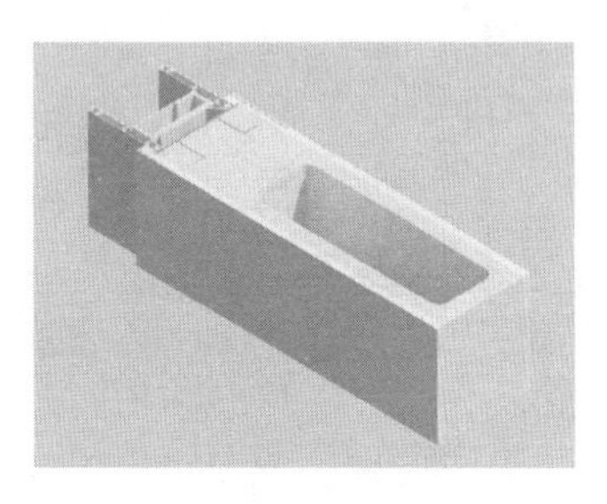

图1 条板与塑钢门窗框连接

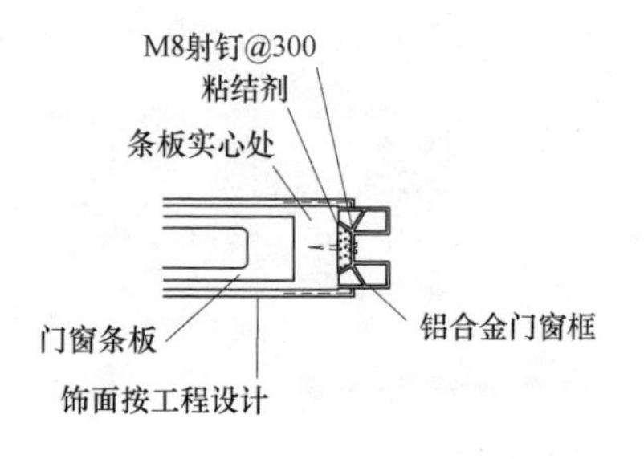

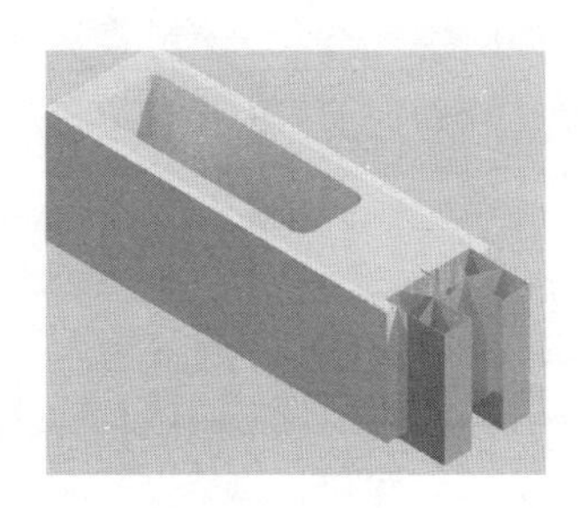

图2 条板与铝合金门窗框连接

工艺说明：

1. 在门窗周边安装门窗专用的实心条板，便于门窗框的安装固定；

2. 铝合金门窗采用M8射钉将门窗框与条板进行固定，射钉间距为300mm；

3. 塑料门窗框中槽钢预埋件与条板预埋件焊接牢固，焊缝饱满。

060507　植物纤维条板预埋件、吊挂件连接节点

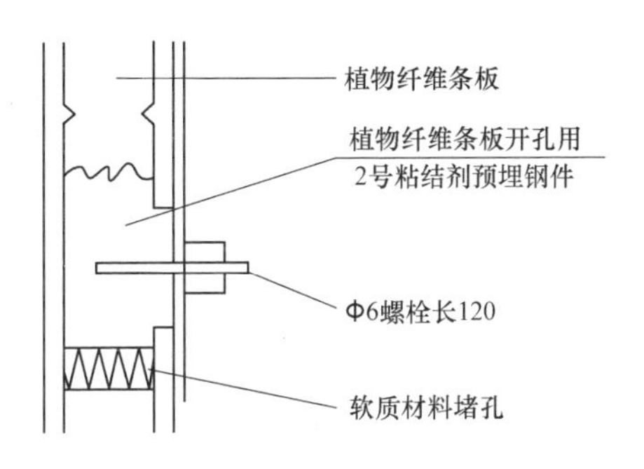

工艺说明：

预埋件和吊挂件的位置要在安装条板前进行策划，如果可以确定位置提前进行预埋件留置，对不能提前预留的，在现场采用机械开孔，对纤维板进行局部处理，采用长 120mm 的螺栓打入，采用胶结材料进行固定，每个吊挂点的挂重不大于 8kg。

060508 植物纤维条板墙上设备吊挂安装节点

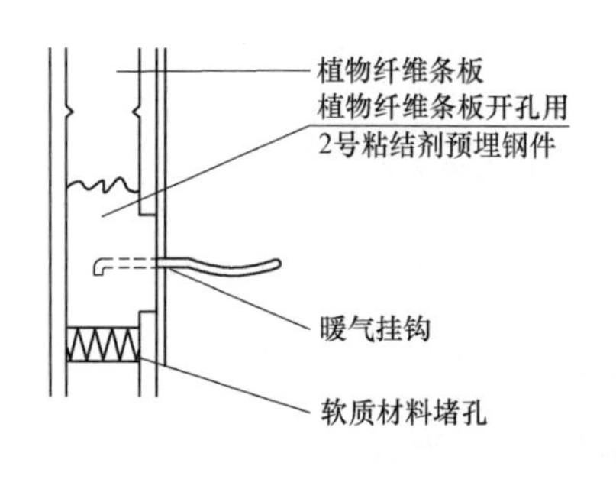

图 1 条板暖气片挂钩安装

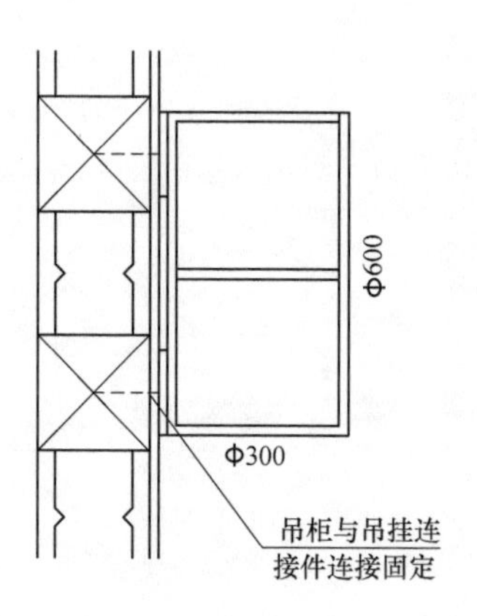

图 2 条板吊柜与吊挂件连接

工艺说明：

预埋件和吊挂件的位置要在安装条板前进行策划，如果可以确定位置提前进行预埋件留置，对不能提前预留的，在现场采用机械开孔，对纤维板进行局部处理，采用长 120mm 的螺栓打入，采用胶结材料进行固定，每个吊挂点的挂重不大于 8kg。

060509　植物纤维条板电气开关、插座安装节点

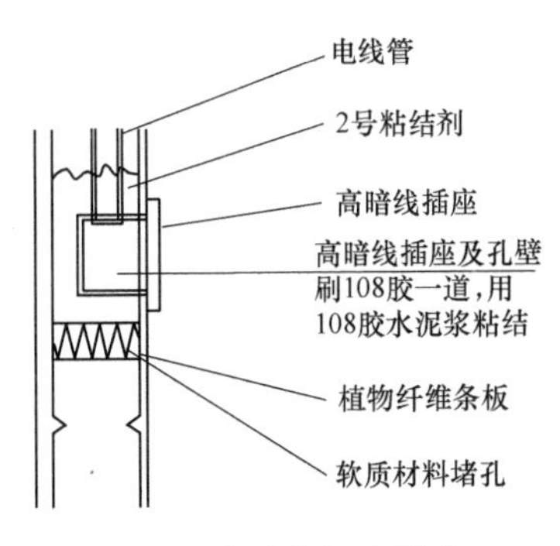

图1　高暗线插座做法

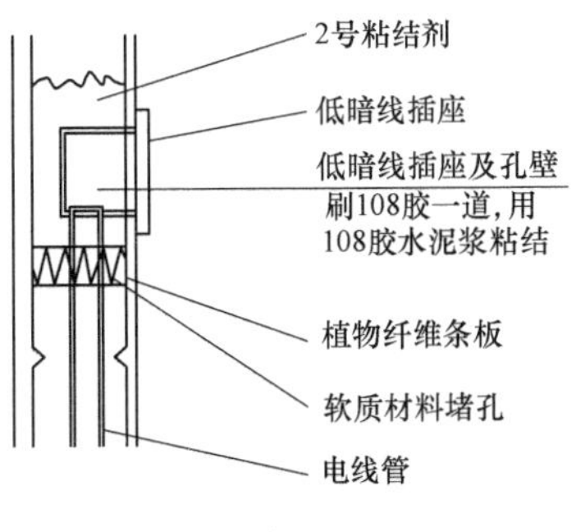

图2　低暗线插座做法

工艺说明：

管、盒及吊挂预埋件开孔部位用圆形聚苯泡沫条堵住板圆孔，扫净，刷稀释后的108胶水晾干。将线盒、吊挂预埋件用低碱水泥胶结料饱满裹好后嵌入安装，再用胶结料分两次压实修补。

线管补槽待电工将线管等安装完成后，先用粘结剂将线管、线盒等处的缝隙填至离隔墙板面5～8mm处，一天后，再用粘结剂将线管槽填平。粘结剂不得高于板面，线槽四周洒落在板面上的粘结剂要及时清理干净。

060510 植物纤维条板分户隔墙保温做法

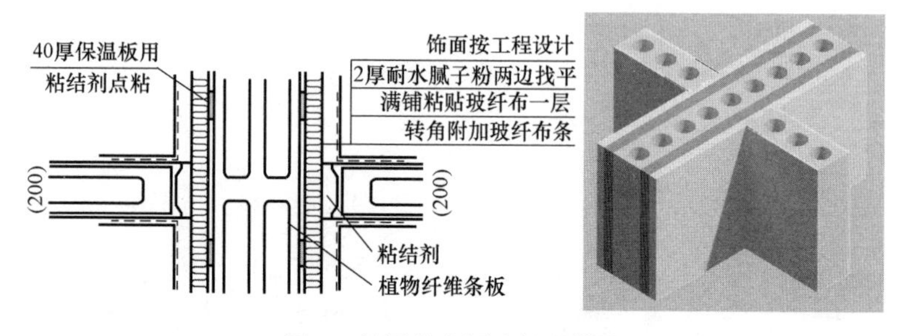

图 1 单层分户隔墙保温做法

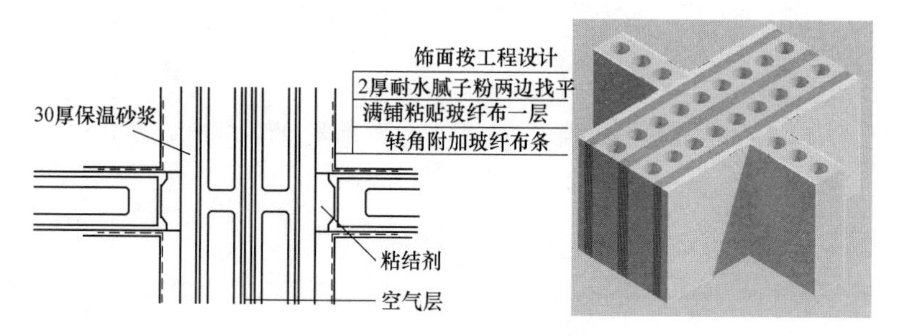

图 2 双层分户隔墙保温做法

工艺说明：

对于双层条板隔墙，两侧墙面的竖向接缝错开距离不应小于200mm，两板间应采取连接、加强固定措施。

当双层条板隔墙设计为隔声隔墙或保温隔墙时，应在安装好一侧条板后，根据设计要求安装固定好墙内管线，留出空气层或铺装吸声或保温功能材料，验收合格后再安装另一侧条板。

第六节　聚苯颗粒水泥夹芯复合条板内隔墙

060601　聚苯颗粒水泥条板连接节点

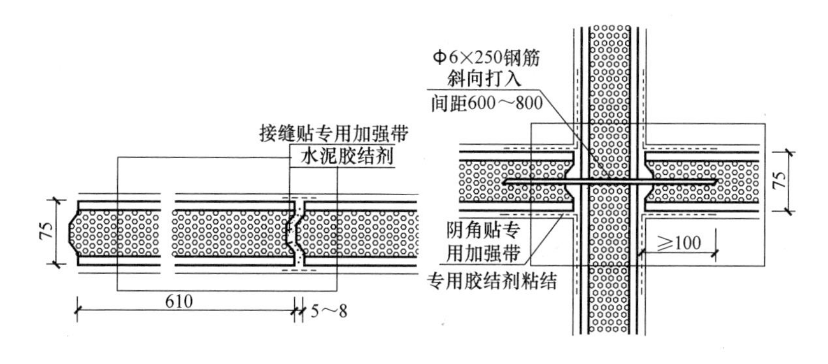

图 1　条板一字连接节点　　　图 2　条板十字连接节点

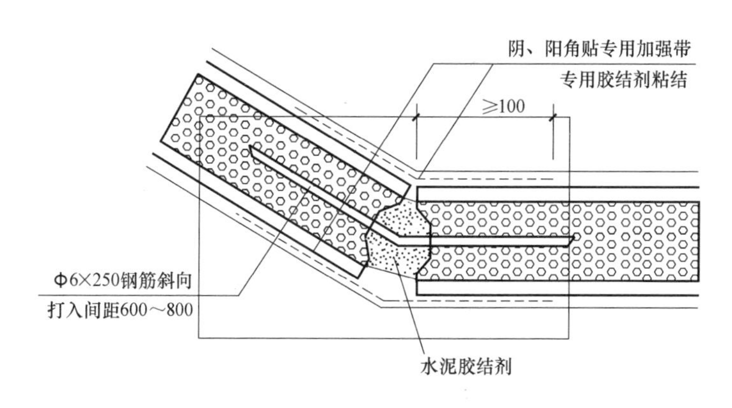

图 3　条板任意角连接节点

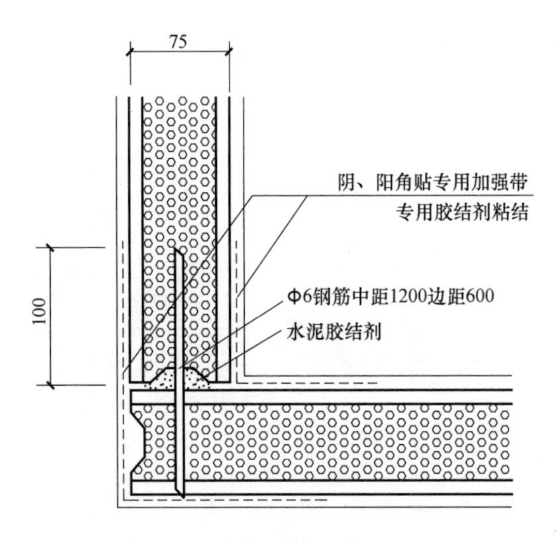

图4　条板直角连接节点

工艺说明：

1. 条板依据结构进行各种形式连接，将长250mm、直径6mm的钢筋以“厂”形打入墙板与墙板，进行固定。

2. 测量尺寸后切割墙板进安装，刮灰浆粘合，利用木楔调整位置，使墙板垂直平整到位，再单边打入长250mm、直径6mm的钢筋固定。

3. 前块墙板安装后，再进行下一块墙板的安装，按拼装次序对准楔槽拼装，连接处挤满灰浆粘合。直径6mm的钢筋45°斜插加以固定。

4. 在安装过程中，每隔两块墙板，单边上下以“厂”形打入长250mm、直径6mm的钢筋固定。

060602　聚苯颗粒水泥条板与墙柱连接节点

角钢用螺栓固定
@600-800
75
(90,100,120)
(125,150)
水泥胶结剂
墙体或柱

图1　条板与墙柱连接节点

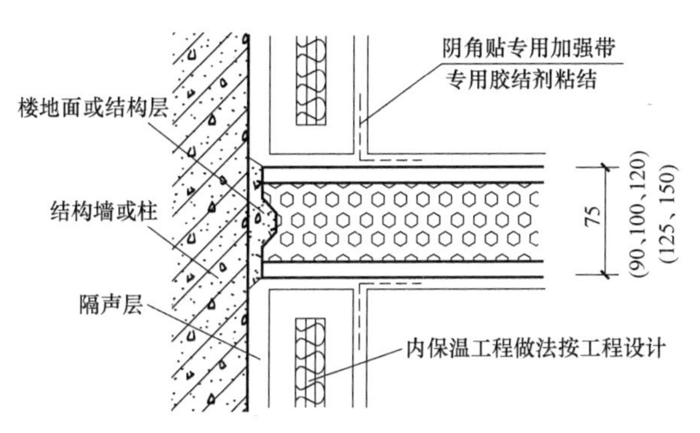

图2　条板与保温墙柱连接节点

工艺说明：

1. 条板安装前对结构面进行清理，保证结构面与条板接触面的洁净、平整；

2. 将条板按照排板图进行第一块板的安装，要保证与结构面挤满砂浆，上下采用木楔进行临时挤紧固定；

3. 按照墙高设置上中下三道固定卡，采用膨胀螺丝进行固定，确保条板与墙柱连接的牢固性。

060603 聚苯颗粒水泥条板与梁板连接节点

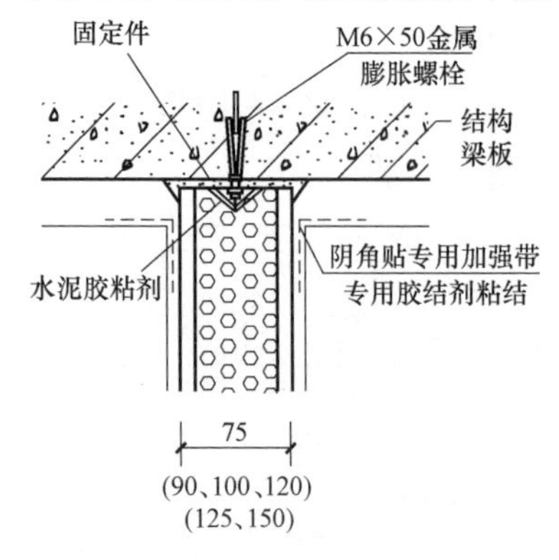

图 1 单层条板与梁板连接节点

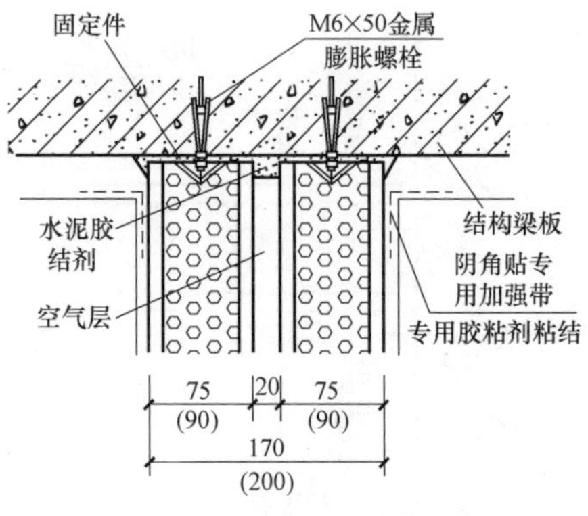

图 2 双层条板与梁板连接节点

工艺说明：

1. 条板与梁板连接要牢固，采用 M6×50 金属固定件，在板与板的接缝处采用膨胀螺栓进行固定。

2. 在条板与梁板接触面挤满砂浆，下部采用木楔支顶，保证上部连接紧密，待砂浆有强度后方可撤除。

3. 在条板与结构连接处抹灰时提前用专用胶粘剂粘贴专用加强带，防止抹灰出现裂缝。

060604　聚苯颗粒水泥条板与钢结构梁柱连接节点

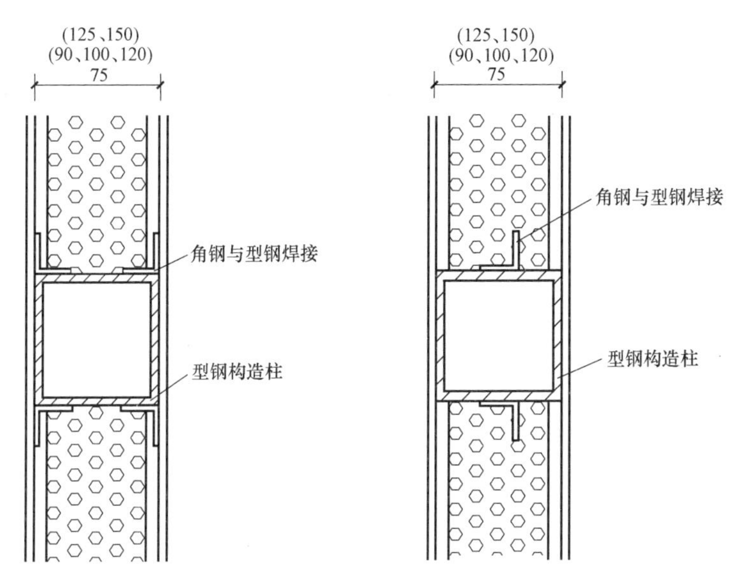

图 1　条板与钢结构双角钢连接　　图 2　条板与钢结构单角钢连接

工艺说明：

1. 条板与钢结构墙柱、梁的连接主要依靠角钢螺栓连接与焊接进行有效固定，一定要保证焊接质量，焊工必须有相应的操作合格证。

2. 在跨度大于 8m 的墙长设置型钢构造柱竖向与钢梁焊接固定，横向与条板通过角钢进行焊接固定，确保墙板安装的牢固。

060605 聚苯颗粒水泥条板与楼地面连接节点

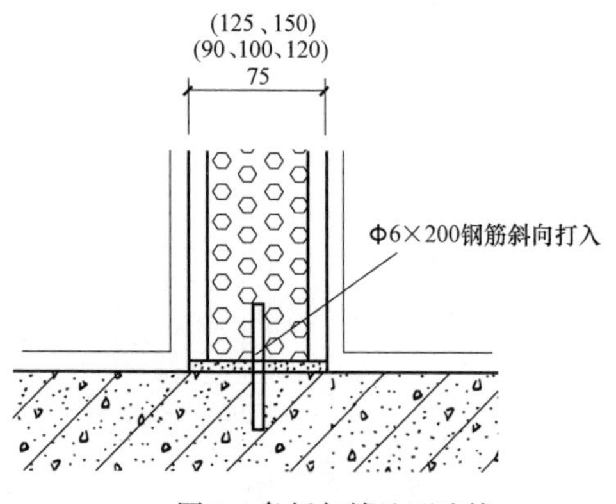

图1 条板与楼地面连接

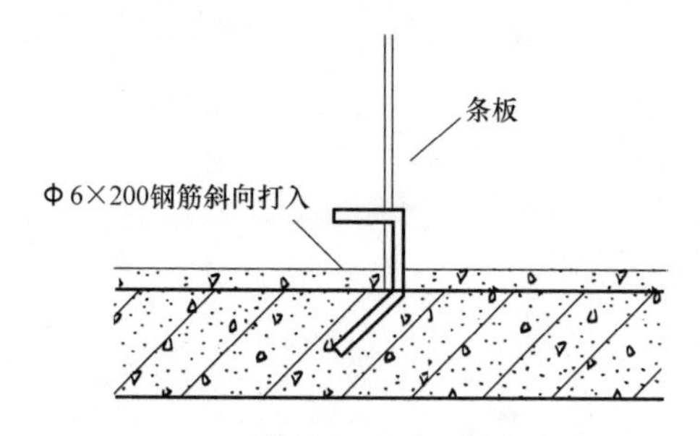

图2 条板与地面连接立面图

工艺说明：

1. 条板安装在楼地面施工前进行安装；

2. 下部采用木楔临时加固，调整好垂直度以及板与板之间的平整度后，采用固定件膨胀螺丝固定，并将长200mm、直径6mm的钢筋打入楼地面，与固定件进行电焊连接。

060606　聚苯颗粒水泥条板抗震构造节点

楼地面或结构层
水泥胶结剂
贴专用加强带
U形卡件
75
(90、100、120)
(125、150)

图1　条板与结构抗震构造

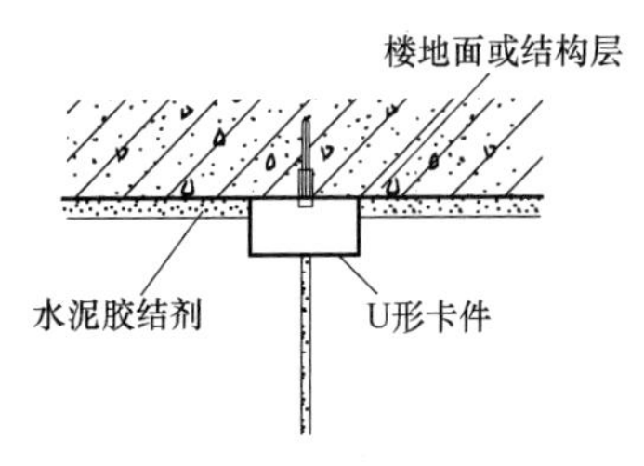

图2　条板与结构U形卡件

工艺说明：

在抗震设防地区，条板隔墙与顶板、结构梁的连接应采用U形镀锌钢板卡件，并使用胀管螺钉、射钉固定。钢板卡件固定应符合下列要求：

1. 条板隔墙与顶板、结构梁的接缝处，钢卡间距不应大于600mm。

2. 条板隔墙与主体墙、柱的接缝处，钢卡可间断布置，间距不应大于1m。

3. 接板安装的条板隔墙，条板上端与顶板、结构梁的接缝处应加设钢卡。

060607 聚苯颗粒水泥条板与门窗框连接节点

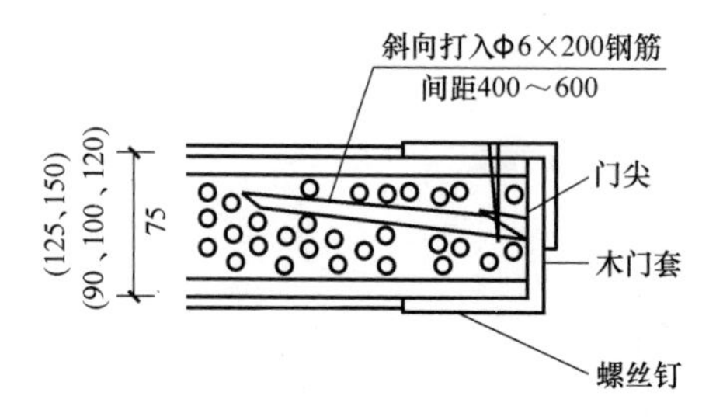

图1 条板与木门窗连接

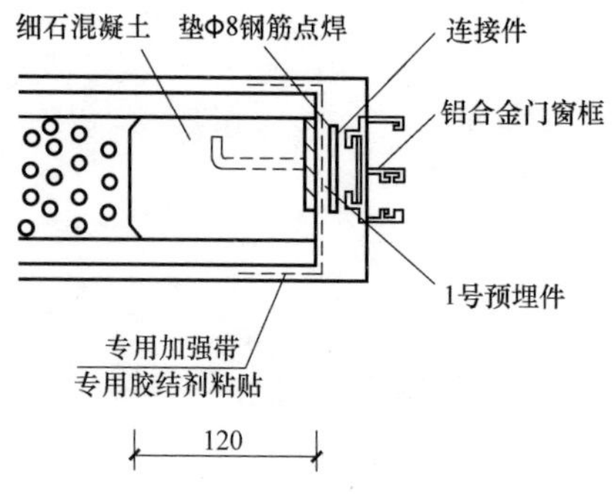

图2 条板与铝合金门窗框连接

工艺说明：

1. 提前做好策划，对门窗洞口的条板进行处理；

2. 木门窗安装时在门窗与墙板的接触面采用200mm长、直径6mm的圆钢将木门套与墙体固定，间距为400～600mm；木门套侧边采用木螺丝与墙板拧紧，并打胶固定；

3. 铝合金门窗安装时将铝合金框的连接件与墙体的预埋件垫直径为8mm的圆钢进行电焊，保证连接的牢固。

060608 聚苯颗粒水泥条板预埋件、吊挂件连接节点

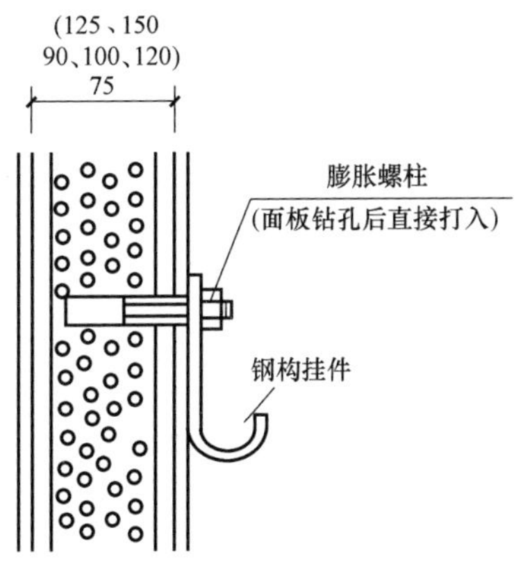

图1 膨胀螺栓刚挂件示意

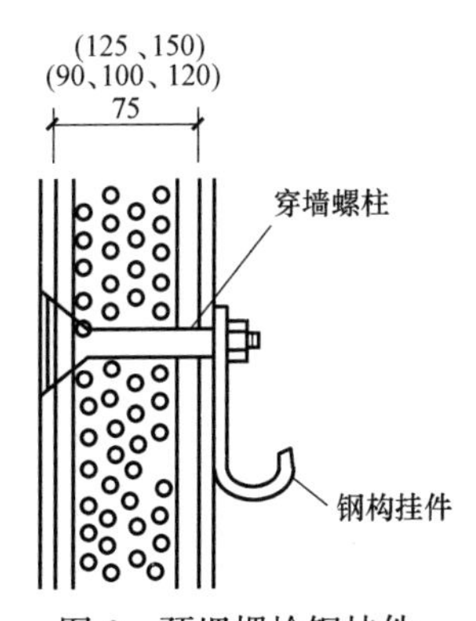

图2 预埋螺栓钢挂件

工艺说明：

先对挂件进行放线定位，采用电钻一次性钻孔，打入膨胀螺栓或穿墙螺栓，打孔要保证水平，避免倾斜或二次打孔。钢构挂件采用螺帽与膨胀螺栓拧紧固定，钢构挂件刚度要满足要求。

060609 聚苯颗粒水泥条板电气开关、插座安装节点

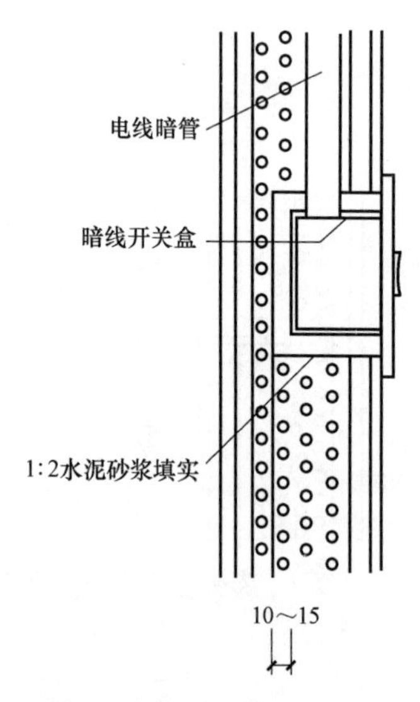

图1 暗线开关安装

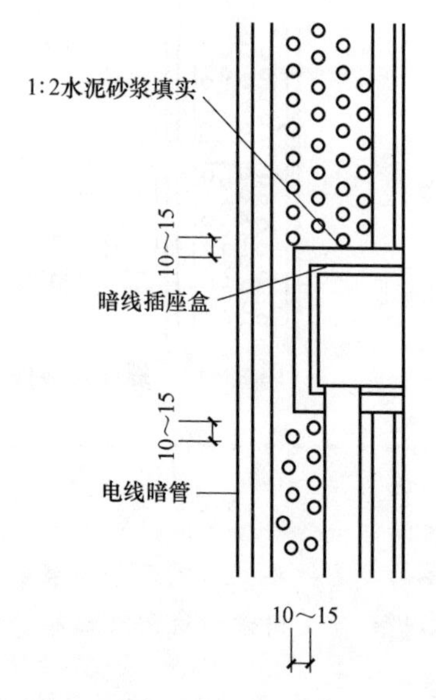

图2 暗线插座安装

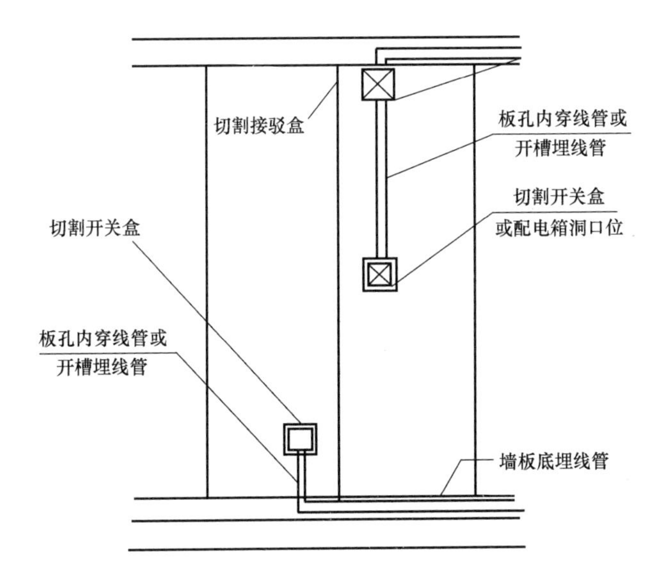

图 3 墙板内管线安装平面图

工艺说明：

1. 电线管、线盒、埋件按电气安装图纸找准位置，划出定位线，在安装前将板材预留孔及管槽留出，避免安装后施工对墙体结构造成扰动。所有线管顺条板铺设，避免横铺和斜铺。

2. 当在条板隔墙上横向开槽、开洞敷设电气暗线、暗管、开关盒时，隔墙的厚度不宜小于 90mm，开槽长度不应大于条板宽度的 1/2。不得在隔墙两侧同一部位开槽、开洞，其间距应至少错开 150mm。板面开槽、开洞应在隔墙安装 7d 后进行。

3. 暗管暗线安装完毕后用专用嵌缝砂浆回填密实，使表面平整。

第七节　纸蜂窝夹心复合条板内隔墙

060701　单层纸蜂窝复合条板连接节点

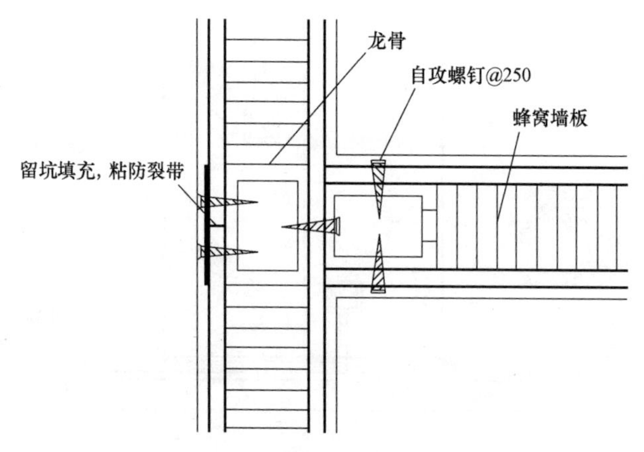

图1　条板T形连接节点

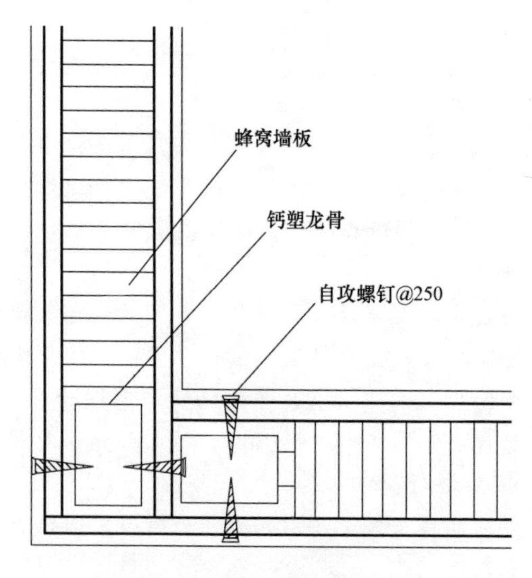

图2　条板L形连接节点

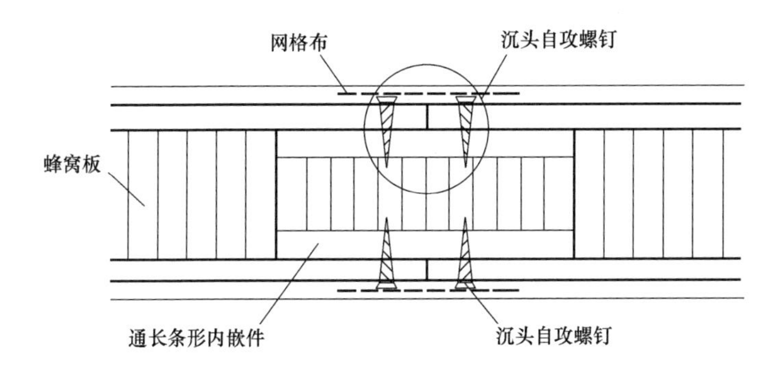

图 3　条板一字连接节点

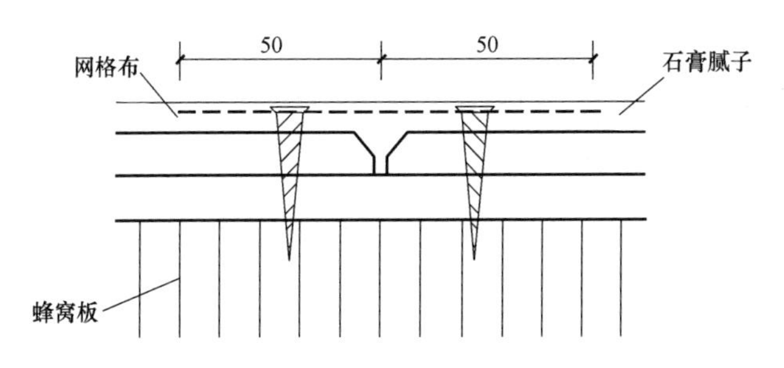

图 4　内嵌件连接节点

工艺说明：

依据施工位置选用连接方式，纸蜂窝夹心复合条板连接主要采用沉头自攻螺钉，间距一般采用 250mm，螺钉要固定在龙骨上。

060702 单层纸蜂窝复合条板与梁、板、墙、柱连接节点

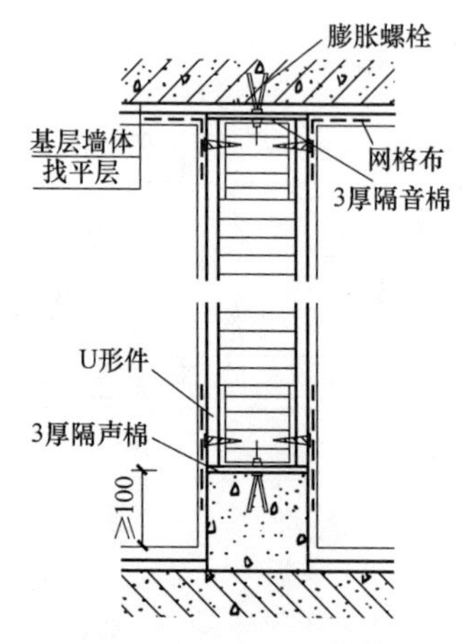

图1 条板与梁板连接节点

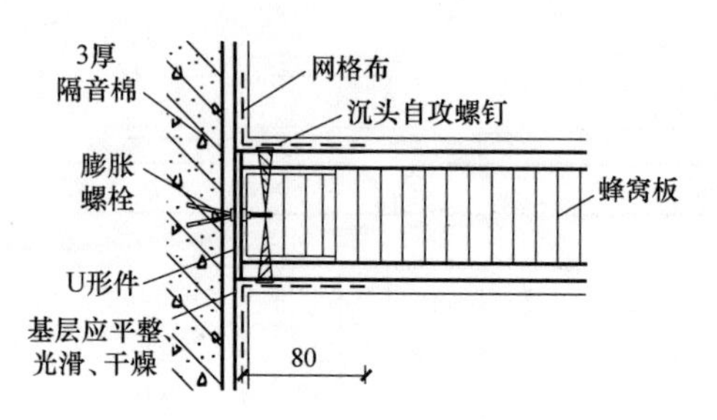

图2 条板与墙柱连接节点

工艺说明：

采用U形件将条板与结构相连，打入膨胀螺丝进行固定，板两侧采用自攻螺钉进行加固处理。板与结构之间放置3mm厚隔声棉，要在安装前对结构与条板接触面进行清理，保证平整度。

060703　单层纸蜂窝复合条板与门窗连接及吊挂节点

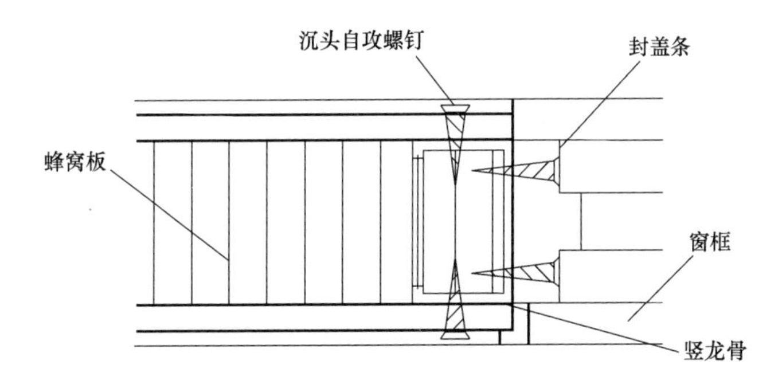

图 1　条板窗框连接节点

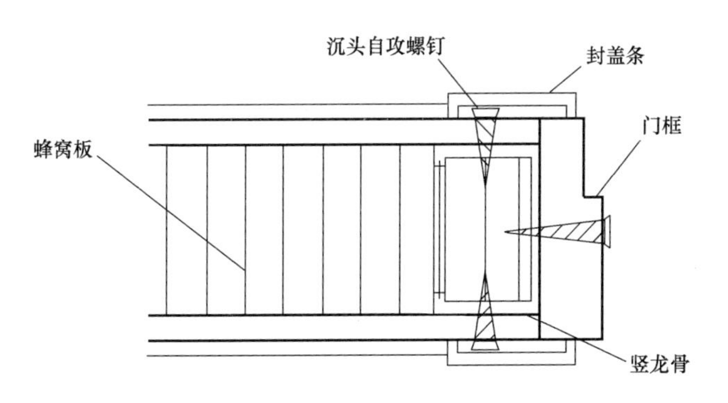

图 2　条板门框连接节点

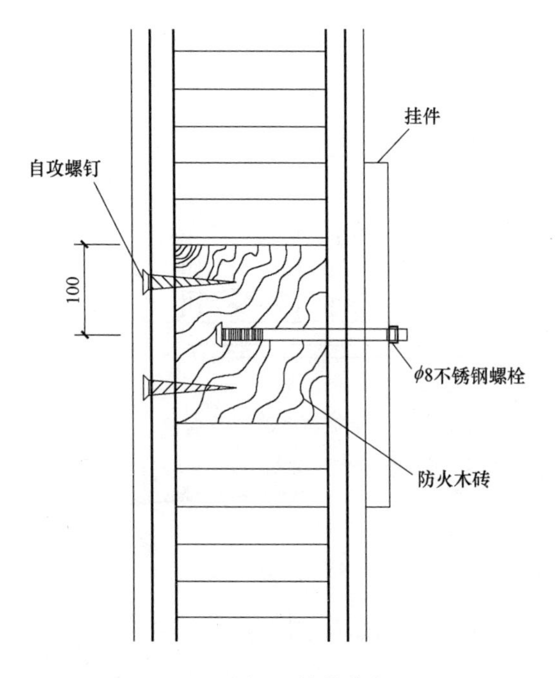

图 3　吊挂节点

工艺说明：

门窗洞口采用专用条板，门窗框采用自攻螺钉与条板从三面进行固定，保证自攻螺钉钉在龙骨上，为防止自攻螺钉外露锈蚀，也为了后期装修，采用粘贴盖板的方式对螺钉进行封盖。

060704　双层纸蜂窝复合条板连接节点

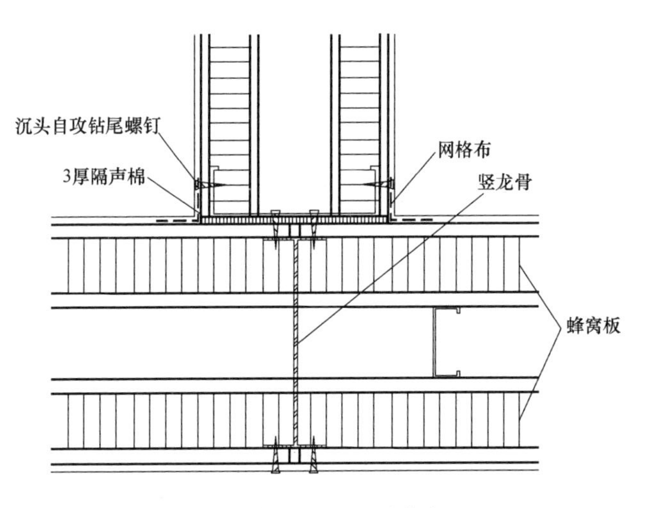

图1　条板T形连接节点

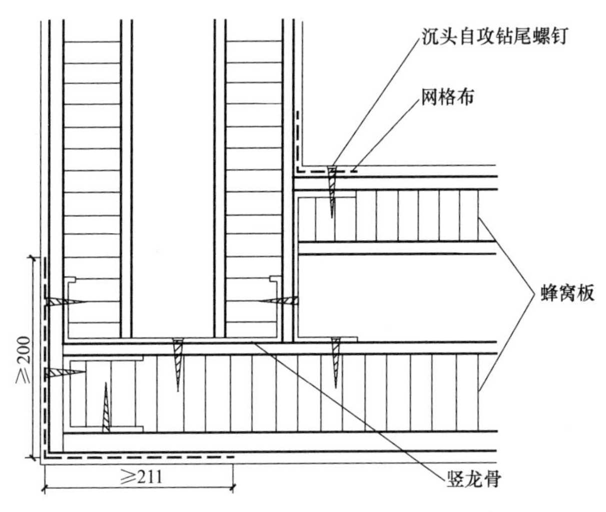

图2　条板L形连接节点

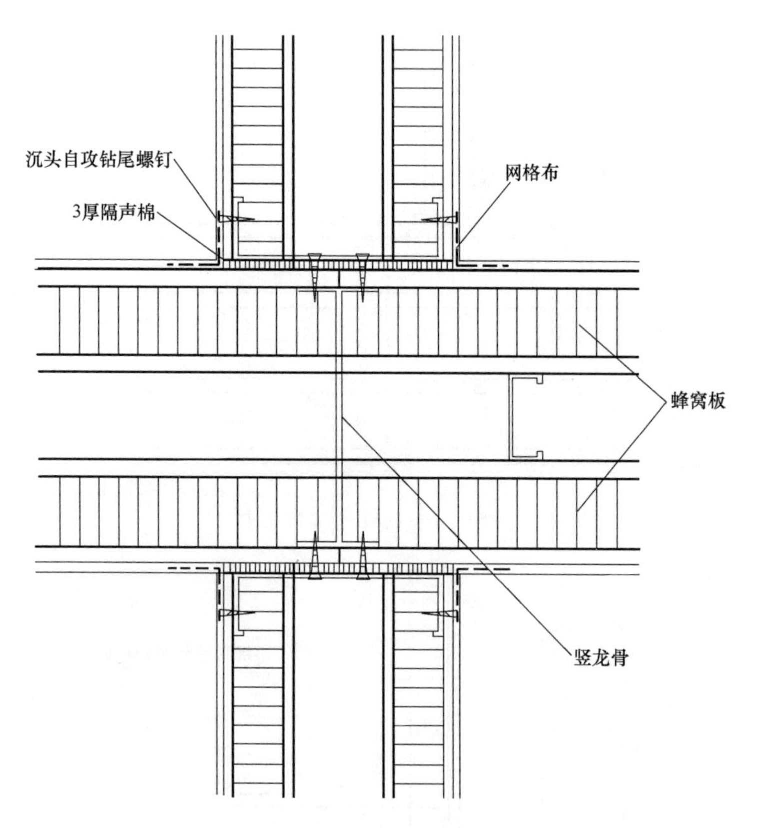

图3　条板十字形连接节点

工艺说明：

双层条板的安装要保证板与板之间的空隙，采用竖向龙骨对双层板进行拉结，双层板间距不得大于200mm。

060705　双层纸蜂窝复合条板与梁、板、墙、柱连接节点

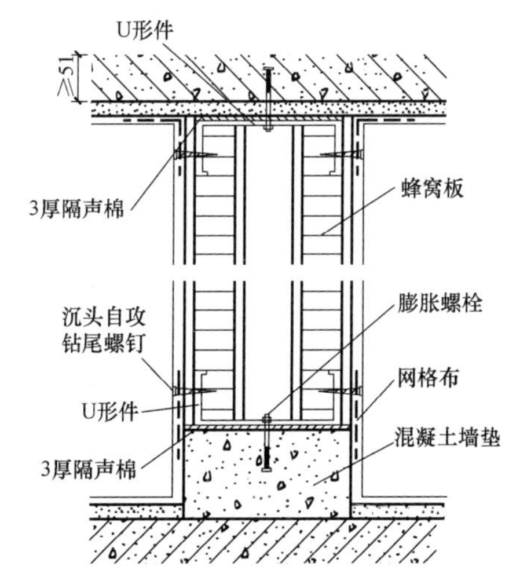

图 1　条板与梁板连接节点

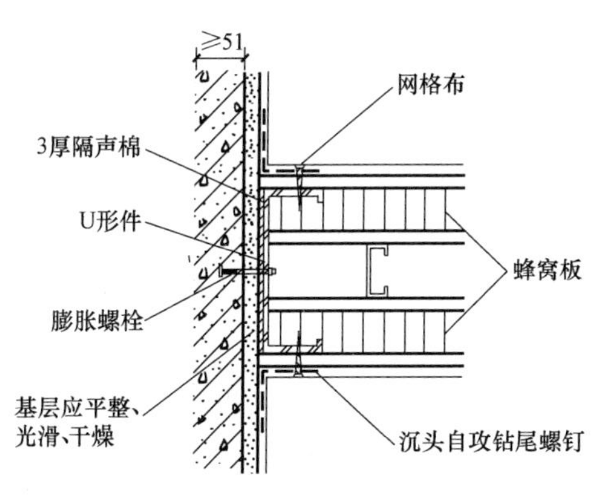

图 2　条板与墙柱连接节点

工艺说明：

双层条板与结构梁板、墙柱采用 U 形件拉结，采用膨胀螺栓进行固定，板与结构之间放置 3mm 厚隔声棉，板与 U 形件采用沉头自攻螺钉拧紧加固。

060706 双层纸蜂窝复合条板与门窗连接及吊挂节点

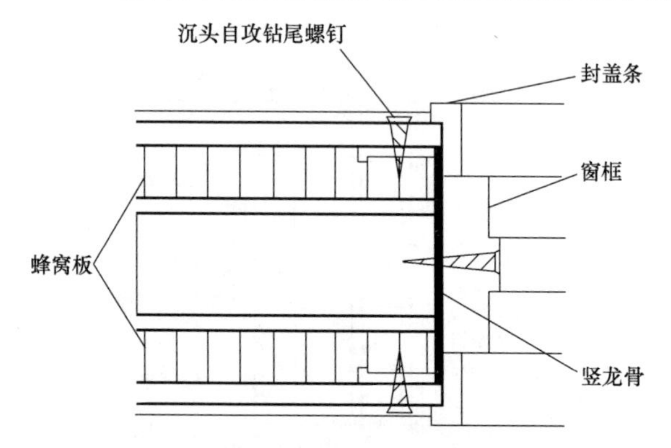

图 1 条板与窗框连接节点

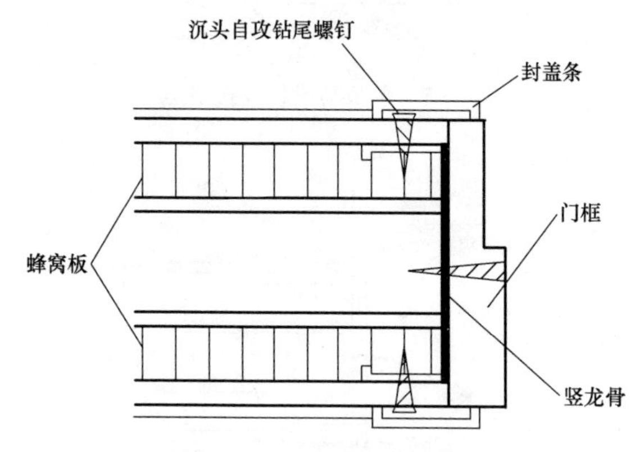

图 2 条板与门框连接节点

工艺说明：

在门窗洞口设置加强龙骨，作为固定门窗框的专用条板，双层条板之间、条板与门窗框之间均采用U形件和自攻螺钉进行加固，并将自攻螺钉采用条板进行封盖。门、窗框与洞口周边的连接缝应采用聚合物水泥砂浆或弹性密封材料填实。

060707　纸蜂窝复合条板内隔墙电气管线安装节点

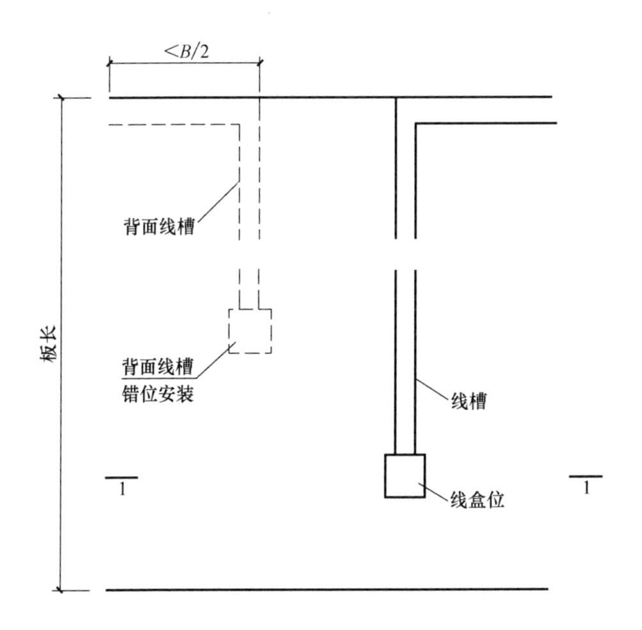

图 1　内隔墙电气管线安装节点

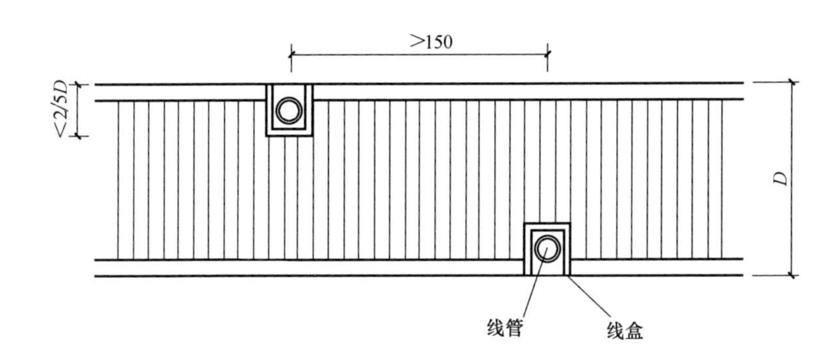

图 2　内隔墙电气管线安装剖面

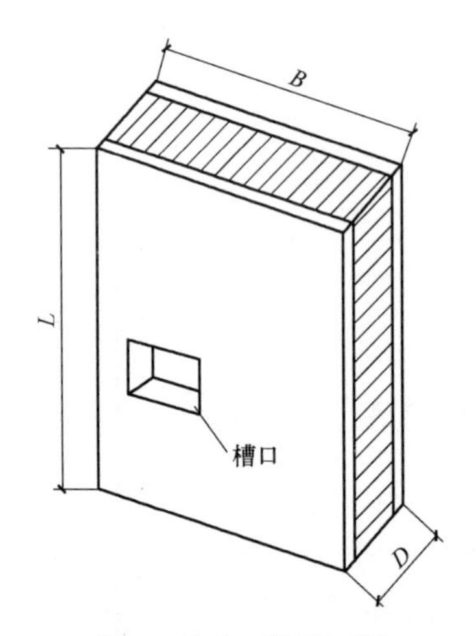

图 3　线盒安装平面图

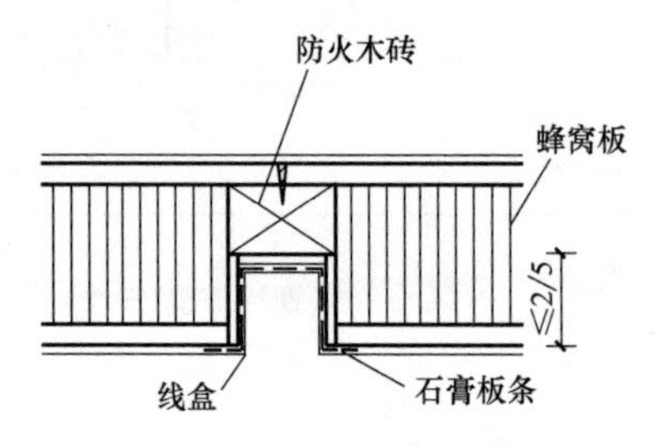

图 4　线盒安装剖面图

工艺说明：

纸蜂窝夹心条板隔声墙应避免设置电气开关、插座、穿墙管等，如必须设置时，应错位布置。隔声墙两侧不允许同时布设暗线，只允许一侧设置。

安装暗管、暗线时，可按设计要求沿走线板或沿板孔洞方向穿行布设，不得在墙板两固定端之间的墙面上开水平槽。如确须水平方向布设管线时，允许沿板上、下端开槽穿管，但应确保两固定端有可靠锚固。

第八节　蒸压加气混凝土板材

060801　钢筋混凝土梁柱外包外墙板连接构造

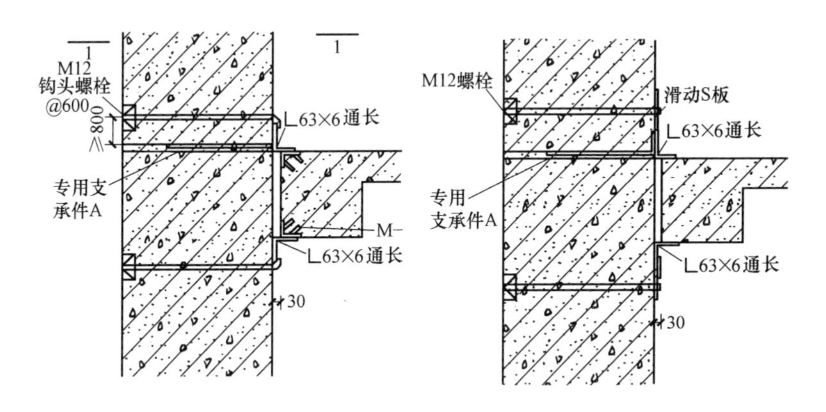

图 1　梁柱外包钩头螺栓法　　　　图 2　梁柱外包滑头螺栓法

工艺说明：

竖向安装的墙板上下端与钢结构连接采用Φ12 热镀锌钩头螺栓连接，板宽为 600mm，钩头螺栓居中安装。这就需要在支架梁的上下端各焊接一根通长的固定件（L63×6 角钢），以便于钩头螺栓的固定，在梁的平整度控制好的前提下，需对角钢焊接时的质量严格把关，钢构件因遇热易变形，故施焊时要及时控制构件的变形。固定件焊接时要注意位置的控制，墙板采用外侧安装时，要空出板材的宽度，便于后期的装饰做法。跨度较大的板墙，需每隔 20m 加设一道胀缩缝。

060802　钢筋混凝土梁柱内嵌外墙板连接构造

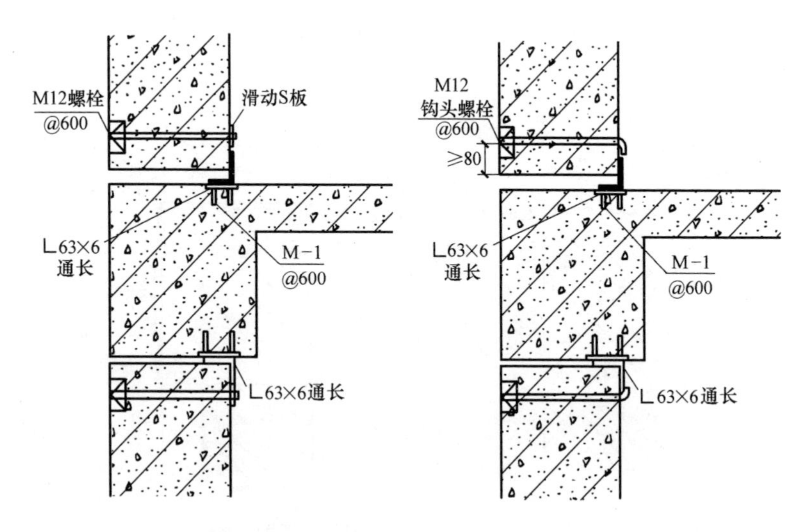

图1　梁柱内嵌墙板滑动螺栓法　　图2　梁柱内嵌墙板钩头螺栓法

工艺说明：

1. 钩头螺栓、滑动螺栓、内置锚与板材固定点距板端应大于等于80mm；

2. 在梁板上间隔600mm埋设预埋件，采用∟63×6角钢通长设置；

3. 钩头螺栓与连接角钢的焊接长度应大于等于25mm。

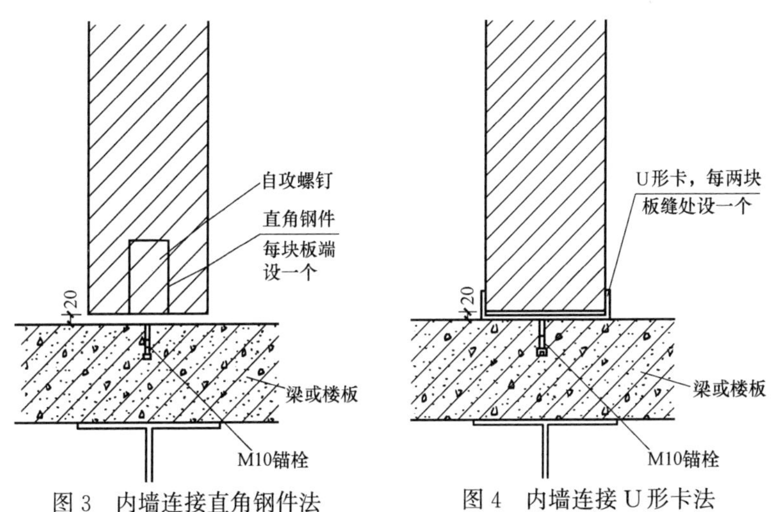

图3　内墙连接直角钢件法　　图4　内墙连接U形卡法

工艺说明：

1. 板材与钢结构的连接可以依据现场实际情况采用以上四种方式，使用的钩头螺栓、U形卡、管卡等强度要满足要求；

2. U形卡、管卡均设置在两块板拼接处，保证位置准确，连接牢固。

060803 钢结构外包外墙板连接构造

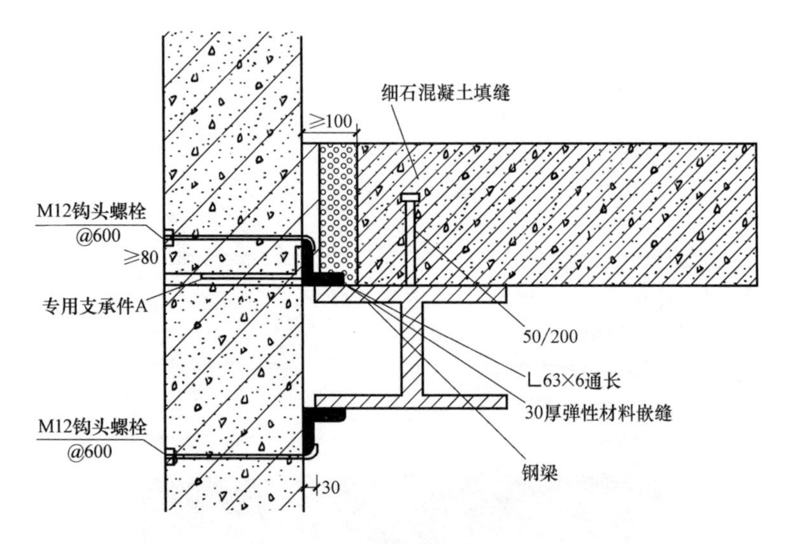

图1 外包墙板钩头螺栓法

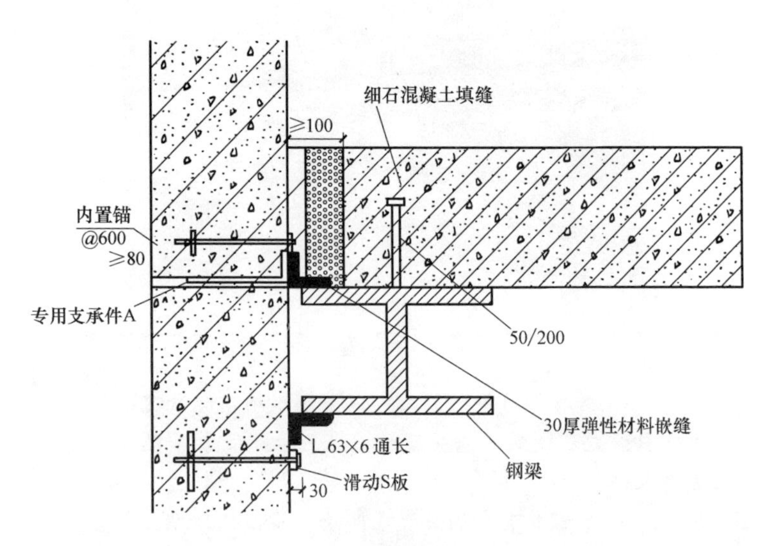

图2 外包墙板滑动螺栓法

060804　钢结构板材内墙连接构造

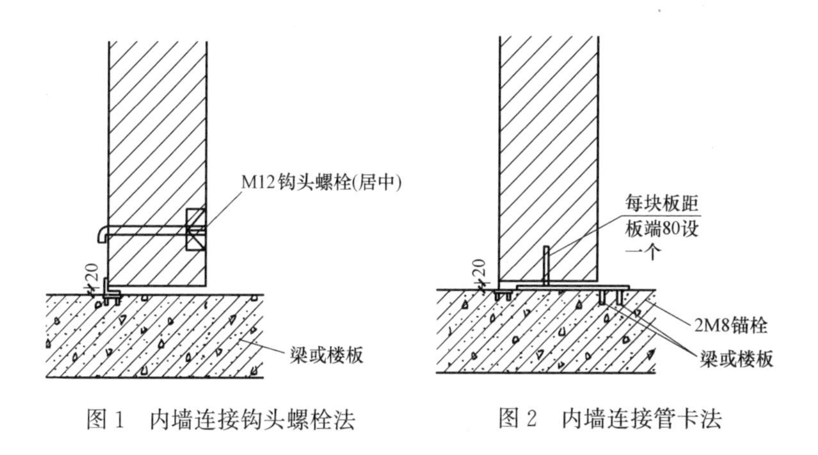

图 1　内墙连接钩头螺栓法　　　　图 2　内墙连接管卡法

060805　钢筋混凝土框架结构板材内墙连接构造

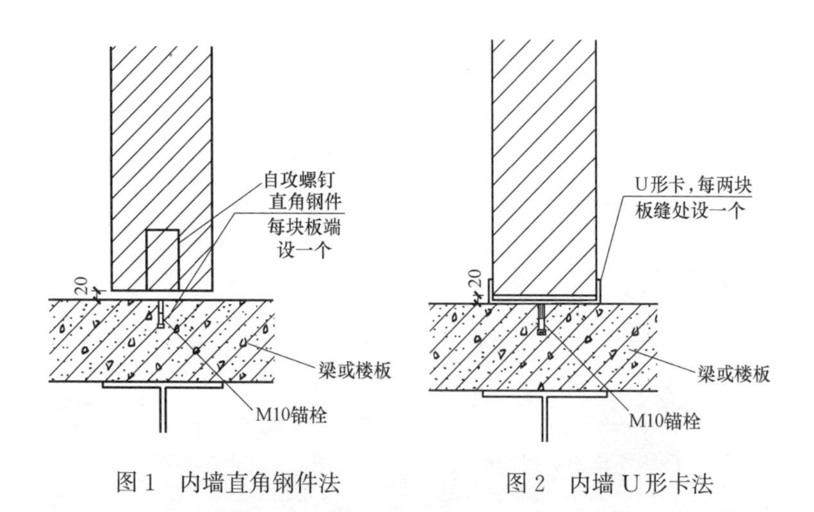

图1　内墙直角钢件法　　　　图2　内墙U形卡法

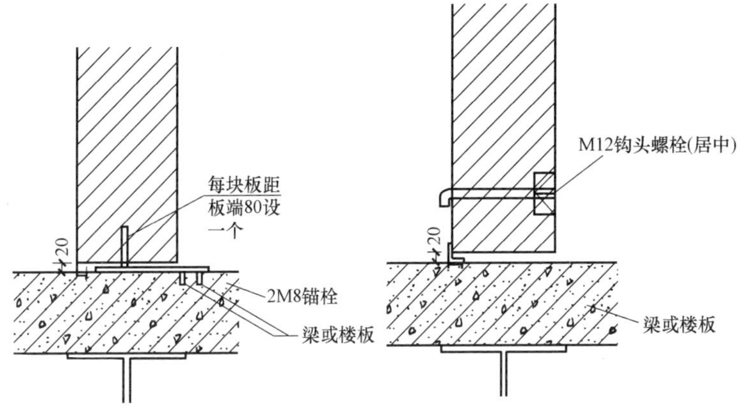

图3　内墙连接管卡法　　图4　内墙连接钩头螺栓法

工艺说明：

蒸压加气混凝土板与其他墙、梁、柱相连接时，端部必须留有10～20mm缝隙，缝中应用专用嵌缝剂填充。板材与钢筋混凝土墙、柱、梁交接处采用耐碱玻璃纤维网格布压入抗裂砂浆，以防止接缝处开裂。

板材下端与楼面处缝隙用1：3水泥砂浆嵌填密实。木楔应在水泥砂浆凝固后取出，且填补同质材质。

060806 钢筋混凝土梁柱与板材内墙连接构造

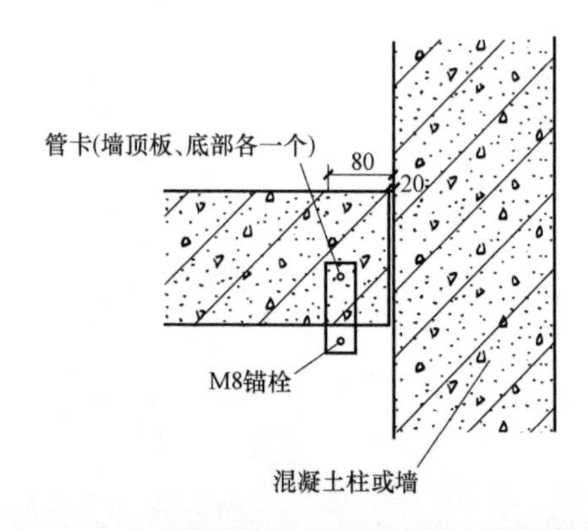

工艺说明：

1. 墙板定位钢卡采用膨胀螺钉或射钉固定，并须保持直线。

2. 将钢卡按照墨线位置固定在结构顶梁或顶板时，间隔与墙板的宽度（600mm）相同；与主体墙、柱连接时钢卡间距不得大于 1m；竖向接板时应在每块墙板顶部加装 1～2 个钢卡。

060807　板材墙体门窗安装

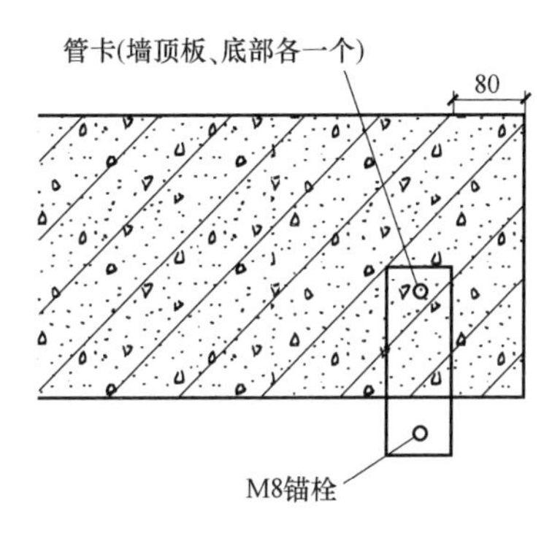

内门洞边或悬墙端

工艺说明：

墙板与梁柱板等结构结合处的做法分为表面处理和板缝处理。表面处理即在表面刮腻子时在结合处加铺一道200mm宽的耐碱网格布（两侧各100mm）。板缝处理为连接处留10～20mm的缝隙，当跨度较小（≤6m）时缝中用粘结砂浆挤实；当跨度较大（>6m）时，为防止温度等收缩变形，缝中用发泡剂填充（有防火要求时将发泡剂改为岩棉）。

060808 板材内墙安装构造

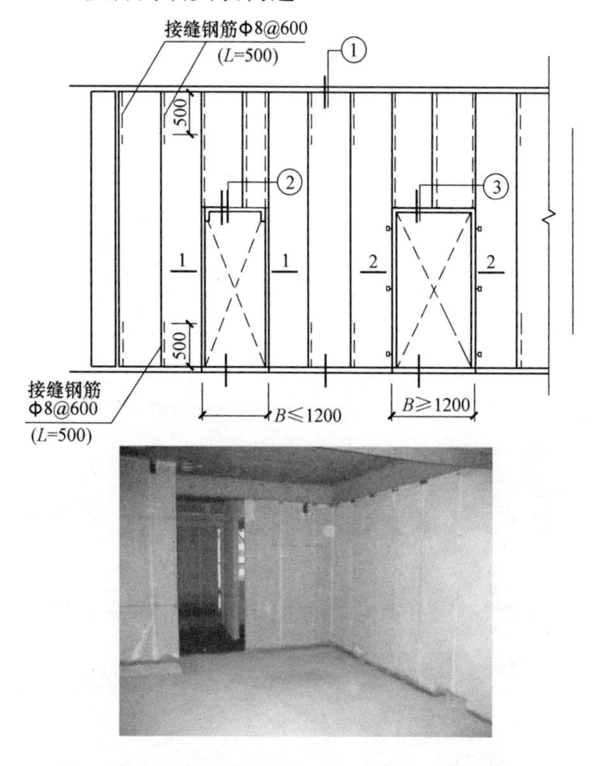

工艺说明：

1. 板材安装前，应对每层楼净高尺寸和板材的实际尺寸进行复核。

2. 首先在地面和梁或楼板上弹出墨线，保证墙板安装位置准确。安装时，用靠尺调整墙面平整度，用塞尺检查拼缝宽度和拼缝高差，以确保质量。

3. 调整板缝：墙板中线及板垂直度的偏差应以中线为主进行调整。内墙板翘曲时，应均匀调整。

4. 安装墙板时，应确保膨胀螺栓嵌入梁并拧紧螺杆，以便确保板材上下两端与主体结构有可靠连接。